Android高效进阶

从数据到AI

<胡强／著>

電子工業出版社
Publishing House of Electronics Industry
北京•BEIJING

内 容 简 介

本书是一本Android进阶技术与实践应用相结合的书籍，主要从3个方面来组织内容。第一个方面，Android工程构建体系实践与进阶，其中不仅包含了移动数据技术、工具基建进阶、效能进阶，还包含了工具应用进阶、工程构建进阶等内容；第二个方面，对当前移动端前沿技术的探索，包含容器技术、大前端技术和AI技术；第三个方面，移动应用的安全攻防技术和设计模式进阶实践。本书内容全面，侧重实战经验和进阶技能，通过本书不仅能学到最新的移动端技术，以及进阶技术与实践应用相结合的知识，更重要的是能领悟到作者对技术的钻研精神和思维方式，从而帮助Android开发者高效进阶。

本书适合移动应用开发者、Android系统开发人员、Android系统安全工程师，以及Android领域的移动技术负责人阅读。

图书在版编目（CIP）数据

Android高效进阶：从数据到AI / 胡强著. —北京：电子工业出版社，2019.9
ISBN 978-7-121-37206-3

Ⅰ. ①A… Ⅱ. ①胡… Ⅲ. ①移动终端—应用程序—程序设计 Ⅳ. ①TN929.53

中国版本图书馆CIP数据核字（2019）第164560号

责任编辑：付 睿
印　　刷：三河市双峰印刷装订有限公司
装　　订：三河市双峰印刷装订有限公司
出版发行：电子工业出版社
　　　　　北京市海淀区万寿路173信箱　　邮编：100036
开　　本：787×980　1/16　印张：18.25　字数：407千字
版　　次：2019年9月第1版
印　　次：2019年9月第1次印刷
定　　价：79.00元

凡所购买电子工业出版社图书有缺损问题，请向购买书店调换。若书店售缺，请与本社发行部联系，联系及邮购电话：（010）88254888，88258888。

质量投诉请发邮件至zlts@phei.com.cn，盗版侵权举报请发邮件至dbqq@phei.com.cn。

本书咨询联系方式：（010）51260888-819，faq@phei.com.cn。

推荐序一

胡强是我的好友，我们相识于 5 年前的一次业务合作，短暂的接触后我就深深地感受到了胡强的不简单：深厚的技术功底、极致的业务思维和谦逊的工作态度。当时我就认定这个小伙子一定会有所成就、大放异彩。

胡强当前所在的业务领域是 App 发行，随着硬核手机厂商的日益崛起，以及各大超级 App 的流量垄断，第三方应用商店可谓勉强在夹缝中求生存。在巨大的竞争压力下，胡强带领的 Android 研发团队没有轻言放弃，反倒韧性十足，积极探索，通过对各种渠道技术的创新为业务赋能，成功走出了一条技术驱动业务增长的实践之路，其中有不少核心技术也被阿里集团内多个业务单元广为采用并深受好评。

听闻胡强想要把他这几年在 Android 领域的技术沉淀和业务实践经验整理成书时，我内心的敬佩和欣喜之情油然而生，敬佩于胡强的分享精神，欣喜于好友的心愿得偿。同时，我也为广大 Android 研发人员感到开心。Android 发展至今已非常成熟，相关书籍可谓琳琅满目，但讲解技术创新和应用实践的好书却凤毛麟角，这本书就是这样的一本好书，它将注定如胡强一般与众不同。本书内容围绕技术进阶和业务实践展开，涵盖了移动数据技术、基础工具的建设、移动混合前端、效能开发、安全攻防和移动 AI 的落地等多个实用的进阶主题，干货满满，是作者厚积薄发的心血之作。这本书不是 Android 入门书籍，需要读者具备一定的 Android 开发基础和工程经验，否则读起来会比较吃力，且难以体会本书的妙处所在。但对于想成长为高级或资深 Android 工程师的朋友来说，书中的知识都是非常有用、值得深究的。

最后，希望各位读者能够从此书获益，接触到一些工作中未曾了解或思考过的知识点，为各位的技术进阶带来助益和启发。更进一步，希望读者能够举一反三，学习作者的钻研精神和创新思维，并在工作中积极实践。

阿里游戏大数据部门前技术负责人，高级技术专家（P8）
飞美网络 CTO
贺永明

推荐序二

与强哥在阿里巴巴共事多年，他是一个让我敬佩的朋友。在技术上，他不仅进步神速，精于钻研，对 Android 底层实现及背后理念理解得很透彻，而且善于思考，能从大量的实战经验中总结、提炼出最本质、最核心的知识和技能。另外，他作为团队的负责人，在阿里巴巴的工作相当繁重，但还能利用有限的业余时间使本书成型，其背后的付出令人钦佩。

本书内容全面，偏实战经验和进阶技能，其中不仅包含了 Android 开发工程构建体系的知识、数据驱动理念和效能进阶，还包含了工具类应用的基础技术和设施打造等内容。更进一步地，本书还对移动端开发目前特别火热的技术方向进行了探索，比如，书中对容器技术、大前端技术、AI 技术等都有深入阐述。此外，在安全攻防技术和设计模式方面，作者也积累了非常丰富的经验，这些内容也在本书中有所呈现。

本书凝聚了作者大量实战经验的结晶，书中不仅有非常多深入且接地气的技术内容，而且有作者多年在“大厂”带团队摸爬滚打、千锤百炼出来的对于移动端技术走向的深入思考和展望。无论对初入职场的新人，还是对有较多行业经验但遇到发展瓶颈及困惑，期望进一步突破的开发者来说，本书都值得一读。通过本书读者不仅可以学习一些新的知识和技能，更重要的是还能领悟到作者对技术的极致追求精神和思维方式。

阿里巴巴资深无线技术专家（P9）
阿里巴巴自研内核负责人
李英各

前言

2008 年，Google 在 I/O 大会上发布了 Android 1.0 版本，到现在已经过去了十多个年头，当前市面上 Android 的主流版本是 Android P（9.0），而 Android Q（10.0）很快也将全面铺开。目前，无论在国际市场还是国内市场上，Android 都是移动端操作系统的绝对霸主。据统计，目前 Android 手机的市场份额已经超过了手机整体市场份额的 90%。Android 能够迅猛发展，除了得益于其成熟的生态，更是因为其具有能够吸引用户的优良性能表现。Android 的发展也大大带动了国内移动互联网行业的发展，每天都有新的 App 产生，国内的 IT 行业发展也走在了时代前列。

当前市面上讲解 Android 技术的书籍特别多，从基本的语法应用到深层的内核原理都有，其中不乏经典图书，但介绍 Android 进阶技术（尤其是结合应用实践）的图书并不是很多。而本书重点讲解了 Android 平台下的各项进阶技术及其应用实践，希望本书能让具备一定基础的读者更深入地了解 Android 的进阶技术，同时通过实际案例进行理解。在移动场景下，未来的技术必然是朝精细化、无界化和智能化方向发展的，因此我决定以 Android 为引，将自己多年的无线端从业技术经验进行总结，编写为本书。

内容导读

本书主要以移动数据技术、工具效能技术、混合前端技术、AI 技术、移动安全攻防技术和设计模式为主来讲解 Android 平台下的高效移动技术进阶。

第 1 章 Android 数据技术：任何 App 的开发一定是数据先行，数据指导工作的，本章主要从数据采集、数据绑定、数据存储和前端埋点等方面来讲解 Android 平台下的数据技术。

第 2 章 Android 下的工具基建进阶：主要从下载技术、沉浸式交互、图片加载框架、进程、文件系统扫描和前置通道等方面详解 Android 下的工具基建进阶技术。这些工具技术虽然看似普通，但真正用好它们却需要对 Android 有很深入的了解。

第 3 章 Android 下的效能进阶：主要从 App 的自动化性能监测、真机检测系统和 APK 信息一站式修改等方面来讲解 Android 平台下的效能进阶。在 App 发展到一定阶段后，必然需要进行效能进阶，本章详细说明了我们常见的性能监测、真机检测技术以及 App 修改。

第 4 章 Android 工具应用进阶：主要从 Android 工具应用层面，以游戏加速器、近场传输、微信清理和 Google 安装器为例来说明与工具应用进阶相关的技术。要开发这些应用，开发者不仅需要有过硬的 Android 技术，还需要有对相关业务的深入理解。

第 5 章 Android 工程构建进阶：主要从工程构建方面来讲解与 Android 工程相关的构建技术，如我们常见的多渠道自动打包和自动定制化构建等。

第 6 章 移动场景下的容器技术：主要从几种不同的业界方案（如 MoveToDex、MultiDex 等）来讲解 Android 平台容器化技术的发展，以及 Android 原生容器化技术的发展。

第 7 章 移动混合前端技术：主要讲解大前端技术，分别从 H5、React Native/Weex 和 Flutter 等方面来展开讲解。大前端技术发展至今，国内、国外都有不同的解决方案，但本质上都是围绕效率和体验发展的。

第 8 章 移动场景下的 AI 技术：主要讲解移动场景下的 AI 技术发展，对业界常用的移动 AI 框架（如 Caffe2 和 TensorFlow Lite）进行了比较说明，同时还对其具体应用实践进行了讲解。

第 9 章 移动场景下的安全攻防技术：主要讲解移动场景下的安全攻防技术，分别从静态分析和动态分析两个角度来讲解如何进行安全攻防。

第 10 章 Android 平台下的设计模式进阶：主要从 SOLID 设计原则、并行程序设计模式，以及设计模式在 Android 源码中的应用等方面来讲解设计模式在移动场景下的进阶与应用实践。

要想对书中所述的内容有深刻的认识，读者需要具备一定的 Android 技术基础和应用层业务经验。本书主要针对 Android 进阶技术与应用实践，不会对相关技术原理做过多的解读，因此若读者还不具备这些知识的话，建议先打好基础后再阅读本书。

目标读者

移动应用开发者、Android 系统开发人员、Android 系统安全工程师，以及 Android 领域的移动技术负责人。

本书约定

为了使书中讲述的内容更容易理解，本书做了如下约定。

- 本书在讲解部分内容时，可能会对 Android 系统源码加以引用。

- 本书不提供 Android 系统源码的下载方法，并假定读者已经自行下载了。
- 本书在引用 Android 系统源码时，为了避免占用过多篇幅，在不影响理解的情况下，对部分源码进行了删减。

致谢

首先，要感谢本书的编辑付睿女士。在我编写本书时，付睿女士提供了很多意见和建议，并多次耐心指导我写作技巧，她还对书稿质量进行了严格把关。

然后，感谢我的妈妈黄继兰女士，感谢我的老婆旷凌云女士，以及我的两个宝贝（Mary 和钧宝），他们给了我很多鼓励，因为有他们，我才能克服困难，坚持下来。

第一次写作，其间遇到了很多困难，工作本来已经很辛苦，工作外基本没多少时间用来写作，在这个过程中，感谢支持与关心我的各位朋友，他们给了我很多启发，谢谢他们！

另外，感谢那些 Android 大牛，因为他们的前期分享与奉献，我才能站在巨人的肩膀上分享和总结我的经验。

最后，感谢那些关注本书，为本书提过意见的朋友们，他们的支持是我写作本书最大的动力。

此外，虽然我对书中所述内容进行了多次校对，但因时间有限和水平所限，书中难免存在疏漏和错误，敬请广大读者批评指正，可以发邮件到 alhuu555@hotmail.com 联系我。

胡强（得塔）

2019 年 6 月 12 日

读者服务

轻松注册成为博文视点社区用户（www.broadview.com.cn），扫码直达本书页面。

- 提交勘误：您对书中内容的修改意见可在 提交勘误 处提交，若被采纳，将获赠博文视点社区积分（在您购买电子书时，积分可用来抵扣相应金额）。
- 交流互动：在页面下方 读者评论 处留下您的疑问或观点，与我们和其他读者一同学习交流。

页面入口：*http://www.broadview.com.cn/37206*

目录

第 1 章 Android 数据技术

Android 移动端的数据是连接产品和用户的纽带，可以反映用户使用产品的情况，是开发人员评估当前产品效果的依据，是对下一个版本功能设计或优化方向的指引。一款优秀的移动 App 在灰度发布和上线发布等方面一定要做好数据分析，关注用户量、访问量、点击量和转化率等核心数据指标。本章将带领大家掌握数据采集、数据绑定、数据存储和前端埋点等相关技术。

1.1 数据采集

在移动 App 产品发布或版本升级上线之前，提前在工程中插入统计代码做关键页面或关键动作的采集，可以方便产品上线后进行数据分析和优化迭代。例如，对于视频产品，可能最值得关注的点是视频播放次数，更进一步会涉及流量、转化率、人均视频播放次数和留存率等核心数据指标，可以针对这些指标进行数据采集。

通常，随着 App 的扩张和功能升级，工程会越来越庞大和复杂，数据埋点的瓶颈很容易会因前期缺少规范而出现，比如，埋点出现偏差、数据采集不准确、需要对新老埋点做大量的兼容操作，以及埋点遗漏或文档不规范等。综上所述，在数据采集前期，进行定义设计时，制定数据采集规范至关重要，一套良好的数据采集系统可以给产品带来效率和规范化方面的提升。

1.1.1 数据格式

定义数据格式是数据采集的第一步，暂时没有统一的定义规范，但其实并不复杂，在实践中制定内部规范还是非常有必要的。往往越简单的事情，越能体现设计的意义和价值。目前，移动互联网比较通用的数据格式是流式格式。

以下是一个流式格式表达结构的例子。

流式格式表达结构如下：

version || client_ip || imei || imsi || brand || cpu || device_id || device_model || resolution || carrier || access || access_subtype || channel || app_key || app_version || usernick || phone_number || language || os || os_version || sdk_type || sdk_version ||reserve || local_time || server_time || page || eventid || arg1 || arg2 || arg3 || args

具体字段及含义如下：

1. version：协议封装版本。
2. client_ip：采集的客户端 IP 地址。
3. imei：国际手机唯一标识。
4. imsi：国际移动用户唯一标识。
5. brand：手机品牌。
6. cpu：处理器。
7. device_id：设备 ID。
8. device_model：设备型号。
9. resolution：分辨率（如 800×480）。
10. carrier：运营商。
11. access：连接的网络，如 2G、3G、Wi-Fi 等。
12. access_subtype：网络子类型，如 WCDMA、Unknown 等。如果 access 不为 Wi-Fi，那么需要在该字段中列出具体的类型，如该字段是 WCDMA；如果 access 为 Wi-Fi，那么该字段必须是 Unknown。
13. channel：业务方自定义的渠道 ID。
14. app_key：App 标识。
15. app_version：App 版本。
16. usernick：用户昵称。
17. phone_number：电话号码。
18. language：语言。
19. os：操作系统。
20. os_version：操作系统版本。
21. sdk_type：SDK 类型。

22. sdk_version：SDK 版本。
23. reserve：预留字段。
24. local_time：行为发生时的本地记录时间。
25. server_time：服务器的时间戳值。
26. page：页面。
27. eventid：行为 ID。
28. arg1：行为的扩展参数 1。
29. arg2：行为的扩展参数 2。
30. arg3：行为的扩展参数 3。
31. args：行为的扩展参数（其他）。

上述字段也可以结合具体业务自行定义。

1.1.2　多端协同技巧

对客户端而言，若使用本地原生技术开发的功能埋点存在问题，则需要等下一个版本发布时才能修复，并且还存在版本覆盖度的问题。修复埋点一般都会存在一个时间窗口，会对业务产品的快速迭代产生负面影响。其中良好的协同技巧往往可以显著地提升工程效率。一般的客户端埋点数据质量保证流程如图 1-1 所示，在质量保障过程中，产品经理、开发人员、测试人员及数据分析师都需要参与。

在如图 1-1 所示的流程中，沟通和协作会花费一些时间，下面将详细阐述在流程执行过程中如何沟通，以及如何提高效率。

1．如何沟通

有几个工作需要提前确定：产品的埋点需求文档、各时间节点（数据开始进入埋点设计的时间节点、收集产品需求的起止时间、与产品经理核对埋点需求的时间节点、与开发人员核对埋点需求的时间节点、与测试人员核对质量验收的时间节点）。

（1）与产品经理核对埋点需求

一般每个版本在交互稿完成后，数据分析师就需要开始了解交互情况并设计埋点文档，之后会与产品经理就产品设计和埋点需求进行确认，整理埋点需求列表和文档，并与产品经理进行最终确认，在进入开发前停止收集埋点需求。

（2）与开发人员核对埋点需求

数据分析师需要联合产品经理，与真正实现功能落地的开发人员一起进行埋点需求的再次确认。

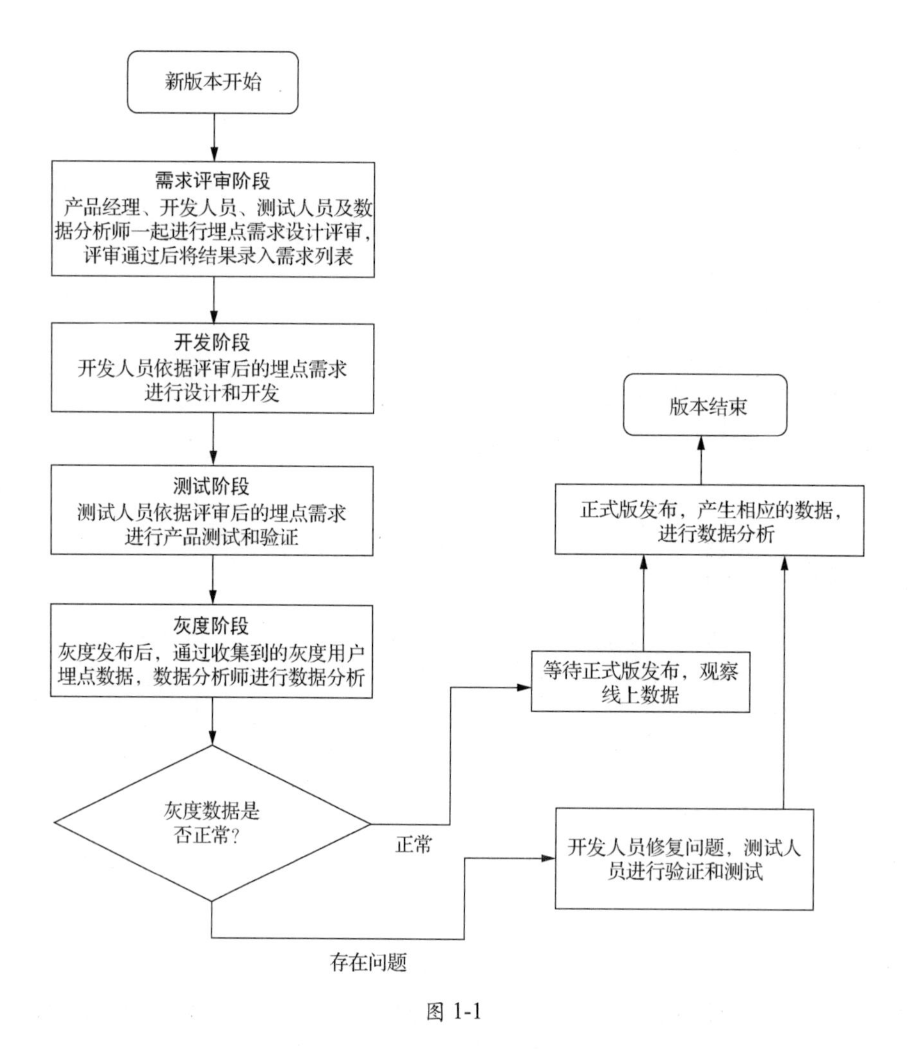

图 1-1

（3）与测试人员核对质量验收

数据分析师需要联合产品经理，与最后进行质量验收的测试人员一起确认相关标准及交付时间。

2．如何提高效率

（1）优化流程

埋点时间主要花在沟通上，主要的原因在于埋点需求文档写得不清楚，需要与产品经理多次进行沟通、确认。基于这个原因，建议产品经理在写埋点需求时，清楚地写明需要哪个页面、哪个控件的何种事件并附上维度，最好标明需要的数据格式与报表形式，以避免遗漏需求；在埋点时尽量设计简单的规则，以便于理解，减少出错；如果有可能，在与开发人员核对需求时也可以让数据分析师、测试人员参与，以降低沟通成本。

（2）建立常用埋点模板

可以根据事件类型和功能属性，提前制作一些埋点模板，在设计具体埋点需求时根据事件复制相应的模板填到埋点文档中。

1.1.3　数据分级方案

根据常规的业务需求，一般可以将数据进行分级：基础常规事件、业务核心事件和特殊自定义事件。

1. 基础常规事件

下面将从页面访问事件、控件点击事件和控件曝光事件来介绍基础、常规的通用事件。

（1）页面访问事件

下面是页面访问事件的常用数据采集参数定义说明。

- 事件 ID：如 2001 表示此页面访问事件的信息标识。
- 页面：当前页面的名称。
- 参数 1：当前页面的上一个页面的名称。
- 参数（其他）：扩展参数，如可以是页面访问次数。
- 其他统计点：如统计页面的独立访客数和停留时长等。

说明：

上报时机为页面离开（离开的定义是物理消失）时，包括正常页面跳转、前台切换到后台等。

（2）控件点击事件

下面是控件点击事件的常用数据采集参数定义说明。

- 事件 ID：如 2101 表示此控件点击事件的信息标识。
- 参数 1：控件名称，在控件名称前自动拼接当前页面名称。
- 参数（其他）：扩展参数。
- 其他统计点：如统计页面上具体控件和功能的使用次数等。

说明：

控件点击事件的埋点依赖于页面访问事件，必须先埋好页面访问事件再埋控件点击事件。

（3）控件曝光事件

下面是控件曝光事件的常用数据采集参数定义说明。

- 事件 ID：如 2201 表示此控件曝光事件的信息标识。
- 参数 1：控件名称。
- 参数（其他）：扩展参数。
- 其他统计点：如统计页面上具体控件曝光的次数。

说明：

当指定的页面元素曝光时长超过一定的时长（如 500ms），并且页面元素曝光面积占总面积的百分比大于一定的值（如 50%）时，认为此指定的页面元素曝光。

2．业务核心事件

不同类型的产品有各自关注的核心业务，比如，作为一个应用下载平台，业务的核心事件就是下载事件，具体包括下载开始事件和下载完成事件，下面就以下载事件为例来做介绍。

（1）下载开始事件

下面是下载开始事件的常用数据采集参数定义说明。

- 事件 ID。
- 页面：当前下载的页面名称。
- 参数 1：下载应用 ID。
- 参数（其他）：扩展参数，包括下载链接等。
- 其他统计点：如统计应用的下载触发量。

（2）下载完成事件

下面是下载完成事件的常用数据采集参数定义说明。

- 事件 ID。
- 页面：当前下载的页面名称。
- 参数 1：下载应用 ID。
- 参数（其他）：扩展参数，包括下载链接等。
- 其他统计点：如统计应用的下载时长、下载完成度。

上面是两种核心下载事件的数据采集参数介绍，接下来阐述下载事件日志上报的两套逻辑。

（1）下载器通用上报日志

- **优点**：减轻前端工作量，开发人员只需要嵌入下载器 SDK（Software Development Kit，软件开发工具包），相关日志采集工作会自动完成。

- **缺点**：下载上报的只是通用参数，不会采集与页面强相关的业务参数，只能通过业务开发传参给下载器再上报。链路长，若出现问题，修改会滞后。

（2）业务端上报日志

- **优点**：参数上传由业务端开发控制，方便根据业务及时进行调整、修改。
- **缺点**：新增下载业务需要开发人员手动增加、上报，有一定的工作量。

3．特殊自定义事件

特殊自定义事件主要指除基础常规事件和业务核心事件外的所有自定义事件。

下面是自定义事件的常用数据采集参数定义说明。

- 事件 ID。
- 页面：当前页面名称。
- 参数 1：事件类型标识。
- 参数（其他）：扩展参数，根据具体事件类型设置。

某些功能或某块业务有一定的重要性，但又不是全局核心事件，不需要单独申请事件 ID，可以全都放在某一自定义事件下，用“参数 1”进行区分，如登录事件和分享事件等。

1.1.4　多进程解决方案

在多进程解决方案中，数据采集需要获得数据的读/写性能，以及数据的同步和数据的准确性等基本特性，下面会从数据采集 SDK 独立子进程和 SDK 多进程实例化来进行分析。

1．数据采集 SDK 独立子进程

在子进程中只存在事件采集和事件处理两个模块，为了保证事件的连续性，数据的存储和上报统一放到独立子进程中处理，这样避免了数据读/写的同步问题，保证了数据的准确，同时还提升了系统的性能。

因为事件采集是触发式的，所以在进程间通信上可以选用跨进程通信方案，比较推荐的是使用广播和接口定义语言机制，由统一的进程专门处理数据采集的存储和上报，这样更有利于同步管理。

2．SDK 多进程实例化

数据采集 SDK 支持多个进程间实例化（进程间实例化是为各个进程对象分配内存空间的过程），为了更方便业务方接入，SDK 内部将不同进程的采集数据进行了隔离，为每个进程分配不同的内存和存储实例。保证数据操作读/写分离的优点是，通过消耗一定的内存降低接入的成本，同时保证了数据埋点的高效性和准确性。

综上所述，数据采集 SDK 在设计原则上需要在内部同时支持上述两点，以更好地将数据埋点能力输出给业务方。

1.2 数据绑定

数据采集后需要进行相应的数据绑定操作，接下来将从控件数据绑定和内容曝光框架两个方面进行介绍。

1.2.1 控件数据绑定

在控件数据绑定中比较通用的解决架构是 MVVM（Model-View-ViewModel）模式，如图 1-2 所示。MVVM 模式的最大亮点是双向绑定。

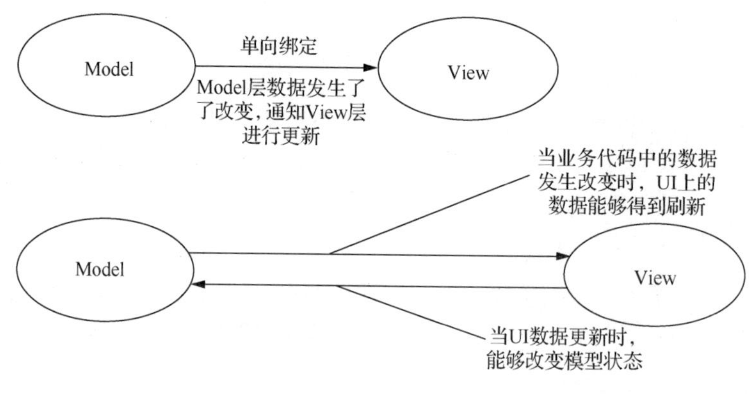

图 1-2

单向绑定的数据流向是单向的，只能从 Model 层流向 View 层；双向绑定的数据流向是双向的，当业务代码中的数据发生改变时，View 层上的数据能够得到刷新；当用户通过 View 层交互编辑了数据时，数据的变化也能自动更新到业务代码中的数据上。对于双向绑定，刚好可以使用 DataBinding，DataBinding 是一个实现数据和 View 层绑定的框架，是构建 MVVM 模式的关键工具。因此在 Android 中实现 MVVM 模式很方便，而在 iOS 中还要使用 block 回调，或者使用 reactiveCocoa 库。

要使用 DataBinding，就需要添加 DataBinding 到 Gradle 的构建文件中，代码如下：

```
1.  android {
2.      ...
3.      dataBinding {
4.          enabled = true
```

```
5.         }
6.    }
```

DataBinding 方案解决了数据和控件绑定的耦合问题，使 ViewModel 和 View 层的交互变得更简单，数据通过 DataBinding 更好地实现了与控件的绑定。

使用 DataBinding 实现了数据和表现的分离，如果结合响应式编程框架 RxJava、RxAndroid，编码体验和效率还能进一步提高。

由于数据绑定实现了数据和表现的分离，由 DataBinding 框架对接 View 层，可以通过自定义 Adapter 干预某些属性的读取和设置，比如，拦截图片资源的加载（换肤）、动态替换字符（翻译）等功能。

这样也方便了 UI 的复用，在 Android 上进行 View 层组件化的时候，可以在布局的层次上进行复用，与业务无关的 UI 逻辑也能一起打包，同时对外接口（数据模型）仍然简单，学习接入成本更低。

讲完了数据绑定，接下来主要介绍数据内容的曝光。

1.2.2　内容曝光框架

内容曝光框架主要从曝光存在的问题、相关的自动化规则，以及对应流程图等方面来介绍。

1．曝光存在几方面问题

（1）定义复杂，比如，用户看到才算曝光，曝光之后不能重复曝光。这些定义都会导致较多的逻辑代码，你需要管理曝光缓存，需要确认如何才算“看到”。

（2）测试难，相对于点击事件有明确的用户行为，曝光的用户行为可能没那么明确，比如，用户滚动列表或者刷新数据都会导致曝光逻辑变化。

（3）自定义组件，如针对横幅，什么时候算用户看到？自动滚动算不算曝光？这些逻辑与通用的曝光逻辑有所不同。

2．自动化曝光的规则

（1）曝光定义：元素曝光时长超过 500ms 且元素曝光面积大于 50%（元素曝光时长和元素曝光面积可基于实际情况设定）。

（2）当前页面元素已经曝光，如果元素希望被再次展现，只有当前业务消失过或业务方主动调用刷新接口，才能算曝光。

（3）当前页面元素的曝光会在页面退出时或同一区块数据累积大小超过一定的设定值（如 30KB）时产生（即多条曝光日志合并成一条上报，需要后期解析处理）。

图 1-3 是整体自动化曝光框架的框架设计图。

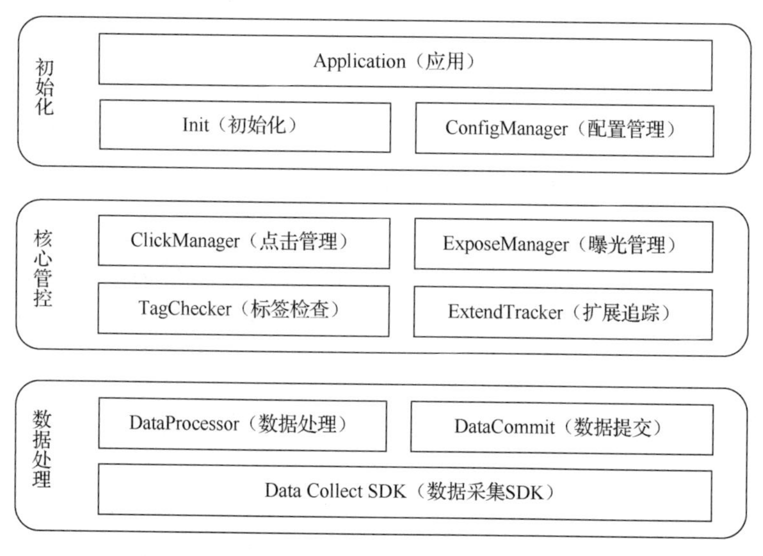

图 1-3

上面的框架设计图支持以下功能。

- 支持采集点击事件、曝光事件等。
- 支持多个场景：列表滑动、列表自动滚动、页面内窗口切换、选项卡切换、进入下一个页面、应用前后台切换等。
- 支持扩展：数据提交、曝光规则自定义（时间阈值和宽高阈值）、采样率定义等。

内容曝光框架基于页面事件代理及过滤的数据采集方案，对业务层无痕，从而对业务实现无侵入。

1.3 数据存储和上报

对于移动应用来说，数据日志存储库是必不可少的基础设施，数据日志模块作为底层的数据基础，对上层的性能影响必须尽量小，但是数据日志的写操作是非常高频的，频繁在 Java 堆里操作数据容易导致 GC（垃圾回收）的发生，从而引起应用卡顿，频繁的 I/O（输入/输出）操作也很容易导致 CPU 占用过高，甚至出现 CPU 峰值，影响应用的整体性能。

接下来会从数据加密方案、数据存储策略及数据上报策略等方面来进行介绍。

1.3.1　数据加密方案

移动端数据日志的安全性是至关重要的，绝对不能随意被破解，更不能明文存储，还要防止网络被劫持导致的日志泄露。

通常采用流式加密的方式，使用对称密钥加密数据日志，并存储到本地。同时在上传数据日志时，使用非对称密钥对对称密钥 Key 做加密上传，防止密钥 Key 被破解，从而在网络层保证日志上报安全。

如图 1-4 所示主要解决的是数据存储到本地和网络传输的安全问题，将密钥做成可配置下发，并且利用服务端做签名证书安全校验，数据存储的安全性问题即可得到解决。

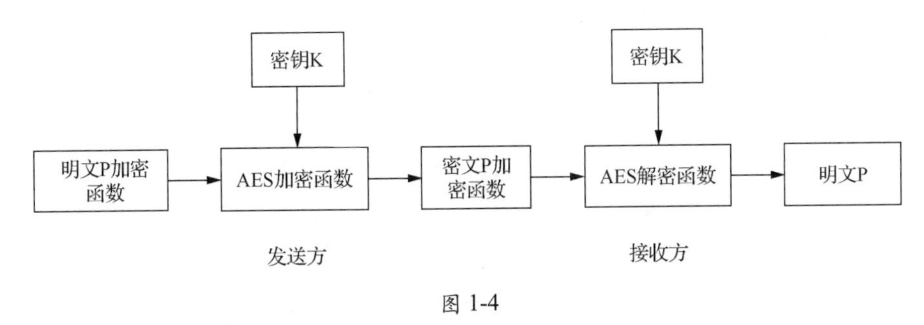

图 1-4

密钥的管理有如下一些需要注意的地方。

（1）密钥不能为常量，应随机、定期更换，如果加密数据时使用的密钥为常量，则相同明文加密会得到相同的密文，很难防止字典攻击。

（2）开发时要规避密钥硬编码。

在实际开发中，密钥如何保存始终是绕不过去的坎。因为硬编码在代码中容易被逆向破解，所以放在设备上的某个文件容易被有经验的破解者逆向找到。在这里推荐使用成熟、专业的安全服务公司的安全组件服务，其中的安全加密功能提供了开发者密钥的安全管理与加密算法实现，可以保证密钥的安全性，实现安全的加/解密操作。介绍完数据加密，接下来讲解数据存储策略。

1.3.2　数据存储策略

Android 提供了多种选择来保存永久性的数据，根据不同的需求使用不同的保存方式。一般情况下，保存数据的方式有下面 5 种。

- SharedPreferences

- 内部存储
- 外部存储
- SQLite
- 网络连接

下面主要来看看这 5 种具体的数据保存方式。

1．SharedPreferences

SharedPreferences（以下简称 SP）以键值对形式进行存储，数据以 xml 形式存储在/data/data/项目包名/shared_prefs/xml.xml 中。一般来说，SP 只能存储基本类型的数据，如布尔型、浮点型、整型及字符串。在默认的情况下，SP 保存的文件是应用的私有文件，其他应用（和用户）不能访问这些文件。

SP 不支持多进程间通信，多进程间使用这种方式可能会导致数据异常。

2．内部存储

直接在设备的内部存储中保存文件。在默认的情况下，保存到内部存储的文件是应用的私有文件，其他应用（和用户）不能访问这些文件。当用户卸载应用时，这些文件也会被移除。

```
1.  String FILENAME = "hello_file.txt";
2.  String string = "hello world!";
3.
4.  FileOutputStream fos = null;
5.  try {
6.      fos = openFileOutput(FILENAME, Context.MODE_PRIVATE);
7.      fos.write(string.getBytes());
8.      fos.close();
9.  } catch (FileNotFoundException e) {
10.     e.printStackTrace();
11. } catch (IOException e) {
12.     e.printStackTrace();
13. }
```

执行上面的代码后，在/data/data/项目包名/files/下可以看到已经成功地创建了相应的文件并且把数据写了进去。

存储文件操作的其他方法（都在 Context 类中）如下。

- getFilesDir()，获取存储内部文件的文件系统目录的绝对路径。返回路径为/data/data/com.xxx.xxx/files。
- getDir()，获取在内部存储空间创建的（或打开现有的）目录。如 getDir("mq",Context.MODE_PRIVATE).getAbsolutePath()，返回结果为/data/data/com.xxx.xxx/ app_mq，可

以看到系统自动在文件名前添加了“app_”。

- deleteFile()，删除保存在内部存储空间的文件。如 deleteFile("mq")会删除*/data/data/com.xxx.xxx/files*目录中对应 mq 的文件；如果存在文件并删除成功，则返回 true；反之，则返回 false。
- fileList()，返回应用当前保存的一系列文件，即列出*/data/data/com.xxx.xxx/ files*目录下的所有文件。

3．外部存储

每个兼容 Android 的设备都支持可用于保存文件的共享“外部存储”。该外部存储可能是可移除的存储介质（如 SD 卡）或内部（不可移除）存储。保存到外部存储中的文件是全局可读取的文件，而且在计算机上启用 USB 大容量存储传输文件后，可由用户修改这些文件。外部存储方式分为两种，一种是在应用卸载后，存储数据会被删除；另一种是永久存储，即使应用被卸载，存储的数据依然存在。下面分别介绍这两种存储方式。

（1）通过 context.getExternalFilesDir(null).getPath()获得路径，得到的路径是*/storage/emulated/0/ Android/data/package_name/*，在应用卸载后，存储的数据会被删除。

如果处理的文件不适合其他应用使用（例如，仅供自己应用使用的图形纹理或音效），则应该调用 getExternalFilesDir()来使用外部存储上的私有存储目录。此方法还会采用 type 参数指定子目录的类型（如 DIRECTORY_MOVIES）。

如果不需要特定的媒体目录，可以传递 null 以接收应用私有目录的根目录。从 Android 4.4 开始，读取或写入应用私有目录中的文件不再需要 READ_EXTERNAL_STORAGE 或 WRITE_EXTERNAL_STORAGE 权限。

因此，可以通过添加 maxSdkVersion 属性来声明，只能在较低版本的 Android 中请求该权限：

```
1. <manifest ...>
2.        <uses-permission android:name="android.permission.WRITE_EXTERNAL_STORAGE"
3.                              android:maxSdkVersion="18" />
4.        ...
5.   </manifest>
```

注意：当用户卸载应用时，此目录及其内容将被删除。此外，系统媒体扫描程序不会读取这些目录中的文件，因此不能从 MediaStore 内容提供程序访问这些文件。同样，不应该将这些目录用于最终属于用户的媒体文件，例如，使用应用拍摄或编辑的照片或用户使用应用购买的音乐等文件应保存在公共目录中。

除 context.getExternalFilesDir()外，还有 getExternalCacheDir()，通过后者将文件保存到 */storage/emulated/0/Android/data/package_name/cache*目录下。当文件不再需要时，要记得把缓存文件删除。

（2）永久存储，即使应用被卸载，存储的数据依然存在，如存储路径/storage/emulated/0/mDiskCache，可以通过 Environment.getExternalStorageDirectory().getAbsolutePath() + “/mDiskCache”来获取路径。

Android *N* 和更高版本的应用无法按名称共享私有文件，尝试共享“file://”URI 将会引发 FileUriExposedException。如果应用需要与其他应用共享私有文件，则可以将 FileProvider 与 FLAG_GRANT_READ_URI_PERMISSION 配合使用。

4．数据库 SQLite

Android 提供了对 SQLite 数据库的完全支持。应用中的任何类（不包括应用外部的类）均可按名称访问所创建的任何数据库。关于 SQLite 的介绍、基本使用以及升级策略，这里不做更多展开。

5．网络连接

使用网络（如果可用）来存储和检索与自己的网络服务有关的数据。若要执行网络操作，请使用以下包中的类。

- java.net.*
- android.net.*

1.3.3 数据上报策略

数据上报策略主要从策略配置和相关接口设置来进行介绍。

1．Android 数据上报策略配置（见表 1-1）

表 1-1

编　号	策略名称	说　明
1	INSTANT	实时发送，App 每产生一条消息都会发送到服务器
2	ONLY_WiFi	只在 Wi-Fi 状态下发送，而在非 Wi-Fi 状态下缓存到本地
3	BATCH	批量发送，默认当消息数量达到 30 条时发送一次
4	APP_LAUNCH	只在启动时发送，本次产生的所有数据在下次启动时发送
5	DEVELOPER	开发者模式，只在 App 调用 void commitEvents(Context)时发送，否则缓存消息到本地
6	PERIOD	间隔一段时间发送，每隔一段时间一次性发送到服务器

表 1-1 介绍了常用的数据上报策略配置，设置数据上报策略可以有效节省流量。可以使用以下 3 种方式调整 App 的数据上报策略。

（1）在 App 启动时指定上报策略（默认为 APP_LAUNCH）。

```
StatConfig.setStatSendStrategy(StatReportStrategy.INSTANT);
```

通常支持的上报策略为表 1-1 中的 6 种。

SDK 默认在 APP_LAUNCH+Wi-Fi 下实时上报，对于响应要求比较高的应用，比如竞技类游戏，可关闭 Wi-Fi 实时上报，并选择 APP_LAUNCH 或 PERIOD 上报策略。

（2）考虑到 Wi-Fi 上报数据的代价比较低，为了更及时地获取用户数据，SDK 默认在 Wi-Fi 网络下实时发送数据。可以调用下面的接口禁用此功能（在 Wi-Fi 条件下仍使用原定策略）。

```
void StatConfig.setEnableSmartReporting(boolean isEnable)
```

（3）通过在 Web 界面上配置，开发者可以在线更新上报策略，替换 App 内的原有策略，替换后的策略立即生效并存储在本地，App 后续启动时会自动加载该策略。

上面 3 种方式的优先级顺序：Wi-Fi 条件下智能实时发送>Web 在线配置>本地默认。介绍完数据上报策略配置后，下面介绍相关的数据上报设置接口。

2. 相关的数据上报设置接口

相关的数据上报设置接口如下。

（1）设置最大缓存未发送消息个数（默认值是 1024）。

```
void StatConfig.setMaxStoreEventCount(int maxStoreEventCount)
```

当缓存消息的数量超过阈值时，最早的消息会被丢弃。

（2）（仅在发送策略为 BATCH 时有效）设置最大批量发送消息个数（默认值是 30）。

```
void StatConfig.setMaxBatchReportCount(int maxBatchReportCount)
```

（3）（仅在发送策略为 PERIOD 时有效）设置间隔时间（默认值是 24×60，即 1 天）。

```
void StatConfig.setSendPeriodMinutes(int minutes)
```

（4）开启 SDK LogCat 开关（默认值是 false）。

```
void StatConfig.setDebugEnable(boolean debugEnable)
```

1.4　前端埋点

构建一个数据平台，大体上包括数据采集、数据上报、数据存储、数据计算以及数据可视化展示等几个重要环节。其中，数据采集与上报是整个流程中最重要的一环，只有确保前端数据埋点的全面、准确、及时，最终产生的数据结果才是可靠、有价值的。

为了解决前端数据埋点的准确性、及时性和开发效率等问题，业内从不同角度提出了多种技术方案，这些方案大体上可以归为以下 3 类。

第一类是代码埋点，即在需要埋点的节点调用接口处直接上传埋点数据，友盟、百度统计等第三方数据统计服务商大都采用这种方案。

第二类是可视化埋点，即通过可视化工具配置采集节点，在前端自动解析配置并上报埋点数据，从而实现所谓的“无痕埋点”，代表方案有已经开源的 Mixpanel。

第三类是“无埋点”，这种方案并不是不需要埋点，而是前端自动采集全部事件并上报埋点数据，在后端进行数据计算时过滤出有用数据，代表方案有 GrowingIO。

前端埋点的技术要求很高，总结起来主要有 3 点。

第一是数据的准确性和及时性，数据质量的好坏将直接影响依赖埋点数据的后端策略服务、与合作伙伴结算以及运营数据报表等。

第二是埋点的效率，埋点的复杂程度往往与业务需求相关，埋点效率会影响版本迭代的速度。

第三是动态部署与修复埋点的能力，本质上这也是提升埋点效率的一种手段，并且使埋点不再依赖于 App 客户端重发新版本。

原有埋点主要采用手动的代码埋点方案，代码埋点方案虽然使用起来灵活，但是开发成本较高，并且一旦上线就很难修改。如果发生严重的数据问题，只能通过热修复解决。如果直接改进为可视化埋点，开发成本较高，并且也不能满足所有埋点需求；而如果改进为“无埋点”的话，带来的流量消耗和数据计算成本也是业务不能接受的。因此，在原有代码埋点方案的基础上，演化出一套轻量的、声明式的前端埋点方案是性价比最高的，并且可以在动态埋点、无痕埋点等方向做进一步的探索和实践。

1.4.1 代码埋点

由于后面的内容中要介绍声明式埋点和无痕埋点方案，而它们仍然依赖原有的代码埋点方案的底层逻辑，因此这里有必要先简单介绍代码埋点方案。在实现代码埋点时，主要关注的是数据结构的规范性、埋点接口的易用性和上报策略的可靠性等问题。

开发者需要手动在需要埋点的节点处（例如，点击事件的回调方法、列表元素的展示回调方法、页面的生命周期函数等）插入这些埋点代码，代码如下：

```
1. EventInfo eventInfo = new EventInfo();
2.    eventInfo.nm = EventName.MGE;                    // 事件类型为 MGE
3.    eventInfo.val_bid = "xxx";                       // 事件的唯一标识
4.    eventInfo.val_lab = new HashMap<>();             // 携带的业务数据
5.    eventInfo.val_lab.put(Constants.Business.xx,"xxx");
6.    Statistics.getChannel("hotel").writeEvent(eventInfo);
```

可以看出，代码埋点方案是一种典型的命令式编程，它会严格遵循你的指令来操作，需要进入具体的业务中，因此埋点代码常常要侵入具体的业务逻辑，这使埋点代码变得很烦琐且容易出错。因此，最直接的做法是将埋点代码与具体的交互和业务逻辑解耦，也就是"声明式埋点"，从而降低埋点难度。

1.4.2　声明式埋点

声明式埋点的思路是将埋点代码与具体的交互和业务逻辑解耦，开发者只用关心需要埋点的控件，并且为这些控件声明需要的埋点数据即可，从而降低埋点的成本。

在 Android 中，自定义了常用的 UI 控件，如 TextView、LinearLayout、ListView、ViewPager 等，重写了事件响应方法，在这些方法内部自动填写埋点代码。重写控件的好处在于，可以拦截更多的事件，执行效率高且运行稳定。但其弊端也非常明显——移植成本比较高。

为了解决这个问题，可借鉴 Android 7.0 支持库的思路，即通过 AppCompatDelegate 代理自动替换 UI 控件，代码如下：

```
1. public class GAAppCompatDelegateV14 extends AppCompatDelegateImplV14 {
2.    @Override
3.    View callActivityOnCreateView(View parent, String name, Contextcontext,
AttributeSet attrs) {
4.            switch (name) {
5.                case "TextView":
6.                    return new NovaTextView(context, attrs);
7.            }
8.           return super.callActivityOnCreateView(parent, name, context, attrs);
9.        }
10.  }
```

这样，开发者只需要在自己的 Activity 基类中重写 getDelegate 方法，将方法的返回值替换为修改过的 AppCompatDelegate，这样就可以实现自动替换 UI 控件了：

```
1. @Override
2.    public AppCompatDelegate getDelegate() {
3.        if (mDelegate == null) {
```

```
4.            mDelegate = GAAppCompatUtil.create(this, this);
5.        }
6.        return mDelegate;
7.    }
```

如果引用的第三方库中重写了 UI 控件，则上述方法是不生效的，也就是说需要一种替换 UI 控件类的父类方法。但是在运行时，没有找到可行的替换 UI 控件类的父类方法，因此建议尝试在编译时修改父类，并开发一个 Gradle 插件。事实上，这样做并不存在运行时效率的问题，只会牺牲一些编译速度。这样开发者只需要运行这个插件，就可以实现自动将 UI 控件的父类替换为重写的 UI 控件了。

在采用了声明式埋点后，只需要在控件初始化时声明一下需要的埋点即可，不必再侵入程序的各种响应函数，这样会降低埋点难度：

```
1. GAHelper.bindClick(view, bid, lab);
```

声明式埋点能够替代所有的代码埋点，并且能解决早期遇到的移植成本高等问题。但是其本质上还是一种代码埋点，只是埋点的代码量减少了，并且不再侵入业务逻辑了。如果要满足动态部署与修复埋点的需求，则需要彻底重构前端硬编码的埋点代码。

1.4.3 无痕埋点

声明式埋点之所以还需要硬编码，主要有两个原因：第一是需要声明埋点控件的唯一事件标识；第二是有的业务字段需要在前端埋点时携带，而这些字段是在运行时才可获知的值。

对于第一点，可以尝试在前后端使用一致的规则自动生成事件标识，这样后端就可以配置前端的埋点行为，从而做到自动化埋点。对于第二点，可以尝试通过某种方式将业务数据自动与埋点数据关联，这种关联可以发生在前端，也可以发生在后端。

数据埋点与采集是进行数据分析的基础。在第三方统计平台普遍提供的前端埋点解决方案中，手动埋点是最基础且最成熟的方式，但却因其技术门槛高、操作复杂、周期长等弊端为广大数据分析人员及技术人员所诟病。而解决这些问题正是后来兴起的无痕埋点技术的优势所在。

无痕埋点技术早在 2013 年就被 Heap Analytics 等公司应用在了数据分析领域，但在国内直到 2016 年才开始被广泛关注，并同时出现了全埋点等技术描述。

事实上，无论是无痕埋点还是全埋点，它们的核心技术基础是一致的。它们都是通过基础代码在所有页面及页面路径上的可交互事件元素上放置监听器来实现数据采集的。所以，与其说它们不需要埋点，还不如说代码帮开发者完成了处处埋点的烦琐工作。

早期有人区分两者的依据是，全埋点会将所有数据全部采集回收，而无痕埋点只会回收通过可视化界面配置的事件的数据。但事实上，随着相关功能弥合度逐渐提高，这种以功能进行区分的界限逐步消除，所谓的差异也就不准确了。因此，当下更愿意把无痕埋点或全埋点当作一种营销包装方式。

下面就来详细阐述无痕埋点。

1. 问题的引入

在开发过程中，不可避免要对事件进行统计，比如，对某个界面启动次数的统计，或者对某个按钮点击次数的统计，一般大公司都会有自己的统计 SDK，而其他公司则大部分会选择友盟统计等第三方平台。但是他们都需要在代码里面的每一个事件产生的地方插入统计代码，如某个事件触发 onClick 事件，那么就在 view.setOnClickListener()的 onClick 方法里写入 MobclickAgent.onEvent(MyApp.getInstance(),"login_click")。这时候会有人想，有没有一种办法不用这么麻烦呢？

通过上面的分析，有过 AOP 开发经验的读者就会想到，这就是典型的 AOP 应用场景。接下来介绍具体的解决方案。

2. 解决方案

在第三方统计中，每一个事件都会对应一个 ID，而这个 ID 可以由开发人员自己定义，对应的 ID 会有事件描述，这样就形成了一个表格，将这个表格上传到统计平台。当需要统计某个事件的时候，只需将事件的 ID 上报即可，而后台就会记录对应的 ID 事件统计。通过观察，大部分的事件统计都是 onClick 事件。

接下来需要解决几个问题。

- 问题一：如何在对应的事件上动态注入代码。
- 问题二：如何动态地生成一个事件的唯一 ID。
- 问题三：如何将 ID 和事件描述对应上。

方案一：在 AOP 里面有一个 Javassist 库，可以很便利地动态修改 class 文件。在将 java 文件编译成 class 文件之后，可以找到所有实现 android.view.View.onClickListener 的类，包括匿名类，然后在它们的 onClick(View v)中注入统计代码。

方案二：可能会有人认为可以直接使用 View.getId()，但是这个 View 的 ID 是人为设置的，而且在不同的 layout.xml 中可以设置相同的 ID，所以不能作为事件的唯一 ID，那么这个 ID 就必须自己生成了。解决思路是：在事件发生之前，对当前 Activity 的 layout 的整个 ViewTree 进行遍历，将所有 View 和 ViewGroup 的 Tag 设置为组合的唯一 ID，这个 ID 是由 ID

发生器与当前 View 的 ViewParent 的 ID 组合而成的，然后当 onClick 事件产生时，可以得到当前 View 的唯一 ID。

方案三：在获得唯一 ID 之后，通过代码很难知道这个 View 具体描述的是什么，所以必须手动配置。这时可以采用很简单的办法，即在界面上一一单击想要统计的点击事件，然后将对应 View 的 ID 写入一个文件，在这个文件的对应 ID 上写上对应 View 的描述。其实还可以更直观一点，那就是当点击事件的时候会直接弹出一个对话框，在这个对话框中输入相应的描述。

有了对应的解决方案，具体如何实现呢？下面将进行介绍。

3. 具体解决方案的实现

下面将从 Hook LayoutInflater 和统计代码的动态注入两个方面来介绍具体解决方案的实现。

（1）Hook LayoutInflater

Hook LayoutInflater 是通过调用 context.getSystemService(Context.LAYOUT_INFLATER_SERVICE)来返回自定义的 CustomLayoutInflater 的，然后覆写 inflate 方法就可以得到对应的 ViewTree。

通过阅读源码，getSystemService 方法最终会得到 android.app.SystemServiceRegistry 类的静态变量 SYSTEM_SERVICE_FETCHERS，代码如下：

```
1.   private static final HashMap<String, ServiceFetcher<?>> SYSTEM_
SERVICE_FETCHERS =  new HashMap<String, ServiceFetcher<?>>();
2.
3.   public static Object getSystemService(ContextImpl ctx, String name) {
4.        ServiceFetcher<?> fetcher = SYSTEM_SERVICE_FETCHERS.get(name);
5.        return fetcher != null ? fetcher.getService(ctx) : null;
6.   }
```

而这个静态变量是在 registerService 方法中进行赋值的，代码如下：

```
1.       private static <T> void registerService(String serviceName,
Class<T> serviceClass,ServiceFetcher<T> serviceFetcher) {
2.            SYSTEM_SERVICE_NAMES.put(serviceClass, serviceName);
3.            SYSTEM_SERVICE_FETCHERS.put(serviceName, serviceFetcher);
4.       }
```

赋值的地方在该类的 static 代码块里面：

```
1.   static {
2.        ...
3.       registerService(Context.LAYOUT_INFLATER_SERVICE, LayoutInflater.class,
```

```
4.          new CachedServiceFetcher<LayoutInflater>() {
5.          @Override
6.          public LayoutInflater createService(ContextImpl ctx) {
7.          return new PhoneLayoutInflater(ctx.getOuterContext());
8.      }});
9.      ...
10. }
```

知道上面的这些内容后，就可以反射调用 registerService，将自定义的 CustomLayout-Inflater 注册进去，替换掉原本的 PhoneLayoutInflater，这样当系统获取 LayoutInflater 的时候，得到的就是 CustomLayoutInflater。

由于 registerService(String serviceName, Class<T> serviceClass, ServiceFetcher<T> serviceFetcher)需要 ServiceFetcher 的实例，而 ServiceFetcher 是一个接口，并且其处于 SystemServiceRegistry 类的内部，所以只能通过反射拿到这个接口，并且创建一个类实现它、实例化它。但是，如果通过反射得到 ServiceFetcher 的 Class 类型，而且调用接口的 Class.newInstance()直接抛出异常，则无法达到目的。另一个办法就是通过动态代理来生成一个实现 ServiceFetcher 接口的类，代码如下：

```
1.  public class Hooker {
2.      private static final String TAG = "Hooker";
3.      public static void hookLayoutInflater() throws Exception {
4.          //获取 ServiceFetcher 的实例 ServiceFetcherImpl
5.          Class<?> ServiceFetcher = Class.forName("android.app.
SystemServiceRegistry$ServiceFetcher");
6.          Object ServiceFetcherImpl = Proxy.newProxyInstance(Hooker.
class.getClassLoader(),
7.                  new Class[]{ServiceFetcher}, new ServiceFetcherHandler());
8.                      //Proxy.newProxyInstance 返回的对象会实现指定的接口
9.
10.         //获取 SystemServiceRegistry 的 registerService 方法
11.         Class<?> SystemServiceRegistry = Class.forName("android.app.
SystemServiceRegistry");
12.         Method registerService = SystemServiceRegistry.getDeclaredMethod
("registerService",String.class, CustomLayoutInflater.class.getClass(), Serv
iceFetcher);
13.         registerService.setAccessible(true);
14.
15. //调用 registerService 方法，将自定义的 CustomLayoutInflater 设置到
    //SystemServiceRegistry
16.         registerService.invoke(SystemServiceRegistry,
17.                 new Object[]{Context.LAYOUT_INFLATER_SERVICE,
CustomLayoutInflater.class, ServiceFetcherImpl});
```

```
18.
19.             //(测试)
20.             //获取 SystemServiceRegistry 的 SYSTEM_SERVICE_FETCHERS 静态变量
21.  //          Field SYSTEM_SERVICE_FETCHERS = SystemServiceRegistry.
22.  //getDeclaredField("SYSTEM_SERVICE_FETCHERS");
23.  //          SYSTEM_SERVICE_FETCHERS.setAccessible(true);
24.  //          Log.e(TAG, SYSTEM_SERVICE_FETCHERS.getName());
25.  //         HashMap SYSTEM_SERVICE_FETCHERS_FIELD = (HashMap) SYSTEM_SERVICE_
26.  //FETCHERS.get(SystemServiceRegistry);
27.  //
28.  //          Set set = SYSTEM_SERVICE_FETCHERS_FIELD.keySet();
29.  //          Iterator iterator = set.iterator();
30.
31.      }
32.  }
33.  ServiceFetcherHandler.java
34.  public class ServiceFetcherHandler implements InvocationHandler{
35.
36.      @Override
37.      public Object invoke(Object proxy, Method method, Object[] args)
throws Throwable {
38.  //当调用 ServiceFetcherImpl 的 getService 的时候，会返回自定义的 LayoutInflater
39.          return new CustomLayoutInflater((Context) args[0]);
40.      }
41.  }
```

CustomLayoutInflater 参考了系统自带的 PhoneLayoutInflater，然后加上自己生成 View ID 的代码：

```
1.   public class CustomLayoutInflater extends LayoutInflater {
2.
3.       private static final String[] sClassPrefixList = {
4.               "android.widget.",
5.               "android.webkit."
6.       };
7.
8.       public CustomLayoutInflater(Context context) {
9.           super(context);
10.      }
11.
12.      protected CustomLayoutInflater(LayoutInflater original, Context newContext) {
13.          super(original, newContext);
14.      }
15.
16.      @Override
```

```
17.      protected View onCreateView(String name, AttributeSet attrs)
throws ClassNotFoundException {
18.          for (String prefix : sClassPrefixList) {
19.              try {
20.                  View view = createView(name, prefix, attrs);
21.                  if (view != null) {
22.                      return view;
23.                  }
24.              } catch (ClassNotFoundException e) {
25.
26.              }
27.          }
28.          return super.onCreateView(name, attrs);
29.      }
30.
31.      public LayoutInflater cloneInContext(Context newContext) {
32.          return new CustomLayoutInflater(this, newContext);
33.      }
34.
35.      @Override
36.      public View inflate(@LayoutRes int resource, @Nullable ViewGroup
root, boolean attachToRoot) {
37.          View viewGroup = super.inflate(resource, root, attachToRoot);
38.          View rootView = viewGroup;
39.          View tempView = viewGroup;
40.          //得到根 View
41.          while (tempView != null) {
42.              rootView = viewGroup;
43.              tempView = (ViewGroup) tempView.getParent();
44.          }
45.          //遍历根 View 的所有子 View
46.          traversalViewGroup(rootView);
47.          return viewGroup;
48.      }
49.
50.      private void traversalViewGroup(View rootView) {
51.          if (rootView != null && rootView instanceof ViewGroup) {
52.              //如果 Tag 的值已经存在了，那么就不用再赋值了
53.              if (rootView.getTag() == null) {
54.                  rootView.setTag(getViewTag());
55.              }
56.              ViewGroup viewGroup = (ViewGroup) rootView;
57.              int childCount = viewGroup.getChildCount();
58.              for (int i = 0; i < childCount; i++) {
```

```
59.                     View childView = viewGroup.getChildAt(i);
60.                     if (childView.getTag() == null) {
61.                         childView.setTag(combineTag(getViewTag(),
viewGroup.getTag().toString()));
62.                     }
63.                     Log.e("Hooker", "childView name = " + childView.
getClass().getName() + "id = " + childView.getTag().toString());
64.                     if (childView instanceof ViewGroup) {
65.                         traversalViewGroup(childView);
66.                     }
67.                 }
68.             }
69.         }
70.
71.         private String combineTag(String tag1, String tag2) {
72.             return getMD5(getMD5(tag1) + getMD5(tag2));
73.         }
74.
75.         private static int VIEW_TAG = 0x10000000;
76.
77.         private static String getViewTag() {
78.             return String.valueOf(VIEW_TAG++);
79.         }
80.
81.         /**
82.          * 对字符串进行 MD5 加密
83.          *
84.          * @param str
85.          * @return
86.          */
87.         public static String getMD5(String str) {
88.             try {
89.                 //生成一个 MD5 加密计算摘要
90.                 MessageDigest md = MessageDigest.getInstance("MD5");
91.                 //计算 md5 函数
92.                 md.update(str.getBytes());
93.                 return new BigInteger(1, md.digest()).toString(16);
94.             } catch (Exception e) {
95.
96.             }
97.             return "null";
98.         }
99.     }
```

最后在 Application onCreate 方法中调用 Hooker.hookLayoutInflater 方法即可，想检验这一

步的正确性，可编写如下代码进行测试：

```
1.    Button button = (Button) findViewById(R.id.button);
2.            button.setOnClickListener(new View.OnClickListener() {
3.                @Override
4.                public void onClick(View v) {
5.                    //62e419e0f3c9772391c861b6c09a2abd = v.getTag()
6.                    Toast.makeText(MainActivity.this, "this is abutton !,
" + v.getTag().toString(), Toast.LENGTH_LONG).show();
7.                }
8.            });
```

其实还有一种比较简单的办法，即给 View 设置 ID，即在 Activity onTouchEvent 方法里获取 getWindow().getDecorView()，然后遍历该 View 的子 View。这里会花费点时间，点击事件的响应速度会慢一点。

（2）统计代码的动态注入

学习这一部分需要读者有 AOP 编程基础，相关核心代码如下。

新建插件类 JavassistPlugin：

```
1.   public class JavassistPlugin implements Plugin<Project> {
2.
3.       void apply(Project project) {
4.           def log = project.logger
5.           log.error "========================";
6.           log.error "Javassist 开始修改 Class!";
7.           log.error "========================";
8.           log.error "========================"+ project.getClass().getName();
9.
         project.android.registerTransform(new PreDexTransform(project))
10.      }
11.  }
```

PreDexTransform 的核心实现如下：

```
1.   public class PreDexTransform extends Transform {
2.       Project mProject
3.
4.       public PreDexTransform(Project project) {
5.           mProject = project
6.       }
7.
8.       //Transfrom 在 Task 列表中的名字
9.       //TransfromClassesWithPreDexForXXXX
```

```
10.        @Override
11.        String getName() {
12.            return "PreDex"
13.        }
14.
15.        @Override
16.        Set<QualifiedContent.ContentType> getInputTypes() {
17.            return TransformManager.CONTENT_CLASS
18.        }
19.
20.        //指定 Transform 的作用范围
21.        @Override
22.        Set<? super QualifiedContent.Scope> getScopes() {
23.            return TransformManager.SCOPE_FULL_PROJECT
24.        }
25.
26.        @Override
27.        boolean isIncremental() {
28.            return false
29.        }
30.
31.        @Override
32.        void transform(Context context, Collection<TransformInput>
inputs, Collection<TransformInput> referencedInputs,
33.                       TransformOutputProvider outputProvider, Boolean
isIncremental) throws IOException, TransformException, InterruptedException {
34.            log("transform >>>>>")
35.            //Transform 的输入有两种类型：目录和 jar，分开遍历
36.            inputs.each { TransformInput input->
37.                input.directoryInputs.each { DirectoryInput directoryInput->
38.                    log("directoryInput name = " + directoryInput.name +",
path = " + directoryInput.file.absolutePath)
39.
40.                    JavassistInject.injectDir(directoryInput.file.
getAbsolutePath(), "com", mProject)
41.
42.                    def dest = outputProvider.getContentLocation(directoryInput.
name, directoryInput.contentTypes, directoryInput.scopes, Format.DIRECTORY)
43.
44.                    //将输入的目录复制到输出指定目录
45.                    FileUtils.copyDirectory(directoryInput.file, dest)
46.                }
47.
48.                input.jarInputs.each { JarInput jarInput ->
```

```
49.
50.                 log("jarInput name = " + jarInput.name +", path = " +
jarInput.file.absolutePath)
51.
52.                 JavassistInject.injectDir(jarInput.file. getAbsolutePath(),
"com", mProject)
53.
54.                 //重命名输出文件（同目录执行 copyFile 操作会发生冲突）
55.                 def jarName = jarInput.name
56.                 def md5Name = jarInput.file.hashCode()
57.                 if(jarName.endsWith(".jar")){
58.                    jarName = jarName.substring(0, jarName.length() - 4)
59.                 }
60.               def dest = outputProvider.getContentLocation(jarName + md5Name,
61.                        jarInput.contentTypes, jarInput.scopes, Format.JAR)
62.                 FileUtils.copyFile(jarInput.file, dest)
63.             }
64.         }
65.     }
66.
67.     void log(String log){
68.         mProject.logger.error(log)
69.     }
70.
71. }
```

具体的代码注入：

```
1.  public class JavassistInject {
2.
3.      public static final String JAVA_ASSIST_APP = "com.meyhuan.
applicationlast.MyApp"
4.      public static final String JAVA_ASSIST_MOBCLICK = "com.umeng.
analytics.MobclickAgent"
5.
6.      private final static ClassPool pool = ClassPool.getDefault()
7.
8.      public static void injectDir(String path, String packageName,
Project project) {
9.          pool.appendClassPath(path)
10.         String androidJarPath = project.android.bootClasspath[0].
toString()
11.         log("androidJarPath: " + androidJarPath, project)
12.         pool.appendClassPath(androidJarPath)
13.         importClass(pool)
```

```
14.            File dir = new File(path)
15.            if(!dir.isDirectory()){
16.                return
17.            }
18.            dir.eachFileRecurse { File file->
19.                String filePath = file.absolutePath
20.                log("filePath : " + filePath, project)
21.               if(filePath.endsWith(".class") && !filePath.contains('R$')
22.                        && !filePath.contains('R.class') && !filePath.
contains("BuildConfig.class")){
23.                    log("filePath my : " + filePath, project)
24.                    int index = filePath.indexOf(packageName);
25.                    boolean isMyPackage = index != -1;
26.                    if(!isMyPackage){
27.                        return
28.                    }
29.                    String className = JavassistUtils.getClassName
(index, filePath)
30.                    log("className my : " + className, project)
31.                    CtClass c = pool.getCtClass(className)
32.                    log("CtClass my : " + c.getSimpleName() , project)
33.                    for(CtMethod method : c.getDeclaredMethods()){
34.                        log("CtMethod my : " + method.getName(),project)
35.                        //找到 onClick(View)方法
36.                        if(checkOnClickMethod(method)){
37.                          log("checkOnClickMethod my : " + method.getName(),
project)
38.                            injectMethod(method)
39.                            c.writeFile(path)
40.                        }
41.                    }
42.                }
43.            }
44.
45.        }
46.
47.        private static boolean checkOnClickMethod(CtMethod method ){
48.            return method.getName().endsWith("onClick")  && method.
getParameterTypes().length == 1 && method.getParameterTypes()[0].getName().e
quals("android.view.View") ;
49.        }
50.
```

```
51.        private static void injectMethod(CtMethod method){
52.            method.insertAfter("System.out.println((\$1).getTag());")
53.            method.insertAfter("MobclickAgent.onEvent(MyApp.getInstance(),
(\$1).getTag().toString());")
54.        }
55.
56.        private static void log(String msg, Project project){
57.            project.logger.log(LogLevel.ERROR, msg)
58.        }
59.
60.        private static void importClass(ClassPool pool){
61.            pool.importPackage(JAVA_ASSIST_APP)
62.            pool.importPackage(JAVA_ASSIST_MOBCLICK)
63.        }
```

通过以上两步，代码里的 OnClickListener 实现类的 onClick 方法中就会多出第三方统计方法（如友盟统计的代码 MobclickAgent.onEvent(MyApp.getInstance(), v.getTag(). toString())）。

上面只简单实现了 onClick 事件的统计功能，需要完善的地方还有很多，这里仅提供了一个参考方案。下面总结一下要点。

- 通过 Hook LayoutInflater 的方式，遍历所有的 View 并且将 ID 一一设置到 Tag 里面。
- 通过 Javassist 将统计代码注入 onClick 方法里，获取 View 的 ID，并且上传统计。
- 手动将 View ID 与对应的 View 事件的描述对应起来。

第 2 章 Android 下的工具基建进阶

应用是为解决用户需求而生的，工具是一种基础的用户需求实现，那么在 Android 体系下工具基建进阶到底有哪些奥秘呢？本章将从带反劫持功能的下载 SDK、沉浸式框架和图片加载框架等方面来介绍，希望可以在 Android 工具进阶这个方向带给读者一些启发。

2.1 带有反劫持功能的下载 SDK

在 Android 开发中，我们经常使用文件下载功能，比如，应用的版本更新等。对于下载功能，一般操作是通过文件下载链接建立网络请求，然后通过网络连接不断读取文件流信息并写到本地文件中，其中还会涉及断点续传等功能，在互联网上基本都能找到相关知识的介绍，因此本节不会详细展开这些内容。本节主要结合工作中的相关经验，介绍分段式下载和下载中的反劫持等的相关经验。

2.1.1 分段式多线程网络通信

多线程下载技术在下载中是一种很常见的技术方案，这种方案充分利用了多线程的优势，在同一时间段内通过多个线程发起下载请求，将需要下载的数据文件切割成多个部分，每一个线程只负责下载其中一个部分，然后将下载后的多个部分组装成完整的数据文件，这样便可以大大提高整体的下载效率。多线程下载提升下载效率的原理其实可以这么理解，相当于高速公路多车道比单车道车流量更大，因为同一时间内通过的车辆更多。

在多线程下载技术中，有一点非常重要，那就是如何分割文件，其实这就是本节要重点介绍的分段式多线程网络通信技术。

首先，需要介绍一下 HTTP 请求头中重要的头部定义，它可以告诉目标服务器本次网络请求的文件目标范围。因此，我们可以通过多个线程进行网络请求，然后为不同线程的下载请求设置不同的范围，从而达到分段式多线程网络通信的目的。

在分段式分割文件下载范围时，一般的处理方案是对文件大小进行等分处理，例如，目标文件大小是 10MB，将其分割成 4 段同时下载，则分割后每段的数据范围如图 2-1 所示。

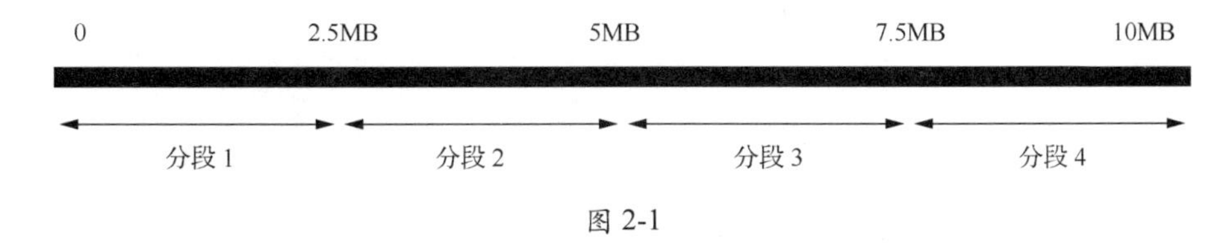

图 2-1

对于等分分段处理，当然存在文件大小刚好不是分段数整数倍的情况，对于这种情况我们依然可以通过文件大小除以分段数并取整来获取每段的大小，只是最后一段直接取剩下的部分，因此最后一段的下载量大小可能跟前面几段的不同。

然而，从实际验证中可以发现，分段后进行多线程处理可能存在几段线程因阻塞问题而进入等待过程的情况，即这时并不一定是多个线程同时处于下载状态。当出现这种情况时，在等分分段处理后，可能分段 1 已下载完成，分段 2 还在线程中等待，从而无法达到快速下载的目的。因此，我们针对该情况进行了优化，即在分段 1 下载完成时，如果发现分段 2 还没开始下载，则负责下载分段 1 的线程继续执行下载任务，即下载分段 2，同时移除原先负责下载分段 2 的线程，从而减轻线程池的阻塞情况。所以优化后，我们的分段处理过程如图 2-2 所示。

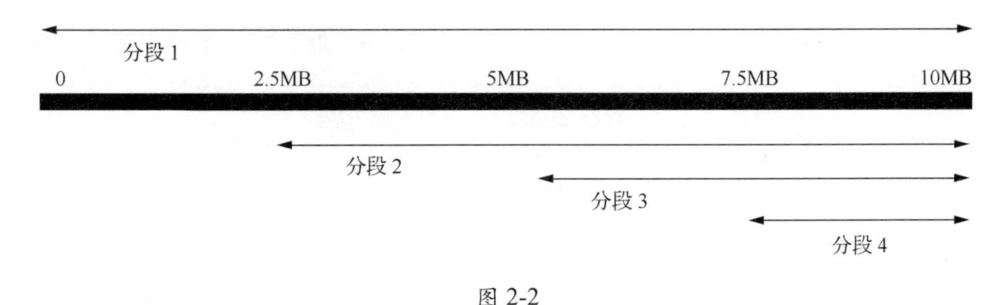

图 2-2

以上分段处理过程与等分分段类似，每段的下载起始位置跟等分分段一样，只是每段的下载结束位置都是文件尾部。不过为了防止下载重复内容，下载过程依然需要判断已下载量是否到达等分分段后的下载量。如果到达，则判断下一个分段是否已启动下载，如果还没启动，则移除负责下载下一个分段的线程，并由下载当前分段的线程负责下载，同时更新当前分段的下载量为增加下一个分段的下载量（即当前分段的线程承担了下一个分段的下载任务）；如果下一个分段已启动下载，则停止当前分段继续下载。通过这样的优化处理，一是可以解决因线程阻塞导致分段等待下载的问题，二是可以减少发起网络请求（即减少分段线程网络请求）。

2.1.2 常见的下载劫持

下载功能一般都关注下载的成功率、下载速度，如 2.1.1 节介绍的分段式多线程网络通信技术，其目的就是提高下载速度。但实际中，我们有时候会发现下载下来的文件不是想要的目标文件，这样即使前面的下载技术做得再好也将前功尽弃。因此，下载文件的正确性是最需要关注的问题，下面介绍一下下载劫持。

下载劫持是一个什么概念呢？简单理解就是，你想要下载某个文件 A，在你下载完成后却发现得到的是文件 B，当然你的下载链接指向的服务器资源文件确实是文件 A，其实这就是当你真正下载资源的时候被指向了另一个文件的下载地址，导致下载的文件不是你想要的目标文件，这时即发生了下载劫持。

手机上下载任务的整个链路主要分 3 部分：手机端、网络层、服务端。这 3 个部分都可能发生劫持，但常见的劫持主要还是发生在网络层，因为在手机端、服务端进行劫持，需要每个手机端都植入劫持逻辑，劫持成本及难度都比较高，而且容易被发现、清理和追查；而在网络层进行劫持，成本比较低，因为不管是手机端还是服务端，都需要经过网络层进行传输。

对于网络层劫持，可以细分为 DNS 解析劫持、篡改 HTTP 请求头和篡改 HTTP 请求体等方式。

而在网络层的具体劫持实现方式中，最常见的是运营商劫持。接入运营商的互联网设备想要联网，都需要经过运营商（电信、联通等）网关的转接。因此，当我们想要下载目标服务器上的资源文件时，同样需要经过运营商网关的转接，但如果此时运营商解析了我们的请求信息并修改了目标链接地址，那么我们最终会跳转到其他下载地址并下载其他资源文件。

那么既然存在这些下载劫持可能，我们如何做到事前监控、预警呢？需要尽可能地在第一时间发现被劫持了，这就是 2.1.3 节要讲到的下载劫持监控。

2.1.3 下载劫持监控

在 2.1.2 节中，我们介绍了下载劫持的危害，因此需要相应的手段来防范它。首先需要知道什么时候会发生下载劫持，即需要进行下载劫持监控。

要想知道是否发生了下载劫持，最重要的就是知道下载的文件是否正确，因此最直接的监控手段就是验证下载的文件，检查其是否正确。在每次下载资源文件前，我们可以提前知道目标文件的大小，因此第一种监控方案就是验证下载后的文件大小是否与预设值一致。

在实际的劫持场景中，几乎所有的下载劫持都是针对 App 的下载劫持，因此第二种监控方案是，在 App 下载完成后，解析下载完成的 App 的包名、版本名，然后验证其是否与预设值一致。

当然，也存在被下载劫持后的文件的大小，App 的包名、版本名都与预设值一致的情况，可能只是某个区分渠道来源的标识改变了。这样在下载后，如果用户使用该文件，可能相关的收费统计都会被归于实施劫持的那个渠道。该情况无法通过前面的两种监控方案进行监控。这时我们需要其他监控方案，即最耗时但最准确的监控方案，那就是计算整个文件的 MD5 值是否发生了改变。关于 MD5 值，大家可以认为任何文件都有一个唯一对应的 MD5 值，若某个文件内部某个渠道的标识发生了变化，其实就是该文件发生了变化，则对应的 MD5 值也就发生了变化。

综上所述，我们可以把几种下载劫持监控用下面的流程图（见图 2-3）来表示。

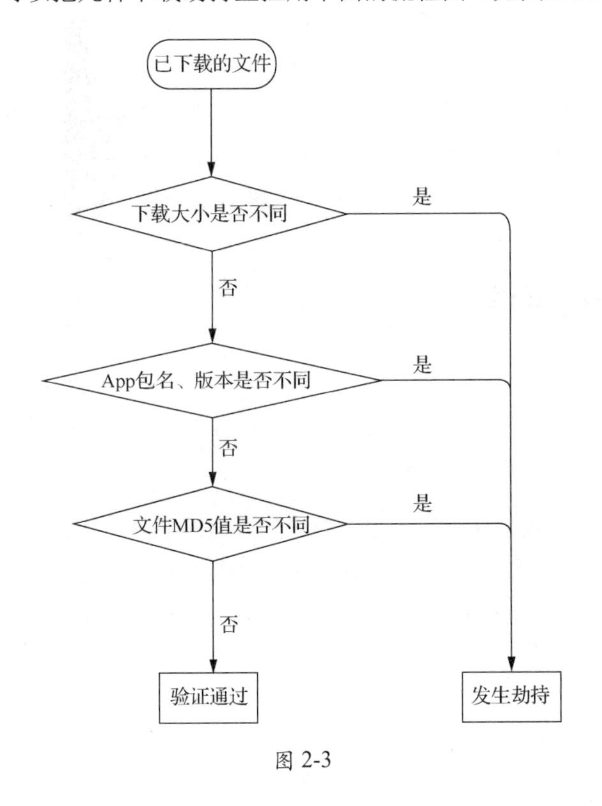

图 2-3

2.1.4　在下载中实现反劫持

2.1.3 节已讲到如何监控下载劫持，接下来就要介绍非常重要的反劫持处理，因为我们的目标就是下载正确的资源文件。

前面已讲到下载劫持的流程，其中最常见的是网络层的下载劫持，为了防止下载链接在网络层中被劫持替换，最主要的手段就是对请求信息进行加密，即防止被解析替换，因此最有效的方案就是通过 HTTPS 协议访问资源服务器。

在实际的工作中，用户的下载行为一般发生在 Wi-Fi 环境下，而且一般都发生在稳定的 Wi-Fi 环境下，如家里的 Wi-Fi 环境。如果在某一 Wi-Fi 环境下发生了下载劫持，则可得出结论，即在该 Wi-Fi 环境下比较容易发生下载劫持。因此我们可以记录该 Wi-Fi 环境，如果再在该 Wi-Fi 环境下下载文件，则直接实施 HTTPS 反劫持方案，这样可以尽量避免因 Wi-Fi 环境而发生下载劫持的情况。

2.1.5 下载 SDK 的应用

下载功能是 App 中最基本的功能之一，因此下载 SDK 的应用比较多。例如，每个发布后的 App 都有自更新升级的业务，其实这就是下载最常见的应用场景。另外，部分 App 内的下载过程需要提示下载进度，而下载 SDK 可以实时回调下载进度，因此可以很好地满足该应用场景。对于应用市场这个类型的 App，提供 App 下载服务是其最核心的业务，并且对下载 App 的正确性要求非常高，因此带有反劫持功能的下载 SDK 能很好地切合该业务的应用场景。

2.2 沉浸式交互组件

准确地说，“沉浸式状态栏”应该叫“透明栏”，英文名是“Translucent Bars”，它是 Android 4.4 开始定义的设计规范。简单来说，就是在打开软件的时候通知栏和软件顶部颜色融为一体，这样可以使软件与系统更加融合。

但现在一提到沉浸式状态栏，第一个浮现在脑海里的词就是“碎片化”（Android 平台的诞生为手机智能化的普及立下汗马功劳，但 Android 因开源、设备繁多、品牌众多、版本割裂和分辨率不统一等导致了 Android 的碎片化，这些都逐渐成为 Android 系统发展的障碍，碎片化严重不仅造成 Android 系统混乱，也导致 Android 应用的隐性开发成本提高）。碎片化是让 Android 开发者很头疼的问题，相信没有哪位开发者会不喜欢“write once, run anywhere”的感觉，碎片化让大家不得不耗费精力去校验代码在各个系统版本、各个机型上是否有效。

2.2.1 碎片化导致沉浸式适配困难

众所周知，Android 原生系统由于本地化支持以及一些组件服务合规等原因，并没有得到推广使用，反而像 MIUI、EMUI 等基于 Android 原生系统进行了二次开发的国产 ROM，因加入了对中国用户使用习惯等的支持而得到了广泛应用。因此，各个手机厂商统统通过修改

Android 原生系统，推出了自己的 UI ROM。然而，由于 UI 的制定标准不同、API 不同，这给国内的应用开发者造成了很大的伤害，尤其是沉浸式体验这一块。各家 UI 的制定标准都超出了同期 Android 原生系统的 API 标准，因此开发者在适配沉浸式时，需要一个一个系统、一个一个版本地做兼容性适配，工作量较大，难度也比较大。

2.2.2　Android 官方沉浸式状态栏方式

在 Android 系统中，针对 StatusBar（状态栏）的操作，一直都在不断改善，并且表现越来越好。在 Android 4.4 版本以下，我们可以对 StatusBar 和 NavigationBar 进行显示和隐藏操作，但是直到 Android 4.4 版本，我们才实现了真正意义上的沉浸式状态栏。

从 Android 4.4 到 Android 7.1，关于沉浸式大概可以分成如下 3 个阶段。

Android 4.4（API 19）～Android 5.0（API 21）：这个阶段可以实现沉浸式，但是表现得不是很好，实现方式为：通过 FLAG_TRANSLUCENT_STATUS 设置状态栏为透明和全屏模式，然后添加一个与 StatusBar 一样大小的 View，并将 View 的 background 设置为我们想要的颜色，从而实现了沉浸式。

具体方法如下：

```
1.    Window win = activity.getWindow();
2.    WindowManager.LayoutParams winParams = win.getAttributes();
3.    final int bits = WindowManager.LayoutParams.FLAG_TRANSLUCENT_STATUS;
4.    winParams.flags |= bits;
5.    win.setAttributes(winParams);
```

Android 5.0（API 21）以上的版本：在 Android 5.0 中，新加入了一个重要的属性 android:statusBarColor（对应的方法为 setStatusBarColor），通过这个方法我们就可以轻松地实现沉浸式。也就是说，从 Android 5.0 开始，系统才真正地支持了沉浸式。

具体方法如下：

```
1.    Window window = activity.getWindow();
2.    window.clearFlags(WindowManager.LayoutParams.FLAG_TRANSLUCENT_STATUS
3.            | WindowManager.LayoutParams.FLAG_TRANSLUCENT_NAVIGATION);
4.    int vis = window.getDecorView().getSystemUiVisibility();
5.    vis |= View.SYSTEM_UI_FLAG_LAYOUT_FULLSCREEN;
6.    vis |= View.SYSTEM_UI_FLAG_LAYOUT_STABLE;
7.    window.getDecorView().setSystemUiVisibility(vis);
8.    window.addFlags(WindowManager.LayoutParams.FLAG_DRAWS_SYSTEM_BAR_
BACKGROUNDS);
9.    window.setStatusBarColor("yourColor");
```

Android 6.0（API 23）以上版本：其实 Android 6.0 以上版本的实现方式和 Android 5.0 以上版本的实现方式是一样的，这个阶段可以改变状态栏的绘制模式，可以显示白色或浅黑色的内容和图标。

设置方法同 Android 5.0，但是可以设置状态栏文字颜色：

```
1.   View decorView = activity.getWindow().getDecorView();
2.   if (decorView != null) {
3.        int vis = decorView.getSystemUiVisibility();
4.        if (mode == DARK_MODE) {
5.             vis |= SYSTEM_UI_FLAG_LIGHT_STATUS_BAR;
6.        } else {
7.             vis &= ~SYSTEM_UI_FLAG_LIGHT_STATUS_BAR;
8.        }
9.        decorView.setSystemUiVisibility(vis);
10.  }
```

2.2.3 主流厂商的沉浸式方式简介

由于普遍国内厂商的 UI 对 Android 系统进行了大量定制，因此 Android 原生 API 设置系统沉浸式的方法在这些 UI 上无效。如果需要适配这些 UI，则需要对这些系统的 UI 进行深入分析，找出系统的沉浸式设置方法，然后进行沉浸式适配。

下面是国内主流厂商的沉浸式适配方法，通过这些设置方法，可以对国内主流厂商 ROM 进行沉浸式状态适配。

1. MIUI 适配

MIUI 在 V9 版本或者 Android 6.0 版本之后，使用的是系统方法。然而在 V9 之前，使用的是 MIUI 自定义的方法，需要通过反射方式对状态栏的颜色进行设置：

```
1.   Window window = activity.getWindow();
2.   try {
3.        int darkModeFlag = Reflector.on("android.view.MiuiWindowManager
$LayoutParams")
4.                  .field("EXTRA_FLAG_STATUS_BAR_DARK_MODE")
5.                  .get();
6.        boolean isDark = mode == DARK_MODE;
7.        int colorMode = isDark ? darkModeFlag : 0;
8.        Reflector.on(window).call("setExtraFlags", colorMode, darkModeFlag);
9.   } catch (Exception e) {
10.       e.printStackTrace();
11.  }
```

2. OPPO 适配

OPPO 在 Android 5.0 以前使用的是系统方法，而在 Android 5.0 之后的 Color OS 中，则是通过以下方法设置状态栏颜色的：

```
1.   Window window = activity.getWindow();
2.    if (window != null) {
3.        try {
4.            Class buildClass =  Class.forName("com.color.os.ColorBuild");
5.            if (buildClass == null) {
6.                return;
7.            }
8.            Method method = buildClass.getDeclaredMethod("getColor
OSVERSION");
9.            if (method == null) {
10.                return;
11.            }
12.            method.setAccessible(true);
13.            int i = (Integer)method.invoke(null);
14.            if (i < 6 ) {
15.                return;
16.            }
17.            Class statusBar = Class.forName("com.color.view.
ColorStatusbarTintUtil");
18.            Field field = statusBar.getDeclaredField("SYSTEM_UI_FLAG_
OP_STATUS_BAR_TINT");
19.            field.setAccessible(true);
20.            int values = field.getInt(null);
21.            int vi;
22.            if (mode != DARK_MODE) {
23.               vi = ~values & window.getDecorView().getSystemUiVisibility();
24.            } else {
25.                vi = values | window.getDecorView().getSystemUiVisibility();
26.            }
27.            window.getDecorView().setSystemUiVisibility(vi);
28.
29.        } catch (Exception e) {
30.            e.printStackTrace();
31.        }
32.   }
```

3. 魅族适配

魅族在 Android 6.0 以后使用系统方法进行沉浸式文字颜色的设置，但是在 Android 6.0 之前，则需要通过以下方法进行设置：

```
1.   Window window = activity.getWindow();
2.   if (window != null) {
3.       try {
4.           WindowManager.LayoutParams e = window.getAttributes();
5.           Field darkFlag = WindowManager.LayoutParams.class.
getDeclaredField("MEIZU_FLAG_DARK_STATUS_BAR_ICON");
6.           Field meizuFlags = WindowManager.LayoutParams.class.
getDeclaredField("meizuFlags");
7.           darkFlag.setAccessible(true);
8.           meizuFlags.setAccessible(true);
9.           int bit = darkFlag.getInt(null);
10.          int value = meizuFlags.getInt(e);
11.          if(mode == DARK_MODE) {
12.              value |= bit;
13.          } else {
14.              value &= ~bit;
15.          }
16.          meizuFlags.setInt(e, value);
17.          window.setAttributes(e);
18.      } catch (Exception e) {
19.          e.printStackTrace();
20.      }
21.  }
```

2.3 基于信息流的图片加载框架

图片加载涉及负载、渲染、多线程、内存处理等技术，而基于信息流的图片加载更是将这一系列技术发挥到极致。下面将从图片加载、缓存机制以及对应的方案设计和实现来进行介绍。

2.3.1 图片加载

图片加载在信息流的产品中是一个随处可见的、最基本的功能，设计一套通用的基于信息流的图片加载框架可以大大节约开发时间。目前市面上流行的图片加载框架有 Android-Universal-Image-Loader、Glide、Picasso、Fresco 等，这些框架都各有优缺点。在实际图片加载相关业务的开发工作中，若将以上图片加载框架全部引入，可能导致各种问题（如包大小、内存占用、异常崩溃等问题），因此需要对这些开源图片加载框架进行分析，并结合信息流产品业务进行框架的选择。需要优先考虑如下几个问题。

- 图片的加载速度。
- 占用的内存缓存大小。
- 是否支持 JPG、PNG、GIF 和 SVG 等图片格式。
- 库代码的大小。
- 列表图片是否可以高复用。

2.3.2　图片缓存机制

在图片加载过程中，缓存图片是最重要的事情，处理不好则会占用不必要的内存、出现大量内存泄漏、导致内存溢出。下面优先讨论一下缓存机制。

首先缓存设计分为 3 层：Bitmap 内存缓存、未解码图片内存缓存和磁盘缓存。

其中，Bitmap 内存缓存和未解码图片内存缓存的主要作用是，防止 App 将图片数据重复地读取到内存中；磁盘缓存的主要作用是，防止 App 从网络或其他地方重复地下载和读取数据。

1．Bitmap 内存缓存

Bitmap 内存缓存存储的是 Bitmap 对象，这些 Bitmap 对象可以立刻用于显示或者后续的转换操作。在 Android 5.0 以下版本的系统中，Bitmap 内存缓存位于 ashmem（匿名共享内存区域，此内存区域可无限扩大，不受 App 限制，通过 Options#inPurgeable 配置），这样 Bitmap 对象的创建和释放将不会引发 GC，并且较少的 GC 会使你的 App 运行得更加流畅。在 Android 5.0 及以上版本的系统中，内存管理有了很大的改进，Bitmap 内存缓存直接位于 Java 的 heap（即 Java 堆上，内存有上限）上。因此，当 App 在后台运行时，该内存缓存会被清空。

2．未解码图片内存缓存

未解码图片内存缓存存储的是原始压缩格式的图片，也就是图片源。从该内存缓存中获取的图片在使用之前，需要先进行解码。如果有调整大小、旋转、剪裁等编码转换工作需要完成，那么这些工作会在解码之前进行。当 App 在后台运行时，这个内存缓存同样会被清空。（最少应该能缓存 2～3 个屏幕大小的 Bitmap。）

3．磁盘缓存

即将图片保存在本地磁盘中，保存的图片类型与未解码图片内存缓存相似，保存的都是未解码的原始压缩格式的图片，在使用之前需要经过解码等处理。

上面描述了缓存的 3 层设计，接下来介绍具体的内存占用优化方案、Bitmap 回收机制及图片加载流程。

（1）减少内存占用大小的方案

根据 ImageView 控件的尺寸获得对应大小的 Bitmap 来展示，如果按照 ImageView 的尺寸来裁剪并且缓存图片，则能让图片的内存占用大小减少到最小。

在图片解码成 Bitmap 的过程中采用 RGB_565 格式显示图片，相对于 ARGB_8888 格式来说，节省了将近一半的内存空间，但这种方式的缺点是图片的清晰度不高。

由于 Bitmap 对象占用内存空间的申请和释放都会引发频繁的 GC 操作，从而导致界面卡顿，因此引入了可关闭的引用（CloseableReference）。持有者在离开作用域的时候就会立即关闭该引用，而我们要获取的 Bitmap 对象就是可关闭的引用，因此可以最大可能地减少内存占用大小。

（2）Bitmap 回收机制

Android 2.3.3 及以下版本：Bitmap 的像素数据存储在 Native 内存中，但其依旧会计算在一个进程的内存上限中。

Android 3.0～4.4 版本：Bitmap 的像素数据存储在 Java 堆内存中，解码 Bitmap 时可以通过 Options#inBitmap 复用不再使用的 Bitmap，从而减少系统 GC 操作。但这时要求被复用的 Bitmap 和新 Bitmap 的像素数据一样大。

Android 5.0 及以上版本：对于复用的 Bitmap 来说，不再严格要求其像素数据与新 Bitmap 的一样大，只要复用的 Bitmap 的像素数据不小于新 Bitmap 的像素数据即可。

（3）图片加载的流程

首先查找 Bitmap 内存缓存中是否存在图片，存在则直接返回 Bitmap 并使用，不存在则查找未解码图片内存缓存。如果未解码图片内存缓存中存在，则解码成 Bitmap 后直接使用并加入 Bitmap 内存缓存中；如果未解码图片内存缓存中查找不到，则对磁盘缓存进行检查。如磁盘缓存中存在，则进行 I/O、转化、解码等一系列操作，最后生成 Bitmap 供我们直接使用，并把未解码（Encode）图片加入未解码图片内存缓存中，把 Bitmap 加入 Bitmap 内存缓存中；而如果磁盘缓存中没有，则进行 Network 操作下载图片，然后将相应的图片加入各个缓存中。

上面描述了图片缓存机制，接下来重点说一下图片加载过程中遇到的问题以及相关的处理经验。

2.3.3 图片加载过程中遇到的问题

本节将重点分别介绍通过 APK 的文件路径和应用包名来获取 APK 的 icon 图片，并进行加载显示，以及图片加载过程中的一些常见问题的处理办法。

1. 通过 APK 路径获取 icon 图片的 Bitmap

```
1.  public static Bitmap getApkIcon(Context context, String apkPath) {
2.     if(!new File(apkPath).exists()) {
3.        return null;
4.     }
5.     String PATH_PackageParser = "android.content.pm.PackageParser";
6.     String PATH_AssetManager = "android.content.res.AssetManager";
7.     try {
8.        Class pkgParserCls = Class.forName(PATH_PackageParser);
9.        Class[] typeArgs = new Class[1];
10.       typeArgs[0] = String.class;
11.       Constructor pkgParserCt = pkgParserCls.getConstructor(typeArgs);
12.       Object[] valueArgs = new Object[1];
13.       valueArgs[0] = apkPath;
14.       Object pkgParser = pkgParserCt.newInstance(valueArgs);
15.       DisplayMetrics metrics = new DisplayMetrics();
16.       metrics.setToDefaults();
17.       typeArgs = new Class[4];
18.       typeArgs[0] = File.class;
19.       typeArgs[1] = String.class;
20.       typeArgs[2] = DisplayMetrics.class;
21.       typeArgs[3] = Integer.TYPE;
22.       Method pkgParser_parsePackageMtd = pkgParserCls.getDeclaredMethod(
23.          "parsePackage", typeArgs);
24.       valueArgs = new Object[4];
25.       valueArgs[0] = new File(apkPath);
26.       valueArgs[1] = apkPath;
27.       valueArgs[2] = metrics;
28.       valueArgs[3] = 0;
29.       Object pkgParserPkg = pkgParser_parsePackageMtd.invoke(pkgParser,
30.          valueArgs);
31.       Field appInfoFld = pkgParserPkg.getClass().getDeclaredField(
32.          "applicationInfo");
33.       ApplicationInfo info = (ApplicationInfo) appInfoFld
34.          .get(pkgParserPkg);
35.       Class assetMagCls = Class.forName(PATH_AssetManager);
36.       Constructor assetMagCt = assetMagCls.getConstructor((Class[]) null);
37.       Object assetMag = assetMagCt.newInstance((Object[]) null);
38.       typeArgs = new Class[1];
39.       typeArgs[0] = String.class;
40.       Method assetMag_addAssetPathMtd = assetMagCls.getDeclaredMethod(
41.          "addAssetPath", typeArgs);
42.       valueArgs = new Object[1];
43.       valueArgs[0] = apkPath;
```

```
44.         assetMag_addAssetPathMtd.invoke(assetMag, valueArgs);
45.         Resources res = context.getResources();
46.         typeArgs = new Class[3];
47.         typeArgs[0] = assetMag.getClass();
48.         typeArgs[1] = PPApplication.getMetrics(PPApplication.
getContext()).getClass();
49.         typeArgs[2] = res.getConfiguration().getClass();
50.         Constructor resCt = Resources.class.getConstructor(typeArgs);
51.         valueArgs = new Object[3];
52.         valueArgs[0] = assetMag;
53.         valueArgs[1] = PPApplication.getMetrics(PPApplication.getContext());
54.         valueArgs[2] = res.getConfiguration();
55.         res = (Resources) resCt.newInstance(valueArgs);
56.         if (info.icon != 0) {
57.             return ((BitmapDrawable)res.getDrawable(info.icon)).getBitmap();
58.         }
59.     } catch (Exception e) {
60.         e.printStackTrace();
61.         return getApkIconDefault(context, apkPath);
62.     }
63.     return null;
64. }
65.
66. /**
67.  * 获取 APK 文件的 icon 图片，在上面的方法获取不到 icon 图片时使用
68.  */
69. public static Bitmap getApkIconDefault(Context context, String apkPath) {
70.     try {
71.         PackageInfo pi;
72.         PackageManager pm = getPackageManager(context);
73.         synchronized (getBinderLock()) {
74.             pi = pm.getPackageArchiveInfo(apkPath, PackageManager.
PERMISSION_GRANTED);
75.         }
76.         if (pi == null) {
77.             return null;
78.         }
79.         ApplicationInfo info = pi.applicationInfo;
80.         info.sourceDir = apkPath;
81.         info.publicSourceDir = apkPath;
82.         return ((BitmapDrawable)info.loadIcon(pm)).getBitmap();
83.     } catch (Exception e) {
84.         e.printStackTrace();
85.     }
```

```
86.     return null;
87. }
```

2. 通过应用包名获取 icon 图片的 Bitmap

```
1.   /**
2.     * 通过应用包名获取 App 的 icon 图片
3.     * @param packageName
4.     * @return
5.     */
6.   public static Bitmap getAppIconByPackageName(Context context, String
packageName) {
7.       try {
8.           Bitmap bitmap = ((BitmapDrawable)context.getApplicationContext().
getPackageManager().getApplicationIcon(packageName))
9.               .getBitmap().copy(Bitmap.Config.ARGB_8888, false);
10.          return bitmap;
11.      } catch (Exception e) {
12.          e.printStackTrace();
13.      }
14.      return null;
15.  }
```

3. 加载超大图 OOM

由于存储在磁盘上的图片是被压缩过的（以 JPG、PNG 或类似的格式存储），一旦将图片加载到内存中，它将不会再被压缩，并占用图片所有像素所需的内存空间。因此通过 bitmap.getByteCount 方法返回的 Bitmap 的大小往往会比图片实际在磁盘上占用的空间大很多，并且由于 Android 系统的内存是有限的，因此突然分配巨大的内存往往会导致 OOM（Out Of Memory），所以加载大图的处理操作变得非常重要，主要分 3 步走。

- 获取图片的宽和高

```
1.   BitmapFactory.Options options = new BitmapFactory.Options();
2.   options.inJustDecodeBounds = true;
3.   BitmapFactory.decodeResource(getResources(),"图片 ID", options);
```

将 BitmapFactory.Options 实例传递给 BitmapFactory.decodeSource 方法。

其中 options.inJustDecodeBounds = true 是指我们不想将图片加载到内存中。我们只想获取图片的相关信息（宽度、高度等），并使用这些信息来计算缩放比。

- 根据图片的宽度和高度计算缩放比

```
1.   BitmapFactory.Options options = new BitmapFactory.Options();
2.   options.inJustDecodeBounds = true;
```

```
3.  options.inSampleSize = 3;
4.  BitmapFactory.decodeResource(getResources(), "图片 ID", options);
```

inSampleSize 是 BitmapFactory.Options 类的一个属性，用于设置图片的缩放比。如果我们有一张尺寸为 1000×1000（px）的图片，并且在解码之前设置了 inSampleSize 的值为 2，那么解码之后，我们将得到一张尺寸为 500×500（px）的图片。如果我们有一张尺寸为 200×400（px）的图片，并且在解码之前设置了 inSampleSize 的值为 5，那么解码之后，我们将得到一张尺寸为 40×80（px）的图片。虽然如上这样操作很简单，但是我们不可以直接这样做。因为我们不知道图片的大小是多少，如果它是小图片，并且这样操作后会使其更小，那么我们的用户看到的就可能是一些像素而不是图片。而且有一些图片需要缩放 5 倍，另一些图片需要缩放 2 倍，缩放比不一样。我们不能将缩放比设置为常数，所以我们必须根据图片的大小来计算它的值。可以根据你的需要编写 inSampleSize 的计算方法。在 Android 官方文档中，计算结果是 2 的幂次方。参考代码如下：

```
1.  public int calculateInSampleSize(BitmapFactory.Options op, int reqWidth,
2.                                   int reqheight) {
3.      int originalWidth = op.outWidth;
4.      int originalHeight = op.outHeight;
5.      int inSampleSize = 1;
6.      if (originalWidth > reqWidth || originalHeight > reqheight) {
7.          int halfWidth = originalWidth / 2;
8.          int halfHeight = originalHeight / 2;
9.          while ((halfWidth / inSampleSize > reqWidth)
10.                 && (halfHeight / inSampleSize > reqheight)) {
11.             inSampleSize *= 2;
12.         }
13.     }
14.     return inSampleSize;
15. }
```

- 根据缩放比将图片加载到内存中

主要通过使用 Bitmap 的 compress 方法对磁盘上的图片进行压缩，并且存储到内存中：

```
1.  ByteArrayOutputStream bos = new ByteArrayOutputStream();
2.  bitmap.compress(Bitmap.CompressFormat.JPEG, 100, bos);
3.  byte[] bitmapdata = bos.toByteArray();
```

上面代码中的 100 表示与原图保持相同的质量，控制其大小能有效减少对内存空间的占用。但是要注意，在改变 compress 方法中的质量参数的时候，压缩格式应该是 JPEG。若压缩格式被设置为 PNG，则任何修改都是无效的。

4．列表图片很多时，快速来回滑动会卡顿

无论是用 ListView 还是用 RecyclerView 作为列表的承载，当信息流中的每个 item 项都有图片且图片比较大时，快速来回上下滑动，很多时候会发生页面掉帧厉害的现象，也就是出现了列表卡顿。究其原因是，在列表高速滑动的时候，已经在子线程中加载好的图片会在主线程中被重新绘制到 ImageView 控件上。由于上下来回高速滑动，将导致 item 项频繁重用和销毁，进而导致图片中的 Bitmap 被频繁地创建和销毁。因此，解决方案就是，在列表发生滚动的情况下，暂停加载当前 ImageView 中的图片（包括下载、解码、设置等一系列操作）；在列表停止滚动后，恢复 ImageView 中图片的下载任务（也包含下载、解码、设置等一系列操作）。

- 针对 ListView

```
1.  listView.setOnScrollListener(new AbsListView.OnScrollListener() {
2.      @Override
3.      public void onScrollStateChanged(AbsListView view, int scrollState) {
4.          switch (scrollState){
5.              case SCROLL_STATE_FLING:
6.                  //暂停图片加载
7.                  break;
8.              case SCROLL_STATE_IDLE:
9.                  //恢复图片加载
10.                 break;
11.         }
12.     }
13.
14.     @Override
15.     public void onScroll(AbsListView view, int firstVisibleItem,
int visibleItemCount, int totalItemCount) {
16.
17.     }
18. });
```

- 针对 RecyclerView

```
1.  recyclerView.addOnScrollListener(new RecyclerView.OnScrollListener() {
2.      @Override
3.      public void onScrollStateChanged(RecyclerView recyclerView, int
newState) {
4.          switch (newState) {
5.              case RecyclerView.SCROLL_STATE_IDLE:
6.                  //恢复图片加载
7.                  break;
8.              case RecyclerView.SCROLL_STATE_SETTLING:
```

```
9.                     //暂停图片加载
10.                    break;
11.          }
12.      }
13.  });
```

5. 列表图片显示错位、出现闪烁问题

图片显示错位、出现闪烁问题本质上是由于列表的复用机制（异步加载及对象被复用）导致的。假设一种场景：一个列表一屏显示 5 个 item，那么在拉出第 6 个 item 的时候，事实上该 item 重复使用了第 1 个 item（即复用了第 1 个 item），也就是说在第 1 个 item 从网络中下载图片并最终要显示的时候，其实该 item 已经不在当前显示区域内了，此时显示的结果将可能是在第 6 个 item 上输出图片，这就导致了图片显示错位问题。

解决此问题的方案是，每次 getView 能给对象提供一个标识，在异步加载完成时比较标识与当前行 item 的标识是否一致，一致则显示，否则不做处理。

首先给 ImageView 设置一个 Tag，这个 Tag 中设置的是图片的 URL，然后在加载的时候将取得的这个 URL 与要加载的那个 position 中的 URL 对比，如果不相同就加载，相同就复用以前的而不加载。

6. 加载图片时只显示了一部分

ImageView 的高度被设置为 WRAP_CONTENT，在加载图片时，会先设置一个 loading 的占位图，这就导致 item 在计算显示高度时开始只能计算占位图的高度，所以在图片加载完成显示图片时，图片只有占位图的高度那么高，如果真实图片高度大于占位图高度，那么这个图片只会显示上半部分。

针对此问题的解决方案有两个。

- 将 ImageView 的高度属性由 WRAP_CONTENT 改为准确的高度值，比如 40dp 等。
- 在图片下载成功的监听回调中，通知 ImageView 父布局做一次重绘操作，即调用 requestLayout 方法。

7. 加载图片变绿的问题

加载图片变绿的主要原因是图片压缩，在使用 WebP 格式的图片时出现这个问题的可能性较大。

解决方案是，将默认的 Bitmap 编码格式 RGB565 更改成 ARGB_8888，这样图片就不会因过度压缩而变绿。

2.3.4　基于信息流的图片加载设计

在信息流产品中，图片是一个非常核心的元素，因此接下来描述的就是基于信息流产品的图片加载设计，整体的图片加载设计图如图 2-4 所示。

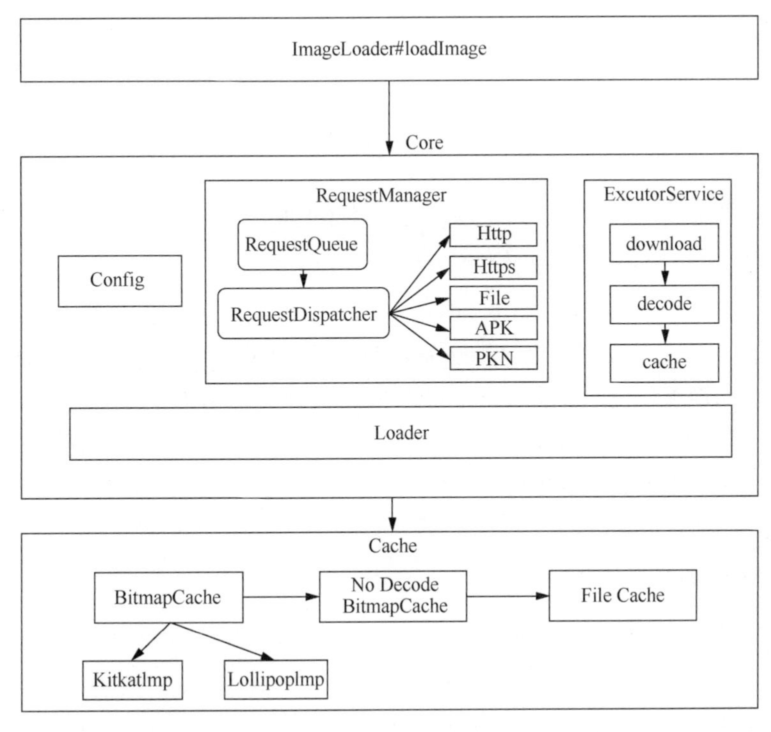

图 2-4

如图 2-4 所示的整个设计图分为 3 层：API 使用层、核心层和数据缓存层。

- API 使用层主要封装了与图片加载相关的一些 API，方便用户调用，包含了图片 URL 以及与图片加载相关的一些配置。
- 核心层的关键在图片下载的请求分发处理上，将图片的 URL 转换成数据流的形式，覆盖了常用的 5 个渠道 Http、Https、File、APK 路径和 PKN（应用包名），并且对数据流进行解码处理。
- 数据缓存层主要采用了三级缓存策略：解码后的 Bitmap 内存缓存、原始未解码的 Bitmap 内存缓存以及磁盘缓存，目的是提高加载图片的速度。

那么如何实现基于信息流的图片加载呢？下面将从 API 使用层、核心 Core 层以及核心 Cache 层来进行说明。

2.3.5 基于信息流的图片加载实现

下面将以基于信息流的图片加载实现为例，从 API 使用层、核心 Core 层和核心 Cache 层来进行说明。

1. API 使用层入口

下面是加载图片的核心方法：

```
1.   void loadImage(View view,String url,String thumbnailUrl,Config config,
ImageLoaderListener loaderListener, ImageProgressListener progressListener)
```

view 表示需要加载图片的控件，分以下 3 种情况实现。

- view 为 null 时，直接下载并且缓存图片到内存。
- view 为普通的 view 时，通过 setBackground 的方式设置背景图。
- view 为 ImageView 时，通过 setImageBitmap 设置图片的 URL 和 thumbnailUrl 分别表示图片的地址以及图片缩略图的地址。当 thumbnailUrl 存在时，优先加载缩略图（缩略图比原图小很多，加载速度会明显变快）到控件中显示。缩略图下载完成后如果图片 URL 不为空，则继续下载原图到控件，这样就保证了信息流的大图片中间加载过程的过渡是流畅的。

2. 核心 Core 层

Config 是图片加载的配置：可配置加载中占位图（loadingPlaceHolder）、加载错误占位图（errorPlaceHolder）、图片的显示大小（withSize(width,height)）、加载优先级（priority）、是否进行内存缓存（memoryCache）和是否进行磁盘缓存（disCache）等。

ImageLoaderListener 主要用于回调图片加载过程中的监听状态，分成功和失败两个状态，加载成功后将会返回 Bitmap。

ImageProgressListener 表示图片网络下载过程的进度回调和当前图片加载的比例。

RequestManager 主要用于管理各个图片加载请求（包括网络下载、磁盘加载和内存加载等），所有的请求都会依照优先级（priority）存放在 RequestQueue 队列中，主要会将提供的图片地址、APK 路径或者应用包名转换成数据流。

网络图片地址（HTTP/HTTPS）：通过 HttpURLConnection 下载图片转换成数据流。

普通文件地址：通过 BitmapFactory.decodeFile 将文件转换成 Bitmap 数据流。

APK 路径和应用包名在前面的内容中都有提到，这里就不赘述了。

ExcutorService 有如下 3 个线程池。

- Download 线程池：主要用于异步下载图片操作。
- Decode 线程池：主要用于异步解码图片并转换成 Bitmap 的操作。
- Cache 线程池：主要用于异步地对图片进行三级缓存操作。

3. 核心 Cache 层

数据缓存层主要以三级缓存方式使用：

- Bitmap 内存缓存：在 Android 5.0 版本以上和以下操作有所不同，在 Bitmap 回收机制相关章节中有详细说明。
- 未解码的 Bitmap 内存缓存：主要用于在内存中存储原始的数据流，保留原始未被处理的数据。
- 磁盘缓存：将数据永久化地存储到磁盘，数据不会因为进程被杀而被清理，可以减少网络请求的次数。

2.4 进程保活

进程保活可以说是 Android 的一大特色，它承担了很多应用上层的业务，不过随着 Android 的发展，尤其是自 Android 6.0 版本之后，系统也对这一块进行了收拢和管理，因此常规的保活技术越来越难，接下来就描述一些可能用到的保活经验。

2.4.1 常规的保活技术

对于进程保活，其历来就是 Android 应用开发者的关注点之一，下面就来介绍一下进程保活相关技术。

1. 进程保活（提升优先级，防杀）

Android 系统在 App 退出后台时并不会真正杀掉这个进程，而是将其缓存起来以方便下次能快速启用。在系统内存不足的情况下，系统会依据一套 Low Memory Killer 机制来杀进程。

Linux 内核会为每一个进程分配一个 oom_adj 值，如图 2-5 所示，这个值代表进程的优先级，值越大，代表进程优先级越低，那么进程就越容易被回收，Low Memory Killer 就是根据这套机制来决定哪个进程被回收的。

```
root@hwH60:/ # ps | grep
u0_a89    11869 3644  1843232 201388 ffffffff b6e674a4 S
u0_a89    11895 3644  1595760 46112 ffffffff b6e674a4 S                   :service
u0_a89    11934 3644  1575364 36256 ffffffff b6e674a4 S                   :notify
u0_a89    11969 3644  1576560 42984 ffffffff b6e674a4 S                   :download
u0_a89    12155 3644  1576108 44972 ffffffff b6e674a4 S                   :float
u0_a89    12236 3644  1608160 71696 ffffffff b6e674a4 S                   :tmp
u0_a89    12360 3644  1590136 44328 ffffffff b6e674a4 S                   :channel
root@hwH60:/ # cat /proc/11869/oom_adj
0
root@hwH60:/ # cat /proc/11895/oom_adj
4
```

```
root      3851  1    5344   1352  ffffffff b6ed4bb4 S /system/bin/ioinfoservice
```

```
root@hwH60:/ # cat /proc/3851/oom_adj
-17
```

图 2-5

如表 2-1 所示，表示不同 oom_adj 级别对应的含义。

表 2-1

oom_adj 级别	值	解　释
UNKNOWN_ADJ	16	预留的最低级别，一般对于缓存的进程才有可能设置成这个级别
CACHED_APP_MAX_ADJ	15	缓存进程，空进程，在内存不足的情况下会被优先杀掉
CACHED_APP_MIN_ADJ	9	缓存进程，也就是空进程
SERVICE_B_ADJ	8	不活跃的进程
PREVIOUS_APP_ADJ	7	切换进程
HOME_APP_ADJ	6	与 Home 交互的进程
SERVICE_ADJ	5	有 Service 的进程
HEAVY_WEIGHT_APP_ADJ	4	高权重进程
BACKUP_APP_ADJ	3	正在备份的进程
PERCEPTIBLE_APP_ADJ	2	可感知的进程，比如播放音乐的进程
VISIBLE_APP_ADJ	1	可见进程，如当前的 Activity
FOREGROUND_APP_ADJ	0	前台进程
PERSISTENT_SERVICE_ADJ	-11	重要进程
PERSISTENT_PROC_ADJ	-12	核心进程
SYSTEM_ADJ	-16	系统进程
NATIVE_ADJ	-17	Native 进程

2．利用系统通知管理权限提升保活能力

当 App 拥有通知栏管理权限时，在 NotificationListenerService 启动后，进程 oom_adj 可以被提升到 1。

注意： 此方案具备很强的保活能力，但需要用户授权。

3．利用系统辅助功能提升保活能力

在 App 获取到辅助功能权限后，进程 oom_adj 也可以被提升到 1。

弊端：进程被杀后需要用户重新授权。

4．利用系统机制开启前台服务提升保活能力

原理如下。

- 对于 API level < 18：调用 startForeground(ID, new Notification()) 发送空的 Notification，图标不会显示。
- 对于 API level ≥18：在需要提高优先级的 service A 中启动一个 InnerService，两个服务同时 startForeground 且绑定同一个 ID。停掉 InnerService，这样通知栏图标会被移除。

注意：这种利用系统机制开启前台服务提升保活能力的方案在 Android API level ≥ 24 时失效。

5．伪装成输入法提升保活能力

在有些系统 ROM 中，可以将自己需要保活的进程伪装成输入法进程，这样能拥有很强的保活能力，不过这个方案一般在一些系统软件能力比较差的手机上才有效果。

6．在后台播放无声音乐

这个方案主要是将需要保活的进程伪装成播放音乐进程，播放音乐进程一般拥有较强的保活能力，不过这个方案一般也在一些系统软件能力比较差的手机上才有效果。

7．进程拉活（被杀后重启）

（1）利用系统广播拉活

常用的系统广播如下：

- ACTION_BOOT_COMPLETED
- CONNECTIVITY_ACTION
- ACTION_USER_PRESENT

弊端：当前很多热门 ROM 都增加了自启管理，这个方案将导致无法接收广播，从而导致服务无法自启。

（2）利用系统 Service.START_STICKY 机制拉活

将 Service 设置为 START_STICKY，利用系统机制在 Service 挂掉后将其自动拉活。

在以下两种情况下无法拉活：

- Service 在第一次被异常杀死后会在 5s 内重启，第二次被杀死后会在 10s 内重启，第三次被杀死后会在 20s 内重启，一旦短时间内 Service 被杀死的次数达到 5 次，则系统不再拉活该 Service。
- 进程被取得 Root 权限的管理工具或系统工具通过 force-stop 系统停掉，这时无法重启。

（3）利用 Native 进程拉活

在 Android 系统中，所有进程和系统组件的生命周期受 ActivityManagerService 的统一管理。而通过 Linux 的 fork 机制创建的进程为纯 Linux 进程，其生命周期不受 Android 系统的管理。

在监听到主进程死亡后，可以通过 am 命令拉活主进程。

该方案主要适用于 Android 5.0 以下版本的手机，5.0 以上版本的手机中 Native 进程照样会被杀。

（4）利用 AlarmManager 定时拉活

开一个定时任务，在后台每隔一段时间拉起进程。

（5）利用 JobScheduler 机制拉活

在 Android 5.0 版本推出后，系统提供 JobScheduler，允许开发者在符合某些条件时创建在后台执行的任务。利用该机制可使系统拉活进程。

该方案的适用范围：Android 5.0 及以上版本的系统，进程在被强制停止后也可进行拉活。

（6）利用账号同步机制拉活

该方案的适用范围：该方案适用于所有的 Android 版本，包括被强制停止掉的进程也可以拉活。但一些有自启管理的手机机型可能会不支持该方案，如 Vivo 6.0 手机。

（7）利用推送 SDK 拉活

一般第三方推送 SDK 都具备矩阵拉活能力，推送 SDK 的相关接入方通常都可以相互保活。

2.4.2 保活的悖论

进程保活常常伴随着耗电增加，而 Android 系统升级伴随的却是越来越省电，不能节能的维持进程保活的手段都不好，正确的保活应该对性能和电量影响足够小，对用户体验正向。

2.4.3　系统发展对保活的影响

自 Android 6.0 版本以来，Android 系统在省电管理方面做得越来越好，对于开发者来说，限制也越来越多，这直接导致了各种保活技术“群魔乱舞”。这种乱象终止于 Android P，此版本加入或强化的多项设备电量管理新特性，使得 App 进行后台消息推送、应用保活变得越来越困难。

Android P 电量管理特性主要体现在以下 4 个方面。

1. 应用待机分组

Android P 新增了应用待机分组功能，使系统可以根据用户的使用情况而限制应用调用 CPU 或网络等设备资源。

2. 后台限制

Android P 新增了后台限制功能，若应用出现 Android Vitals 内所描述的不良行为，系统将提醒用户限制该应用访问设备资源。

3. 省电模式的优化

Android P 优化了现有的省电助手功能，在启用该功能后，系统将对所有应用的后台运行服务加以限制。

4. 低耗电模式

当用户有一段时间没使用设备时，设备将进入低耗电模式，所有应用都将受到影响。Android P 并未针对低电耗模式做出任何更改。

进程保活牵涉系统底层，本质上需要开发者对 Android 的文件系统有更深入的了解，因此接下来重点描述 Android 文件系统。

2.5　Android 文件系统扫描

不同的操作系统都有自己特定的文件系统格式。由于 Android 的底层是基于 Linux 系统开发的，所以下面介绍的文件系统也从 Linux 系统入手。

Linux 系统可以在许多种存储设备上支持多种文件系统。

例如，read 函数调用可以从指定的文件描述符读取一定数量的字节。read 函数不了解文件系统的类型，比如 Ext3 或 NFS，也不了解文件系统所在的存储媒介，比如 AT Attachment Packet Interface（ATAPI）磁盘、Serial-Attached SCSI（SAS）磁盘或 Serial Advanced

Technology Attachment（SATA）磁盘。但是，当通过调用 read 函数读取一个文件时，数据会正常返回。那么这一切是怎么实现的呢？下面先来介绍一下 Linux 文件系统的结构组成。

2.5.1 什么是文件系统

要了解整个文件系统是如何工作的，首先需要明确一个概念，那就是什么是文件系统。其比较官方、正式的定义是：文件系统是对一个存储设备上的数据和元数据进行组织的机制。简而言之就是，一个操作系统上的文件管家。

但是由于定义很宽泛，所以显得很抽象，无法很好地理解。而且文件系统是非常复杂的东西，所以支持它的代码结构也非常复杂。

正如前面提到的，因为有许多种文件系统和媒介，所以可以预料到 Linux 文件系统接口的实现是分层的体系结构，从而可以将用户接口层、文件系统实现和操作存储设备的驱动程序分开。

2.5.2 文件系统挂载

在 Linux 系统中，将一个文件系统与一个存储设备关联起来的过程被称为挂载（Mount）。使用 mount 命令可以将一个文件系统附着到当前文件系统的层次结构中（根）。在执行挂载时，要提供文件系统类型、文件系统和一个挂载点。

为了了解 Linux 文件系统层的功能（以及挂载方法），可以在当前文件系统的一个文件中创建一个文件系统，实现方法是：首先用 dd 命令创建一个指定大小的文件（使用/dev/zero 作为源进行文件复制）——换句话说，就是一个用 0 进行初始化的文件，具体命令如下：

```
1.   $ dd if=/dev/zero of=file.img bs=1k count=1000
2.   10000+0 records in
3.   10000+0 records out
4.   $
```

现在有了一个 10MB 的 file.img 文件。使用 losetup 命令将一个循环设备与这个文件关联起来，让它看起来像一个块设备，而不是文件系统中的常规文件，命令如下：

```
1.   $ losetup /dev/loop0 file.img
2.   $
```

这个文件现在作为一个块设备出现（由/dev/loop0 表示），然后用 mke2fs 命令在这个设备上创建一个文件系统。这个命令创建了一个指定大小的新的 Ext2 文件系统，具体命令如下：

```
1.   $ mke2fs -c /dev/loop0 10000
2.   mke2fs 1.35 (28-Feb-2004)
3.   max_blocks 1024000, rsv_groups=1250, rsv_gdb=39
4.   Filesystem label=
5.   OS type: Linux
```

```
6.   Block size=1024 (log=0)
7.   Fragment size=1024 (log=0)
8.   2512 inodes, 10000 blocks
9.   500 blocks (5.00%) reserved for the super user
10.  ...
11.  $
```

使用 mount 命令将循环设备（/dev/loop0）所表示的 file.img 文件挂载到挂载点/mnt/point1 上。注意，将文件系统类型指定为 Ext2。挂载之后，就可以将这个挂载点当作一个新的文件系统，比如使用 ls 命令，具体命令如下：

```
1.   $ mkdir /mnt/point1
2.   $ mount -t ext2 /dev/loop0 /mnt/point1
3.   $ ls /mnt/point1
4.   lost+found
5.   $
```

我们还可以继续这个过程：在刚才挂载的文件系统中创建一个新文件，将它与一个循环设备关联起来，再在上面创建另一个文件系统，具体命令如下：

```
1.   $ dd if=/dev/zero of=/mnt/point1/file.img bs=1k count=1000
2.   1000+0 records in
3.   1000+0 records out
4.   $ losetup /dev/loop1 /mnt/point1/file.img
5.   $ mke2fs -c /dev/loop1 1000
6.   mke2fs 1.35 (28-Feb-2018)
7.   max_blocks 1024000, rsv_groups=125,rsv_gdb=3
8.   Filesystem label=
9.   ...
10.  $ mkdir /mnt/point2
11.  $ mount -t ext2 /dev/loop1 /mnt/point2
12.  $ ls /mnt/point2
13.  lost+found
14.  $ ls /mnt/point1
15.  file.img lost+found
16.  $
```

通过上面这个简单的演示，可以直观地体会到 Linux 文件系统（和循环设备）多么强大。我们可以按照相同的方法在文件上用循环设备创建加密的文件系统，也可以在需要时使用循环设备临时挂载文件，这些措施将有助于保护数据安全。

用户空间包含一些应用程序（例如，文件系统的使用者）和 GNU C 库（glibc），它们为文件系统调用（打开、读取、写入和关闭）提供了用户接口。系统调用接口的作用就像是交换器，它将系统调用从用户空间发送到内核空间中的适当端点。

VFS（虚拟文件系统）是底层文件系统的主要接口。这个组件导出一组接口，然后将它们抽象到各个文件系统，各个文件系统的行为可能差异很大。有两个针对文件系统对象的缓存（inode 和 dentry），它们缓存最近使用过的文件系统对象。

每个文件系统实现（比如 Ext2、JFS 等）导出一组通用接口，供 VFS 使用。缓冲区缓存会缓存文件系统和相关块设备之间的请求。例如，对底层设备驱动程序的读/写请求会通过缓冲区缓存来传递。这就允许在其中缓存请求，减少访问物理设备的次数，加快访问速度，以最近使用（LRU）列表的形式管理缓冲区缓存。注意，可以使用 sync 命令将缓冲区缓存中的请求发送到存储媒体（迫使所有未写的数据发送到设备驱动程序，进而发送到存储设备）。

2.5.3 虚拟文件系统层

VFS（虚拟文件系统）作为文件系统接口的根层，记录当前支持的文件系统以及当前挂载的文件系统。我们可以使用一组注册函数在 Linux 系统中动态地添加或删除文件系统。

内核保存当前支持的文件系统的列表，我们可以通过/proc 文件系统在用户空间中查看这个列表。这个列表还显示当前与这些文件系统相关联的设备。在 Linux 系统中添加新文件系统的方法是调用 register_filesystem 函数，这个函数的参数可以定义一个文件系统结构（file_system_type）的引用，这个结构定义文件系统的名称、一组属性和两个超级块函数，也可以注销文件系统。

在注册新的文件系统时，Linux 会把这个文件系统和它的相关信息添加到 file_systems 列表中。这个列表定义可以支持的文件系统，在命令行中输入 cat /proc/filesystems，就可以查看这个列表。图 2-6 为向内核注册的文件系统。

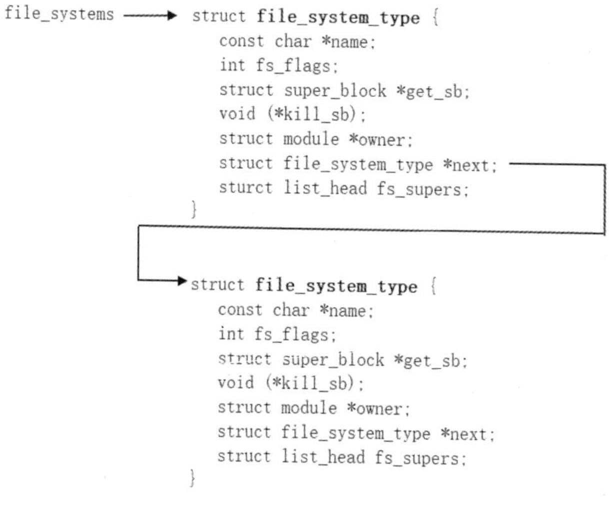

```
file_systems ——→ struct file_system_type {
                    const char *name;
                    int fs_flags;
                    struct super_block *get_sb;
                    void (*kill_sb);
                    struct module *owner;
                    struct file_system_type *next;  ──┐
                    sturct list_head fs_supers;       │
                 }                                    │
              ┌───────────────────────────────────────┘
              │
              └→struct file_system_type {
                    const char *name;
                    int fs_flags;
                    struct super_block *get_sb;
                    void (*kill_sb);
                    struct module *owner;
                    struct file_system_type *next;
                    struct list_head fs_supers;
                 }
```

图 2-6

VFS 中维护的另一个结构是挂载的文件系统列表（见 linux/include/linux/fs.h），如图 2-7 所示。

```
current -> namespace -> list ——→ struct vfsmount {
                                     struct list_head mnt_hash;
                                     struct vfsmount *mnt_parent;
                                     struct dentry *mnt_mountpoint;
                                     struct dentry *mnt_root;
                                     struct super_block *mnt_sb;
                                     struct list_head mnt_mounts;
                                     struct list_head mnt_child;
                                     atomic_t mnt_count;
                                     int mnt_flags;
                                     char *mnt_devname;
                                     struct list_head mnt_list;
                                 }
```

挂载的文件系统列表

图 2-7

2.5.4　超级块

超级块结构表示一个文件系统。它包含管理文件系统所需的信息，包括文件系统名称（比如 Ext2）、文件系统的大小和状态、块设备的引用和元数据信息（比如空闲列表等）。超级块通常存储在存储媒体上，但是如果超级块不存在，也可以实时创建它。可以在./linux/include/linux/fs.h 中找到超级块结构，如图 2-8 所示。

```
current->namespace->list->mnt_sb

struct super_block {
    struct list_head            s_list;  ——→ 已挂载文件系统的双向链表
    unsigned long               s_blocksize;
    struct file_system_type     *s_type;
    struct super_operation      *s_op;
    struct semaphore            s_lock;
    int                         s_need_sync_fs;
    struct list_head            s_dirty;
    struuect block_device       *s_bdev;
    . . .
};

struct super_operations {
    struct inode *(*alloc_inode)(struct super_block *sb);
    void (*destroy_inode)(struct inode *);
    void (*read_inode)(struct inode *);
    void (*write_inode)(struct inode *, int);
    int (*sync_fs)(struct super_block *sb, int wait);
    . . .
}
```

图 2-8

超级块中的一个重要元素是超级块操作结构的定义。这个结构定义了一组用来管理文件系统中的 inode 的函数。例如，可以用 alloc_inode 分配 inode，用 destroy_inode 删除 inode，用 read_inode 和 write_inode 读/写 inode。可以在./linux/include/linux/fs.h 中找到 super_operations 结构。每个文件系统提供自己的 inode 方法，这些方法实现操作并向 VFS 层提供通用的抽象。

2.5.5 文件扫描算法

文件扫描算法的目的是找到目标文件或者文件夹的具体路径。这个文件扫描算法本质上是一个文件搜索算法，我们可以将它转化为一个图搜索算法。为了快速找到对应的文件，我们需要高性能的算法帮助我们快速定位文件的具体位置，对于文件结构庞大的文件体系来说更是需要如此。

下面介绍两种应用广泛的算法，即深度优先搜索（DFS）算法与广度优先搜索（BFS）算法。为了更好地说明算法的过程与步骤，首先定义一个节点的数据结构：

```
1.  class TreeNode{
2.      int value;
3.      TreeNode left;
4.      TreeNode right;
5.      public TreeNode(int value){
6.          this.value=value;
7.      }
8.  }
```

1. 深度优先搜索算法

深度优先搜索（Depth-First-Search，DFS）算法是搜索算法的一种。它沿着树的深度遍历树的节点，尽可能深地搜索树的分支。

当节点 v 的所有边都已被探寻过时，搜索将回溯到发现节点 v 的那条边的起始节点。这一过程一直进行到发现从源节点可达的所有节点为止。如果还存在未被发现的节点，则选择其中一个作为源节点并重复以上过程，整个过程反复进行直到所有节点都被访问为止。

深度优先搜索算法是图论中的经典算法，利用深度优先搜索算法可以产生目标图的相应拓扑排序表，利用该拓扑排序表又可以方便地解决很多相关的图论问题，如最大路径问题等。一般用堆数据结构来辅助实现深度优先搜索算法。

我们对一个文件系统进行搜索，无非就是寻找某个特定的文件或者文件夹。顾名思义，深度优先就是寻找某种状态的时候选择一条路径走到底，走不通就退回去换另一条路径。

由于我们并不清楚我们要寻找的文件或者文件夹的具体路径位置，所以这个过程就像走迷宫一样，我们把迷宫抽象为一个图，路就是图里面的边，路两端的地方被抽象为节点。走出这个迷宫就可以看作我们要寻找的一个状态。

在不清楚迷宫构造和不破坏游戏规则的情况下，找到出口只能一条路径一条路径地尝试，为了不出现在同一条路径上绕来绕去的尴尬情况，我们需要标记我们到过的地方，然后一直往深处走，走到头若发现此路不通或已经走过，那自然就要原路返回到前一个岔路口去走另一条路径。这种方法虽然比较笨且低效，但只要迷宫有出口就一定可以走出去。

通过上面的简单例子类比，我们可以很容易地归纳出深度优先搜索算法的基本步骤。

（1）选择一个初始节点。

（2）从这个初始节点开始搜索，同时标记已经搜索过的节点。

（3）如果已经位于节点分支的尽头，则回到上一个分支节点处，重复步骤（1）。

（4）搜索到目标。

上面的介绍可能比较抽象，下面以一个具体的例子来解释，如图 2-9 所示。

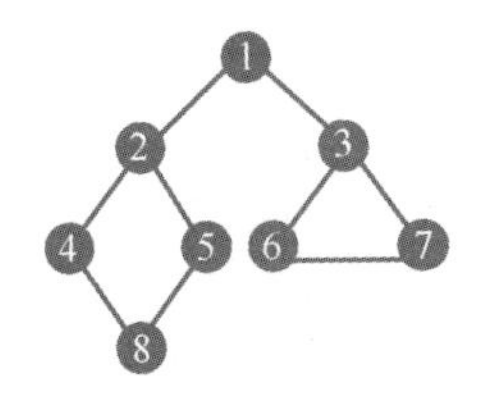

图 2-9

按照深度优先搜索算法，正确的搜索顺序应该是：

1->2->4->8->5->3->6->7。

自然地，根据以上的算法步骤可以写出深度优先搜索算法的代码如下：

```
1.   /**
2.   * 深度优先遍历，相当于先根遍历
3.   * 采用非递归方法实现
4.   * 需要用数据结构栈来辅助
5.   */
6.   public void depthOrderTraversal(TreeNode root){
7.       if(root == null){
8.           System.out.println("树为空，终止遍历");
9.           return;
10.      }
11.
12.      ArrayDeque<TreeNode> stack = new ArrayDeque<TreeNode>();
13.      stack.push(root);
```

```
14.        while(stack.isEmpty()==false){
15.            TreeNode node = stack.pop();
16.            if (node.right != null){
17.                stack.push(node.right);
18.            }
19.            if (node.left != null){
20.                stack.push(node.left);
21.            }
22.        }
23.        System.out.print("\n");
24.    }
```

2. 广度优先搜索算法

广度优先搜索（Breadth-First-Search，BFS）算法也是一种经典的图搜索算法。深度优先搜索是往深处一直走，是纵向搜索；而广度优先搜索则是横向搜索，在搜索到某个节点后，下一个步骤是从当前节点的横向相关联的节点开始搜索，一层一层递进，直到找到目标节点或者节点遍历完毕。简单来说，广度优先搜索算法是从根节点开始的，沿着树或者图的宽度横向遍历分支上的各个节点。如果所有节点均被访问，则算法终止。广度优先搜索同样属于盲目搜索。一般用队列数据结构来辅助实现广度优先搜索算法。

我们也可以简单地将广度优先搜索算法的基本步骤进行如下归纳。

（1）首先将根节点放入队列中。

（2）从队列中取出第一个节点，并检验它是否为搜索目标。如果找到目标，则结束搜索并回传结果，否则将它所有尚未检验过的直接子节点加入队列中。

（3）若队列为空，表示整张图上的各个节点都已经被遍历过，即图中没有搜索目标，结束搜索。若队列不为空，继续下一个步骤。

（4）重复步骤（2）。

通过对以上算法步骤的理解，我们也可以用其来解决前面给出的一个问题，如图 2-10 所示。

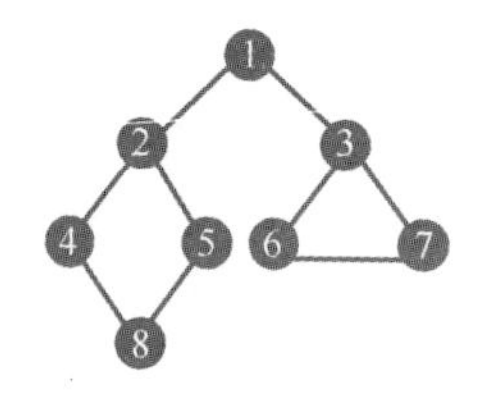

图 2-10

根据广度优先搜索算法，正确的搜索顺序应该是：

1->2->3->4->5->6->7->8。

自然地，根据以上的算法步骤可以写出广度优先搜索算法的代码如下：

```
1.  /**
2.  * 广度优先遍历
3.  * 采用非递归方法实现
4.  * 需要用数据结构队列来辅助
5.  */
6.  public void levelOrderTraversal(TreeNode root){
7.      if (root == null) {
8.          System.out.println("树为空，终止搜索");
9.          return;
10.     }
11.
12.     ArrayDeque<TreeNode> queue = new ArrayDeque<TreeNode>();
13.     queue.add(root);
14.     while(queue.isEmpty()== false){
15.         TreeNode node = queue.remove();
16.         System.out.print(node.value+"");
17.         if (node.left != null){
18.             queue.add(node.left);
19.         }
20.
21.         if (node.right != null) {
22.             queue.add(node.right);
23.         }
24.     }
25.     System.out.print("\n");
26. }
```

2.5.6　结合系统机制进行进阶扫描设计

无论是基于深度优先还是广度优先的搜索算法，随着用户个人文件系统的复杂度增加，相应的搜索时间也会随之增加，这无疑会对文件扫描的速度产生影响。

因此为了加快文件扫描的速度，我们需要找到结合系统机制的方法来加快搜索扫描的速度。基于以上的简单设想，我们找到以下两种方法来加快扫描速度。

1. 使用 C 语言实现搜索的程序

由于 C 语言的执行效率要比 Java 语言高出许多，因此对于同样逻辑功能的代码，使用 C 语言编写的代码的执行速度要比 Java 语言的高出几十倍。同时，Android 系统又提供了 JNI 接口调用的方式，可以允许我们在 Java 层代码中通过接口调用的方式调用 C 语言编写的代码。

2. 辅助使用 MediaStore 机制

Android 系统中有一个 MediaStore 机制，其中有一个扫描服务监听整个文件系统的文件与文件夹目录变化情况，并将所有数据记录到数据库中。由于数据库查询的效率比 I/O 搜索的效率高很多，所以通过 MediaStore 机制，可以使用数据库查询的方式很快定位到想要的文件以及相应的路径位置。

2.5.7 扫描实现设计

图 2-11 是文件扫描器的简单架构图。

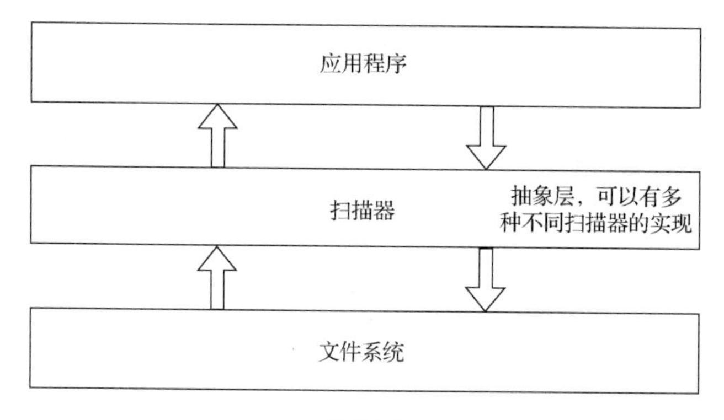

图 2-11

如图 2-11 所示，其中定义扫描器为一个抽象的概念，具体的实现可以有多种方式，这样可以针对不同的场景使用不同的扫描器进行文件扫描。我们定义文件扫描器的代码如下：

```
1.  public interface FileScanner {
2.      /*
3.      * 启动扫描
4.      **/
5.      void scan();
6.
7.      /*
8.      * 停止扫描
9.      **/
10.     void stopScan();
11.
12.     /*
13.     * 增加扫描后缀
14.     **/
15.     boolean addSuffix(String suffix);
```

```
16.
17.     /*
18.     * 移除扫描后缀
19.     **/
20.     boolean removeSuffix(String suffix);
21.
22.     /*
23.     * 移除所有扫描后缀
24.     **/
25.     boolean clearSuffix();
26.
27.     /*
28.     * 获取扫描配置
29.     **/
30.     ScanConfig getConfig();
31.
32.     enum ScanState{
33.         SCANNING,
34.         SCAN_COMPLETED
35.     }
36. }
```

2.5.8　C 语言实现的扫描逻辑

C 语言实现的扫描逻辑采用深度优先搜索算法，在 Java 层我们实现了 FileScanner 的抽象接口 NativeFileScanner，代码如下：

```
1.  public class NativeFileScanner implements FileScanner {
2.      ...
3.      @Override
4.      public void scan(){
5.          ...
6.          nativeScan(dir, suffix,maxDepth,handle,hashCode);
7.          ...
8.      }
9.      public native List[] nativeScan(String dir,String[] suffix, int
maxDepth, int handle, int hashcode);
10.     ...
11. }
```

其中 nativeScan 方法为 JNI 接口，在 scan 方法中我们调用了 jni 方法并返回扫描结果。在 Native 层，我们在 JNI_onLoad 方法中注册函数，通过接口的返回参数可以知道，最后将扫描结果通过列表返回，代码如下：

```
1.  int JNI_onLoad(JavaVM *vm, void *reserved){
```

```
2.      JNIEnv *env = NULL;
3.      if (vm->GetEnv((void **) &env, JNI_VERSION_1_4) != JNI_OK){
4.          return JNI_ERR;
5.      }
6.
7.      jclass cls = env->FindClass("com/xxx/NativeFileScanner");
8.      if (cls == NULL) {
9.          return JNI_ERR;
10.     }
11.
12.     int len = sizeof(s_methods) / sizeof(s_methods[0]);
13.     if (env -> RegisterNatives(cls, s_methods, len)<0){
14.         return JNI_ERR;
15.     }
16.
17.     return JNI_VERSION_1_4;
18. }
```

```
1.  jobjectArray nativeScan(
2.      JNIEnv *env,
3.      jobject /* this */ , jstring dir, jobectArray suffix,
4.      jint maxDepth, jint handle,
5.      jint hashcode){
6.      ...
7.  }
```

2.6 高可用前置通道

App 产品非常重要的功能之一就是前置通道，前置通道可以更好地帮助产品触达用户，如常驻通知栏、消息推送等都是非常重要的前置通道。接下来将会就高可用的前置通道做介绍。

2.6.1 前置通道简介

前置通道通常包括常驻通知栏、消息推送、桌面悬浮窗等。通过前置通道，应用程序可以将内容前置化地展示给不在应用程序中的用户，吸引用户注意，从而引导用户进入应用程序客户端并获取更详细的内容。

2.6.2 常驻通知栏

常驻通知栏是指常驻在通知栏的通知消息，用户无法将其移除，只有通过杀死应用进程、取消通知栏显示权限才能将其消除。常驻通知栏给用户提供了简单、高效的应用服务入口，让用户不用进入应用程序就能享受到应用程序的服务。设置常驻通知栏的方式比较简单，只要调用 NotificationManager 的相关 API 接口便能实现。

2.6.3　Android 推送能力介绍

消息推送能力是 Android 系统最重要的前置通道能力，也是应用开发者最需要的 Android 基础能力。通过消息推送，让消息可以第一时间触达用户，把用户拉回应用程序客户端中。

Firebase 云信息传递（FCM）是 Android 官方推出的一种跨平台消息传递解决方案。应用程序通过注册 FCM 推送服务，Android 系统可以接管应用程序的推送消息并显示给用户，而不需要应用程序“活着”。但是，FCM 需要 Google 服务套件配合，然而 Google 已经退出国内市场，因此 FCM 服务在国内无法使用。

既然官方 FCM 消息推送服务无法使用，那么国内的应用程序是怎么实现消息推送功能的呢？答案是通过应用保活，然后让应用程序与服务器保持长连接，一旦服务器有消息数据更新，应用程序就会把消息内容拉取下来，并通过通知栏显示给用户。这也是一种解决方案，但是这样会带来一个问题：当所有应用程序都采用这种方式来实现消息推送功能时，就会造成系统同时存在多个长连接、多个应用程序存活在后台，结果就是资源占用过多、手机卡顿、耗电加快。这也是国内 Android 系统被用户诟病的地方。

2.6.4　主流厂商推送 SDK 适配

由于国内手机厂商过多地使用应用保活方案实现消息推送功能，因此导致手机耗电加快、卡顿。国内部分手机厂商发现了这一问题，自己推出了消息推送服务。这些手机厂商通过进程管理，杀死后台进程，并提供消息推送能力，让消息通过手机厂商官方推送通道下发到应用程序中。这类典型的手机厂商有小米、华为等。

1. MI Push

通过小米开放平台，注册自己的应用程序之后，就可以使用 MI Push 服务了。这个过程包括如下步骤。

（1）创建开发者账户，注册自己的应用程序。

（2）MI Push 服务器返回 AppId、AppKey、AppSecret 等。

（3）将 AppId 和 AppKey 发给 Android 开发工程师，在客户端 SDK 初始化时使用，用来标识应用。也就是说，只有拿着这个 AppId 和 AppKey 的客户端才能跟小米服务器通信。

MI Push 具备以下几个特性。

（1）消息分类设置

- MI Push 在通知栏显示时，相同类型的消息会发生覆盖，即新的消息会替换旧的相同类型的消息，而不同类型的消息可以共存。小米现在最多支持 5 类消息并存。
- 开发者可以在不同设备上设置同一个 userAccount，然后使用 Server SDK 给该 userAccount 发送消息。此时，所有设置了该 userAccount 的设备都可以收到消息。

（2）消息有效期设置

小米推送消息的默认有效期是 14 天。也就是说，如果用户在 14 天内都没有上线，则 14 天之后用户将永远收不到 14 天前的消息。

（3）设置免打扰

有可能用户会设置免打扰，此时推送的消息会被保留在服务端，当用户具备接收条件且消息尚处于有效期内时，用户将会收到被保留的消息。

2. 华为 Push（HMS）

华为 HMS 推送消息服务的接入过程与 MI Push 类似，开发者到华为官网为自己的应用程序注册完推送消息服务后，会得到一个 appId 和 appSecret，然后将 appId 和 appSecret 注册到 HMS SDK 中，再加上必要的注册操作，即可接入华为 Push。

HMS 服务具备以下服务特性。

（1）推送透传消息

以透传方式将自定义的内容发送给应用程序。开发者的应用程序自主解析自定义的内容并触发相关动作。利用此功能，开发者可实现 IP 呼叫、好友邀请等功能，可以完全自由使用。

（2）推送通知栏消息

消息推送可将自由编排的富媒体内容展现到手机上，支持表格、图片、音频、链接地址等，类似 HTML5 的页面效果。

（3）在线编辑内容和推送

可以在开发者联盟 Portal 上编辑消息内容，并选择用户群推送。

（4）统计报表

提供消息推送情况和用户发展情况的统计报表。

2.6.5　Android 统一推送联盟

Android 统一推送服务（Unified Push Service，UPS）是由工信部旗下泰尔终端实验室牵头各大手机厂商和应用厂商推出的统一推送服务，其旨在解决国内无法使用 Google FCM 而导致 Android 系统开发生态紊乱、通知能力良莠不齐的问题。

UPS 可以用 3 点来总结。

（1）未来将由终端厂商提供系统级推送服务，而不像以往那样由各个应用程序在后台收取信息并推送给用户。

（2）各终端厂商需要实现推送通道接口和功能统一，方便开发者接入。

（3）第三方推送服务商，也就是我们常说的应用开发者，原则上也应该遵循统一推送的标准。

2.6.6　桌面悬浮窗

桌面悬浮窗是指以横幅或者 Toast 等桌面悬浮窗的方式，将内容展示给用户。悬浮窗可以在用户桌面弹出相关内容，相比通知栏消息。桌面悬浮窗的显示效果更好，不会受到通知栏区域的影响，内容显示更加直接。

桌面悬浮窗的显示需要通过系统的 WindowManager 来实现，通过将 View 添加到手机的 Window 顶层来实现桌面悬浮窗。

但是由于所有应用程序都可以使用应用桌面悬浮窗，这导致很多应用程序滥用桌面悬浮窗，使得用户桌面内容臃肿。因此，很多手机厂商限制了这一行为，不让应用程序在桌面上显示悬浮窗，避免给用户带来过多干扰。

第 3 章 Android 下的效能进阶

App 产品很重要的一点就是效能，若其在效能上更加自动化、智能化，那么这也将会成为这个产品很重要的竞争力。本章将从自动化 App 性能监测、App 真机检测以及 APK 信息一站式修改等方面来说明 Android 下的效能进阶。

3.1 App 性能监测实现

App 性能监测犹如 App 的一个技术体检，核心功能涵盖启动速度、内存监测、页面卡顿等，一个好的 App，其性能必然也是比较优秀的。

3.1.1 App 性能监测背景

App UI 流畅程度如何量化和监控的问题，一直以来都是 App 性能监测的痛点。业内比较流行的流畅度监测产品要属 BlockCanary 开源项目，其原理是利用 Looper 队列在处理主线程消息之前和之后提供的日志打印接口，通过截取日志的方式进行分析。该方案的优点是可以很好地定位对流畅度影响粒度大的卡顿点，并输出调用堆栈信息；缺点是该方案粒度不够细，不能很好地反映帧绘制丢帧的情况。该方案一般只能监测到非常卡顿的情况，而对于因帧丢失引起的流畅度变差不能进行很好的量化。

3.1.2 App 性能监测总体设计

App 性能监测核心功能包括基础性能、布局性能、页面启动速度、卡顿监测和内存泄漏监测等，其总体设计如图 3-1 所示。

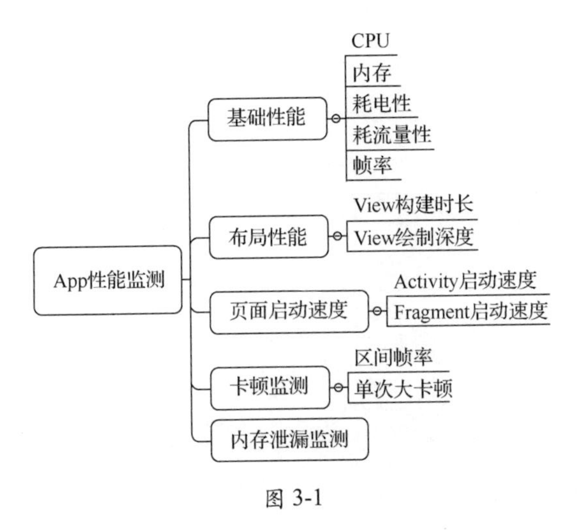

图 3-1

3.1.3　启动速度框架

启动速度作为 App 性能监测最核心的部分，也是接触用户的门面，下面就以 Activity 启动速度监测和 Fragment 启动速度监测为例来进行说明。

1．Activity 启动速度监测

原理：在 Application 中通过 registerActivityLifecycleCallbacks 方法注册 ActivityLifecycleCallbacks 对 Activity 生命周期进行监控，当 Activity onActivityCreated 时记录，然后在 onActivityResumed 时减去之前记录的时间，这样就可以计算 Activity 的启动速度。

2．Fragment 启动速度监测

原理：通过 Google 新推出的 Lifecycle 架构对 Fragment 的生命周期进行监控。

3.1.4　内存监测系统

内存监测系统的原理：在 Activity 和 Fragment onDestroy 的时候，将对象用 WeakReference 引用起来，监听对象是否发生内存泄漏，通过 WeakReference 和 ReferenceQueue<Object>配合使用，如果弱引用引用的对象被 GC（垃圾回收），则 Java 虚拟机就会把这个弱引用加入与之关联的引用队列，然后主动执行 GC，触发 WeakReference 被 GC，同时检测 GC 前后 ReferenceQueue 是否包含被监听对象，如果不包含，则说明该对象没有被 GC，一定存在到 GC Roots 的强引用链，也就是发生了内存泄漏。

主要流程如图 3-2 所示。

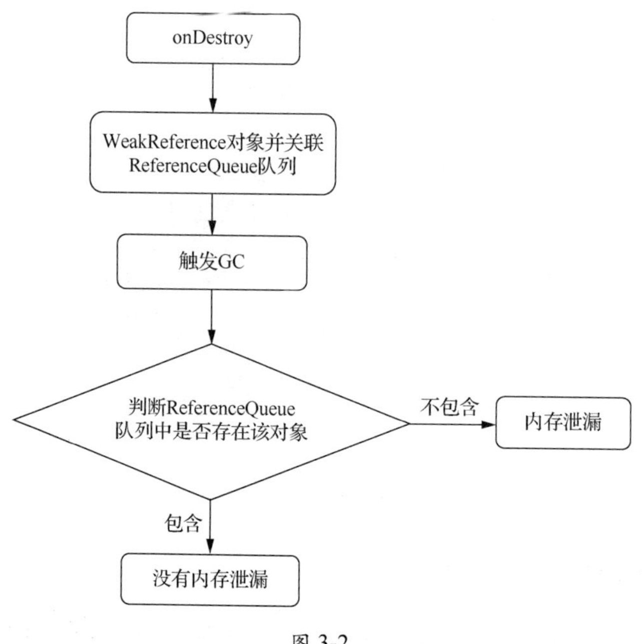

图 3-2

3.1.5 页面卡顿解决方案

页面卡顿解决方案的原理：通过设置主线程 Looper 日志可以监测主线程执行状况，在主线程接收到消息并开始执行时，延时 500ms 新建子线程记录当前的堆栈信息，如果主线程在 500ms 内执行完则取消子线程，如果主线程超过 2s 才执行完则获取子线程保存的堆栈信息上报。相关代码如下：

```
1.  Looper.getMainLooper().setMessageLogging(new MainLooperPrinter());
2.  // This must be in a local variable, in case a UI event sets the logger
3.  final Printer logging = me.mLogging;
4.  if (logging != null) {
5.      logging.println(">>>>> Dispatching to " + msg.target + " " +
6.              msg.callback + ": " + msg.what);
7.  }
8.
9.  final long traceTag = me.mTraceTag;
10. long slowDispatchThresholdMs = me.mSlowDispatchThresholdMs;
11. long slowDeliveryThresholdMs = me.mSlowDeliveryThresholdMs;
12. if (thresholdOverride > 0) {
13.     slowDispatchThresholdMs = thresholdOverride;
14.     slowDeliveryThresholdMs = thresholdOverride;
15. }
16. final boolean logSlowDelivery = (slowDeliveryThresholdMs > 0) &&
```

```
(msg.when > 0);
   17. final boolean logSlowDispatch = (slowDispatchThresholdMs > 0);
   18.
   19. final boolean needStartTime = logSlowDelivery || logSlowDispatch;
   20. final boolean needEndTime = logSlowDispatch;
   21.
   22. if (traceTag != 0 && Trace.isTagEnabled(traceTag)) {
   23.     Trace.traceBegin(traceTag, msg.target.getTraceName(msg));
   24. }
   25.
   26. final long dispatchStart = needStartTime ? SystemClock.uptimeMillis() : 0;
   27. final long dispatchEnd;
   28. try {
   29.     msg.target.dispatchMessage(msg);
   30.     dispatchEnd = needEndTime ? SystemClock.uptimeMillis() : 0;
   31. } finally {
   32.     if (traceTag != 0) {
   33.         Trace.traceEnd(traceTag);
   34.     }
   35. }
   36. if (logSlowDelivery) {
   37.     if (slowDeliveryDetected) {
   38.         if ((dispatchStart - msg.when) <= 10) {
   39.             Slog.w(TAG, "Drained");
   40.             slowDeliveryDetected = false;
   41.         }
   42.     } else {
   43.     if (showSlowLog(slowDeliveryThresholdMs, msg.when, dispatchStart,
   44.                 "delivery",msg)) {
   45.             // Once we write a slow delivery log, suppress until the
queue drains.
   46.             slowDeliveryDetected = true;
   47.         }
   48.     }
   49. }
   50. if (logSlowDispatch) {
   51.     showSlowLog(slowDispatchThresholdMs, dispatchStart, dispatchEnd,
"dispatch", msg);
   52. }
   53.
   54. if (logging != null) {
   55.     logging.println("<<<<< Finished to " + msg.target + " " + msg.
callback);
   56. }
```

主要流程如图 3-3 所示。

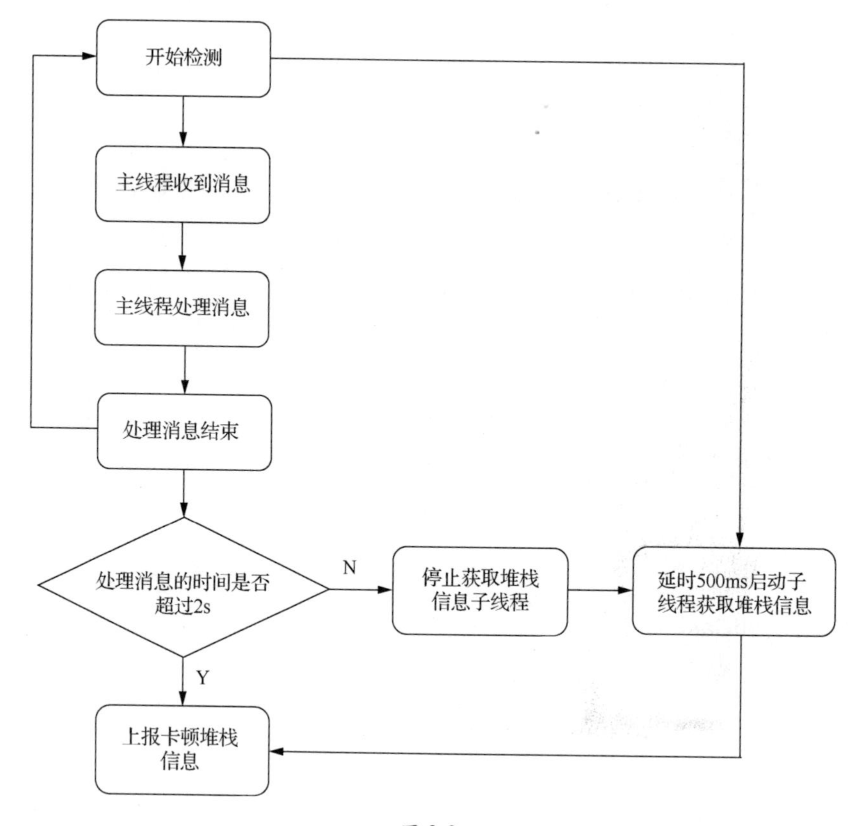

图 3-3

上面描述了常见的 App 性能监测核心功能，下面总结一下处理 App 性能问题的一些经验。

3.1.6 处理 App 性能问题的经验

处理 App 性能问题，到底有哪些经验？下面就介绍一些常用的经验。

1. 合理使用 static 成员

这里主要有 3 点需要掌握。第一，如果一个方法不需要操作运行时的动态变量和方法，那么可以将该方法设置为 static。第二，常量字段要声明为“static final”，因为这样常量会被存放在 dex 文件的静态字段初始化器中且可以直接访问，否则运行时需要通过编译时自动生成的一些函数来完成初始化，此规则只对基本类型和 String 类型有效。第三，不要将视图控件声明为 static，因为 View 对象会引用 Activity 对象，当 Activity 退出时，其对象本身无法被销毁，这时会造成内存泄漏。

2．采用<merge>优化布局层数，采用<include>共享布局

在 xml 布局文件中，多余的布局节点和嵌套会导致解析变慢。使用<merge>标签可以减少视图层级的嵌套，达到优化布局的效果。

在 layout 布局文件中，为了复用，会使用<include>来引入布局模块。

3．延时加载 View，采用 ViewStub 避免一些不经常被加载的视图被长期引用和占用内存

ViewStub 是一个不可见的、大小为 0 的 View，其最佳用途是实现 View 的延时加载，当需要的时候再加载 View，与 Java 中常见的性能优化方法延时加载一样。

当调用 ViewStub 的 setVisibility 函数设置可见或调用 inflate 初始化该 View 的时候，ViewStub 引用的资源开始初始化，然后引用的资源替代 ViewStub 的位置。因此，在没有调用 setVisibility(int)或 inflate 函数之前，ViewStub 存在于组件树层级结构中，但是由于 ViewStub 非常轻量级，故其对性能的影响非常小。可以通过 ViewStub 的 inflatedId 属性来重新定义引用的 layout id。

4．广播 BroadCast 动态注册时，记得要在调用者生命周期结束时执行 unRegister-Receiver，防止内存泄漏

使用完动态注册的广播 BroadCast 后，若不主动取消注册，会使对象不能及时回收，造成内存泄漏。

5．针对 ListView 的性能优化

对于 item，要尽可能地减少使用的控件和布局的层次；背景色与 cacheColorHint 设置相同颜色；ListView 中 item 的布局至关重要，必须尽可能地减少使用的控件和布局。RelativeLayout 是绝对的利器，通过它可以减少布局的层次。同时要尽可能复用控件，这样可以减少 ListView 的内存使用，减少滑动时的 GC 次数。ListView 的背景色与 cacheColorHint 设置相同颜色，可以提高滑动时的渲染性能。ListView 中的 getView 是性能的关键，要尽可能地优化。在 getView 方法中要重用 View，且不能做复杂的逻辑计算，特别是数据库操作，否则会严重影响滑动时的性能。在 ListView 数据项较多时可以考虑分页加载。

6．注意使用线程的同步（synchronized）机制，防止多个线程同时访问一个对象时发生异常

在一段同步代码被一个线程执行之前，线程要先拿到执行这段代码的权限，在 Java 里就是要拿到某个同步对象的锁（一个对象只有一把锁）；如果这个时候同步对象的锁被其他线程拿走了，它（这个线程）就只能等了（线程阻塞在锁池等待队列中）。取到锁后，线程就开始

执行同步代码（被 synchronized 修饰的代码）；线程执行完同步代码后，马上就把锁还给同步对象，其他某个在锁池中等待的线程就可以拿到锁并执行同步代码。这样就保证了同步代码在同一时刻只有一个线程在执行。

7．合理使用 StringBuffer、StringBuilder、String

在简单的字符串拼接中，String 的效率是最高的，例如 String s = “hello” + “world”;。

要注意的是，如果你的字符串来自其他 String 对象，效率就没那么高了，例如：

```
1.   String str2 = "This is";
2.   String str3 = " a ";
3.   String str4 = " test";
4.   String str1 = str2 +str3 + str4;
```

这时就要求使用 StringBuilder。

在单线程中，StringBuilder 的性能比 StringBuffer 高。而多线程为了线程安全需要采用 StringBuffer，因为它是同步的。一般情况下用 StringBuilder。

8．在执行完 I/O 流操作后，记得及时关闭流对象

在执行完 I/O 流操作后，一定要记得关闭相应的对象，否则也会造成内存泄漏。

9．使用 IntentService 代替 Service

IntentService 和 Service 都是服务，区别在于 IntentService 使用队列的方式将请求的 Intent 加入队列，然后开启一个 worker thread（线程）来处理队列中的 Intent（在 onHandleIntent 方法中）。对于异步的 startService 请求，IntentService 会处理完一个之后再处理第二个，每一个请求都会在一个单独的 worker thread 中处理，不会阻塞应用程序的主线程。如果有耗时的操作，与其在 Service 里开启新线程还不如使用 IntentService 来处理耗时操作。

10．使用 Application Context 代替 Activity 中的 Context

不要让生命周期长的对象引用 Activity Context，即保证引用 Activity 的对象与 Activity 本身的生命周期是一样的。对于生命周期长的对象，可以使用 Application Context。

不要把 Context 对象设置为 static 的。

11．要及时清理集合中的对象

通常会把一些对象的引用加入集合中，而当我们不再需要该对象时，并没有把它的引用从集合中清理掉，这样这个集合就会越来越大。如果这个集合是 static 的，那么情况就更严重了。

12. Bitmap 的使用

注意，较大的 Bitmap 应压缩后再使用，加载高清大图可以考虑使用 BitmapRegionDecoder，而不再使用 Bitmap 时注意及时调用 recycle 函数。

13. 巧妙地运用软引用（SoftReference）

有些时候，使用 Bitmap 后没有保留对它的引用，因此也就无法调用 recycle 函数。这时候巧妙地运用软引用，可以在内存马上要不足时使 Bitmap 得到有效释放。

14. 尽量不要使用整张的大图作为资源文件，尽量使用 9path 图片

应用图标优先放在 mipmap 目录下（Android Studio 环境下），其他资源图点 9 图（点 9 图也被称为 NinePatch 图，它是 Android App 开发里一种特殊的图片形式，文件的扩展名为 9.png，点 9 图的作用就是在图片拉伸的时候保证其不会失真）应该放在 drawable-xxxx 下，需要复制到手机 SD 卡上使用的图片应放在 asset 目录下。

3.2　App 真机检测系统

App 完成开发后都需要经过测试验证，自动化的真机检测是其中必不可少的一环。本节就重点介绍 App 真机检测系统。

3.2.1　为什么需要真机检测

因为 Android 平台碎片化的特性，兼容性问题永远都会伴随整个 App 开发生命周期。但是，Android 开发者手中的设备却永远代表不了线上各种各样的真机设备。另外，运行在单台设备上或者运行在模拟器上的效果，永远无法等同于用户设备上的效果。因此，App 真机检测平台应运而生。

所谓真机检测平台，就是架构一个平台，通过设备 Hub+服务器的形式集合成真机平台。真机平台是由许许多多的真实设备组成的，这些设备包括市面上绝大部分手机及系统版本，最大程度地涵盖市面上的设备。

通过真机检测平台进行真机检测，可以提前发现和解决大部分机器的兼容性问题。

3.2.2　真机检测整体设计

真机检测由真机检测平台和检测程序两部分组成。真机检测平台是负责将准备发布的应用程序安装并且运行到真实设备上的平台。检测程序是指对已安装到真机上的应用程序实施检测

的控制程序。下面分别进行介绍。

1．真机检测平台

真机检测平台应当包含真机控制服务器、真机连接 Hub 等。多部真机通过 USB Hub 连接控制服务器，真机控制服务器通过 ADB 工具，对 USB 上的多部 Hub 进行管理，然后通过真机控制服务器给真机安装应用程序、发配程序任务等，如图 3-4 所示。

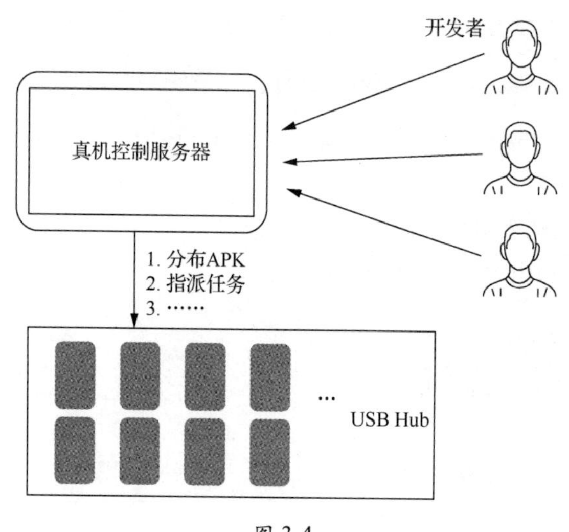

图 3-4

2．检测程序

检测程序是开发者赋予真机检测平台的能力。真机检测平台主要用于兼容性测试，一般包括 UI 测试、稳定性测试等。

UI 测试是不同分辨率下的 UI 适配检测。真机检测平台的 UI 测试能力比较有限，一般都使用 UI 截图，然后人工对 UI 截图进行快速甄别，判断是否兼容。

稳定性测试是将 App 安装并运行在真机检测平台上，并给予特定的指令，让 App 在这些机器上运行起来。Monkey 测试也是稳定性测试的方法之一。

3.2.3 Monkey 稳定性检测

Monkey 是 Android 系统中的一个命令行工具，可以运行在模拟器里或实际设备上。它向系统发送伪随机的用户事件流（如按键输入、触摸屏输入、手势输入等），可以对正在开发的 App 进行压力测试。Monkey 测试是一种测试软件稳定性和健壮性的快速、有效的方法。

Monkey 测试具备以下特性。

（1）测试对象为应用程序包。

（2）Monkey 测试使用的事件流、数据流是随机的。

（3）可对 Monkey 测试的对象及事件数量、类型、发生频率等进行设置。

Monkey 的基本语法如下：

```
1.    $ adb shell monkey [options]
```

如果不指定参数，Monkey 将以无反馈模式启动，并把事件任意发送到安装在目标环境中的全部包。下面是一个更典型的命令行示例，它启动指定的应用程序，并向其发送 500 个伪随机事件：

```
1.    $ adb shell monkey -p your.package.name -v 500
```

3.2.4　自动化敏感权限检测

敏感权限检测属于安全性检测的范畴。敏感权限的申请或者不合理的申请都会给用户设备的安全带来隐患。

敏感权限检测的常规手段是对权限进行分类，具体是对 APK AndroidMenifest 进行权限扫描，将包含敏感权限或者特殊权限的应用程序发给用户以做报警。

3.2.5　面向游戏的真机检测

市面上很多游戏都会开发国外版本，国外版本基本都继承了对 Google Play 服务的支持，因此在针对游戏的真机检测中，其中很重要的一点就是如何自动化地进行游戏 Google Play 服务检测（Google Play Service Check，简称 GPC）。

目前比较常见的 Google Play 服务检测依赖静态扫描应用程序安装包文件，通过是否包含 Google Play 服务框架组件来判断其是否依赖 Google Play 服务，这种判断无法准确地检测一个应用程序是否真正强依赖于 Google Play 服务框架，如某一 App 包含了 Google Play 服务框架静态组件，但是在无 Google Play 服务框架的设备上，它依然可以正常使用，那么其实这个 App 没有强依赖 Google Play 服务来运行。因此，GPC 的目标就是在包含 Google Play 服务框架的应用安装包中找出正在强依赖 Google Play 服务框架的应用程序。

安装包的 Google Play 服务检测分为两个部分，即静态检测和动态运行检测。其中，静态检测只是对 APK 进行静态扫描，速度快、处理难度低，可以快速排除一些不需要 Google Play 服务的 App。

1. 静态检测

这部分使用包解析技术对 APK 进行扫描分析，主要扫描 AndroidManifest 中是否存在 Google Play 服务框架必备的 com.google.android.gms.version 信息：

```
1.   <meta-data android:name="com.google.android.gms.version" android:
value="@integer/google_play_services_version"/>
```

如果存在该信息，则说明该 APK 引用了 Google Play 服务框架，需要对该 APK 进行动态运行检测。

2. 动态运行检测

这部分通过将 APK 运行在无 Google Play 服务框架的手机上，监控该应用程序的运行情况来实现。主要的检测场景为无法启动，以及在运行过程中是否会提示需要 Google Play 服务框架以及需要升级等场景。

场景一：无法启动。在无 Google Play 服务的手机上，出现闪退现象。

场景二：提示需要 Google Play 服务框架。部分 App 在调用 Google Play 服务框架前，会先判断是否存在 Google Play 账户并给出提示，如图 3-5 所示。

图 3-5

场景三：需要升级。App 不是最新版本的，需要升级才能运行，因此无法做出判断。

游戏 Google Play 服务（Google Play Service）检测的主要流程如图 3-6 所示。

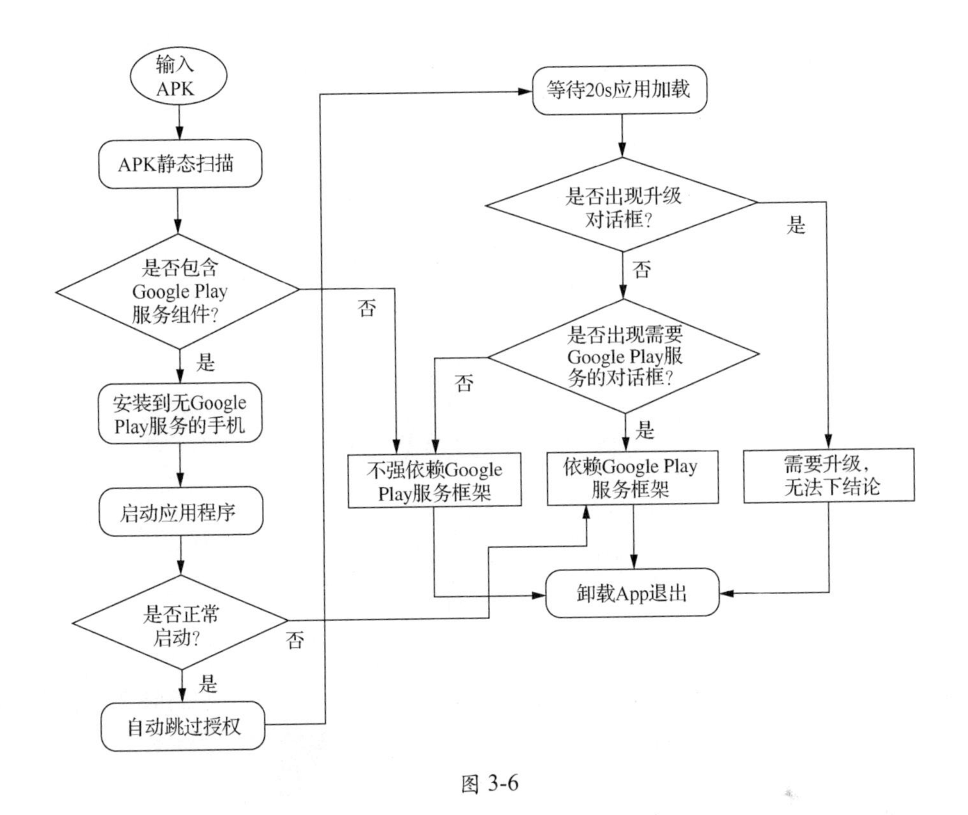

图 3-6

3.3　APK 信息一站式修改

一般一个 App 产品需要面向不同的渠道投放不同的渠道包，而这些渠道包的内容除了渠道信息差异外基本都是一样的，因此可以进行 APK 信息一站式修改。

3.3.1　APK 文件构成

图 3-7 是 APK 文件的构成示意图。

第一部分是内容块，所有的压缩文件都在这部分。每个压缩文件都有一个 local file header，主要记录了文件名、压缩算法、压缩前后的文件大小、修改时间、CRC32 值等。

第二部分被称为中央目录，包含多个 central directory file header（与第一部分的 local file header 一一对应），每个中央目录文件头主要记录了压缩算法、注释信息、对应 local file header 的偏移量等，方便快速定位数据。

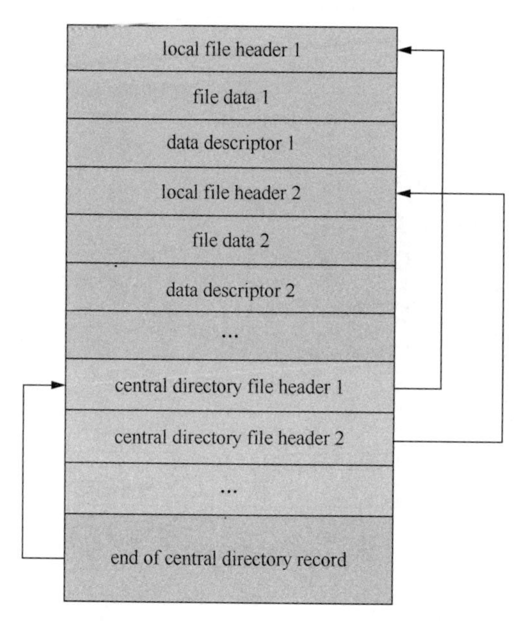

图 3-7

最后一部分是 EOCD（End Of Central Directory），主要记录了中央目录大小、偏移量和 ZIP 注释信息等，其详细结构如表 3-1 所示。

表 3-1

偏移量	字节大小	描述
0	4	End of central directory signature（核心目录结束标记）= 0x06054b50
4	2	Number of this disk（当前磁盘编号）
6	2	Number of the disk with the start of the central directory（核心目录开始位置的磁盘编号）
8	2	Total number of entries in the central directory on this disk（该磁盘所记录的核心目录数量）
10	2	Total number of entries in the central directory（核心目录结构总数）
12	4	Size of central directory (bytes)（核心目录的大小）
16	4	Offset of start of central directory with respect to the starting disk number（核心目录开始位置相对于 archive 开始的位移）
20	2	Comment length (n)（注释长度）
22	n	Comment （注释内容）

3.3.2 APK 签名校验流程

APK 签名校验的核心是如何处理 V1 和 V2 的签名校验。PackageParser 类负责 V1 签名的具体校验，流程如图 3-8 所示。

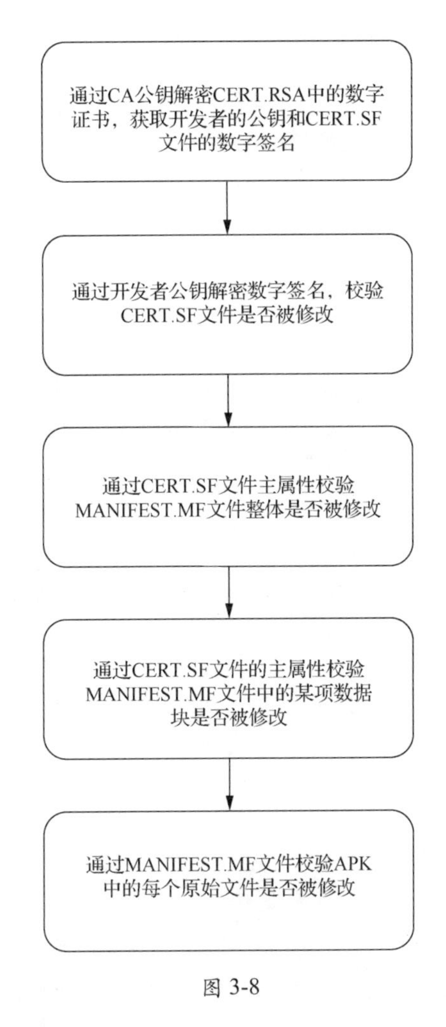

图 3-8

对于校验流程，如何保证 APK 文件信息不被篡改？下面进行介绍。

1．V1 签名是怎么保证 APK 文件不被篡改的

首先，如果破坏者修改了 APK 中的任何文件，那么被篡改文件的数据摘要的 Base64 编码就和 MANIFEST.MF 文件的记录值不一致，这将导致校验失败。

其次，如果破坏者同时修改了对应文件在 MANIFEST.MF 文件中的 Base64 值，那么 MANIFEST.MF 中对应数据块的 Base64 值就和 CERT.SF 文件中的记录值不一致，这将导致校验失败。

最后，如果破坏者更进一步，同时修改了对应文件在 CERT.SF 文件中的 Base64 值，那么 CERT.SF 的数字签名就和 CERT.RSA 文件中记录的签名不一致，这也将导致校验失败。

那有没有可能继续伪造 CERT.SF 的数字签名呢？理论上是不可能的，因为破坏者没有开发者的私钥。

尽管看起来很安全，但 V1 签名的设计缺陷也导致了一些安全隐患，如 ZIP 元数据的保护等。

2. 为什么要引入 V2 签名方案

首先，V1 签名不保护 APK 的某些部分，如 ZIP 元数据。

其次，APK 验证程序需要处理大量不可信（尚未经过验证）的数据结构，然后会舍弃不受签名保护的数据。这会导致相当大的受攻击面。

最后，APK 验证程序必须解压所有已压缩的条目，而这需要花费更多的时间和内存。

3.3.3 V1 与 V2 签名

上面我们看到了如何保证 APK 信息不被篡改的机制，那么到底什么是 V1、V2 签名呢？

1. V1 签名

V1 签名是 Android APK 最初的签名方案，基于 JDK（jarsigner），对 ZIP 压缩包的每个文件进行验证，在 META-INF 存放签名文件（MANIFEST.MF、CERT.SF、CERT.RSA 等文件），其中 MANIFEST.MF 文件保存了所有文件的 SHA1 指纹，但 ZIP 元数据不受签名保护。

2. V2 签名

V2 签名是一种全文件签名方案，该方案能够发现对 APK 受保护部分进行的所有更改，从而有助于加快验证速度并增强完整性保证。使用 APK 签名方案 V2 进行签名时，会在 APK 文件中插入一个 APK 签名分块（图 3-9 中的 APK Signing Block），该分块位于“ZIP 中央目录”部分之前并紧邻该部分。在 APK 签名分块内，V2 签名和签名者身份信息会被存储在 APK 签名方案 V2 分块中。

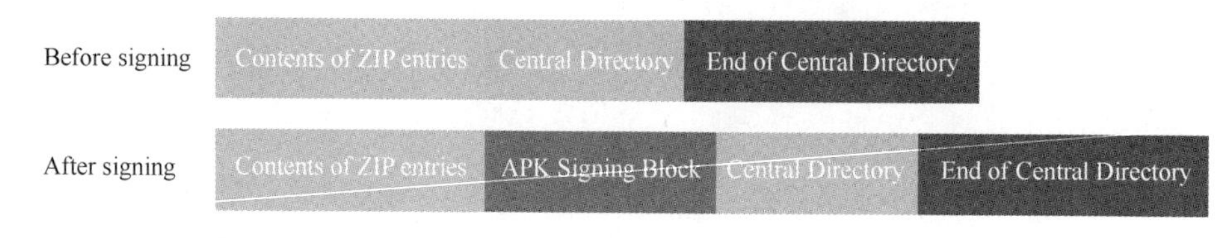

图 3-9

3.3.4 如何打造渠道包

上面介绍了 APK 文件的构成以及签名相关内容，下面介绍如何打造渠道包的内容。打造不同渠道包最关键的就是如何在保持签名一致的情况下批量实现不同渠道包中的渠道号不一样。

1．基于 V1 签名的 APK 信息动态修改方案

原理：由于 V1 签名校验不包含 ZIP 注释字段，因此可以在 APK 文件的注释字段中添加动态信息。

步骤（如图 3-10 所示）：

（1）添加动态信息。

（2）在末尾添加动态信息长度。

（3）把 Comment length 长度修改为动态信息长度加 2。

将动态信息长度添加到末尾是为了方便向前读取数据、定位动态信息，其中 Comment 的最大长度为 65 535 字节。

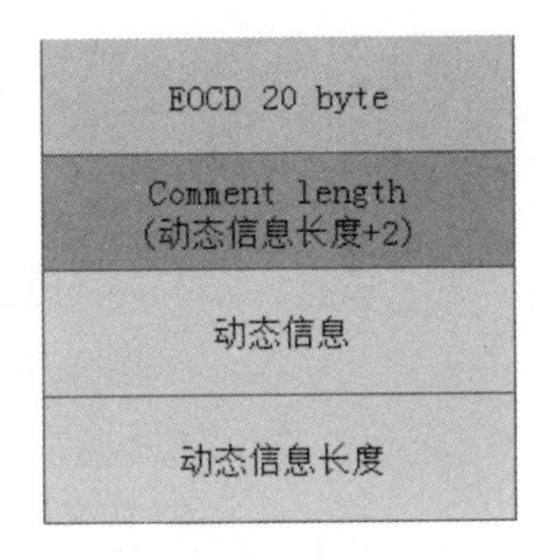

图 3-10

基于 V1 签名的 APK 信息动态修改方案的核心代码逻辑如下：

```
1.   zipFile = new ZipFile();
2.   String zipComment = zipFile.getComment();
3.   // 判断是否包含 Comment 信息
4.   if (zipComment == null) {
5.        byte[] bytecomment = comment.getBytes();
6.        outputStream = new ByteArrayOutputStream();
7.        // 写入 Comment 和长度
8.        outputStream.write(bytecomment);
9.        outputStream.write(short2Byte((short)bytecomment.length));
10.       byte[] commentdata = outputStream.toByteArray();
11.
12.       accessFile = new RandomAccessFile(file, s:"rw");
13.       // 定位到 Comment length
14.       accessFile.seek(l:file.length()-2);
15.       // 写入动态信息长度+2 记录位
```

```
16.        accessFile.write(short2Byte((short)commentdata.length));
17.        accessFile.write(commentdata);
18.        accessFile.close();
19.  }
```

2. 基于 V2 签名的 APK 信息动态修改方案

原理：Android 系统只会关注 ID 为 0x7109871a 的 V2 签名块，并且忽略其他的 ID-Value，同时 V2 签名只会保护 APK 本身，而不包含签名块。这样就可以在 APK 签名块中添加一个 ID-Value 并赋值。

步骤：

（1）找到 APK 的 EOCD 块。

（2）找到 APK 签名块。

（3）获取已有的 ID-Value 对。

（4）添加包含动态信息的 ID-Value。

（5）基于所有的 ID-Value 生成新的签名块。

（6）修改 EOCD 的中央目录的偏移量。

（7）用新的签名块替代旧的签名块，生成带有动态信息的 APK。

基于 V2 签名的 APK 信息动态修改方案的核心代码逻辑如下：

```
1.   public static void addIdValueByteBufferMap(ApkSectionInfo apkSectionInfo, File destApk, Map<Integer, ByteBuffer> idValueMap) {
2.        if (idValueMap == null || idValueMap.isEmpty()) {
3.            throw new RuntimeException("addIdValueByteBufferMap, id value pair is empty");
4.        }
5.
6.        // 不能与系统 V2 签名块的 ID 冲突
7.        if (idValueMap.containsKey(ApkSignatureSchemeV2Verifier.APK_SIGNATURE_SCHEME_V2_BLOCK_ID)) {
8.            idValueMap.remove(ApkSignatureSchemeV2Verifier.APK_SIGNATURE_SCHEME_V2_BLOCK_ID);
9.        }
10.
11.       Map<Integer, ByteBuffer> existentIdValueMap = V2SchemeUtil.getAllIdValue(apkSectionInfo.schemeV2Block.getFirst());
12.       // 必须包含 V2 签名块
13.       if (!existentIdValueMap.containsKey(ApkSignatureSchemeV2Verifier.APK_SIGNATURE_SCHEME_V2_BLOCK_ID)) {
14.           throw new ApkSignatureSchemeV2Verifier.SignatureNotFoundExcetion("No Apk V2 Signature Scheme block in APK Signing Block");
15.       }
```

```
    16.        // 添加动态信息
    17.        existentIdValueMap.putAll(idValueMap);
    18.
    19.        // 生产新的签名块
    20.        ByteBuffer newApkSigningBlock = V2SchemeUtil.generateApkSigningBlock
(existentIdValueMap);
    21.    }
```

```
    1.   // 生成新的签名块
    2.   ByteBuffer newApkSigningBlock = V2SchemeUtil.generateApkSigningBlock
(existentIdValueMap);
    3.
    4.   ByteBuffer centralDir = apkSectionInfo.centralDir.getFirst();
    5.   ByteBuffer eocd = apkSectionInfo.eocd.getFirst();
    6.   long centralDirOffset = apkSectionInfo.centralDir.getSecond();
    7.   int apkChangeSize = newApkSigningBlock.remaining()-
apkSectionInfo.schemeV2Block.getFirst().remaining();
    8.   // 修改了 EOCD 中保存的中央目录偏移量
    9.   ZipUtils.setZipEocdCentralDirectoryOffset(eocd, offset:centralDirOffset+
apkChangeSize);
```

```
    1.   fIn = new RandomAccessFile(destApk, s:"rw");
    2.   if (apkSectionInfo.lowMemory) {
    3.       fIn.seek(apkSectionInfo.schemeV2Block.getSecond());
    4.   } else {
    5.       ByteBuffer contentEntry = apkSectionInfo.contentEntry.getFirst();
    6.       fIn.seek(apkSectionInfo.contentEntry.getSecond());
    7.       // 1, write real content Entry block
    8.       fIn.write(contentEntry.array, i:contentEntry.arrayOffset()+
contentEntry.position(),contentEntry.remaining());
    9.   }
    10.
    11.  // 2, write new apk v2 scheme block
    12.  fIn.write(newApkSigningBlock.array(), i:newApkSigningBlock arrayOffset()
+newApkSigningBlock.position(), newApkSigningBlock.remaining());
    13.
    14.  // 3, write central dir block
    15.  fIn.write(centralDir.array(),i:centralDir.arrayOffset()+central.
position(),centralDir.remaining());
    16.  // 4, write eocd block
    17.  fIn.write(eocd.array(), i:eocd.arrayOffset()+eocd.position(), eocd.
remaining());
    18.  // 5, modify the length of apk file
    19.  if (fIn.getFilePointer() != apkLength) {
    20.      throw new RuntimeException("after addIdValueByteBufferMap, file
size wrong, FilePointer:"+fIn.getFilePointer()+", apkLength:"+apkLength);
    21.  }
    22.  fIn.setLength(apkLength);
```

第 4 章 Android 工具应用进阶

Android 的出现加速了移动互联网的发展，它以一种更好的方式进行人机互动。在 Android 工具应用领域，每年优质的应用程序层出不穷。本章将选取几个工具应用（游戏加速器、近场传输、微信清理和 Google 安装器）来进行进阶介绍。

4.1 游戏加速器

随着手游的火爆，很多游戏用户都希望能更快地体验游戏的互动感觉，因此游戏加速器也就应运而生了。

4.1.1 游戏加速器的使用场景

市面上比较火爆的《王者荣耀》和《绝地求生：大逃杀》两款游戏吸引了一大波用户一起玩，在游戏移动端化后，由于整个网络环境的不确定性以及手机性能的不一致，导致游戏卡顿、掉帧、延迟和丢包严重的现象层出不穷，极其影响游戏体验。因此一大波移动游戏加速器就应运而生了，其中有老牌厂商讯游加速器和 UU 加速器，也有新晋玩家海豚加速器和 8LAG 加速器。它们的目的都是让用户在玩游戏时拥有一个良好的不间断的体验。游戏加速器分两个层面加速，一个层面是手机自身的加速，另一个层面是网络连接的加速。

4.1.2 基于性能的加速实现

性能相关的加速实现主要分为以下 3 类，它们的目的都是确保在用户打开游戏之前当前手机处于最佳的性能状态。

1．系统缓存清理

清理系统当前存在的缓存数据（主要是清除自己和第三方应用的无用缓存），主要是保证内存空间充足，提升 I/O 的读/写速度。

清除自身应用的缓存，主要是删除如下两个路径下的缓存文件。

- context.getExternalCacheDir().getAbsolutePath();

/storage/emulated/0/Android/data/包名/cache——这是应用程序外部缓存路径。

- context.getCacheDir().getAbsolutePath();

/data/data/包名/cache——这是应用程序内部缓存路径。

清除第三方应用的无用缓存，首先最重要的是声明对应的权限：

```
1.   <uses-permission android:name="android.permission.CLEAR_APP_CACHE" />
2.   <uses-permission android:name="android.permission.GET_PACKAGE_SIZE" />
```

通过 PackageManager.getPackageSizeInfo 获取某个包名的应用自定义的缓存大小：

```
1.   private void getCacheSize(PackageInfo packageInfo) {
2.       try {
3.           //通过反射获取当前的方法
4.           Method method = PackageManager.class.getDeclaredMethod
("getPackageSizeInfo", String.class, IPackageStatsObserver.class);
5.           method.invoke(mPackageManager, packageInfo.applicationInfo.
packageName, new MyIPackageStatsObserver(packageInfo));
6.       } catch (Exception e) {
7.           e.printStackTrace();
8.       }
9.   }
```

MyIPackageStatsObserver 是跨进程通信移动端的系统回调方法，相关的 aidl 文件是系统的 IPackageStatsObserver.aidl 和 PackageStats.aidl 文件，需要将这两个文件从系统中拿出来，放到指定的文件夹（android.conent.pm）下，如图 4-1 所示。

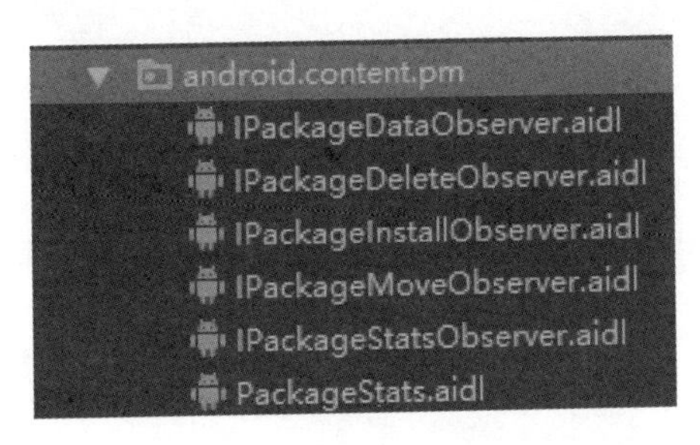

图 4-1

具体的实现代码如下：

```
1.  private class MyIPackageStatsObserver extends IPackageStatsObserver.Stub {
2.      private PackageInfo packageInfo;
3.
4.      public MyIPackageStatsObserver(PackageInfo packageInfo) {
5.          this.packageInfo = packageInfo;
6.      }
7.      @Override
8.      public void onGetStatsCompleted(PackageStats pStats, Boolean 
succeeded) throws RemoteException {
9.          // cacheSize 表示当前包名的应用的缓存大小
10.         long cacheSize = pStats.cacheSize;
11.     }
12. }
```

当获取到的缓存大小不为 0 时，清理缓存（通过反射调用 PackageManager#freeStorageAndNotify）：

```
1.  public void cleanAllCache() {
2.      try {
3.          StatFs stat = new StatFs(Environment.getDataDirectory().
getAbsolutePath());
4.          Method mFreeStorageAndNotifyMethod = mPackageManager.getClass().
getMethod(
5.                  "freeStorageAndNotify", long.class, IPackageDataObserver.
class);
6.          mFreeStorageAndNotifyMethod.invoke(mPackageManager,
7.                  (long) stat.getBlockCount() * (long) stat.getBlockSize(),
8.                  new MyIPackageDataObserver()
9.          );
10.     } catch (NoSuchMethodException e) {
11.         e.printStackTrace();
12.     } catch (InvocationTargetException e) {
13.         e.printStackTrace();
14.     } catch (IllegalAccessException e) {
15.         e.printStackTrace();
16.     }
17. }
```

清理的结果会通过 MyIPackageDataObserver 进行回调：

```
1.  class MyIPackageDataObserver extends IPackageDataObserver.Stub {
2.      public MyIPackageDataObserver() {
3.      }
4.      @Override
```

```
    5.        public void onRemoveCompleted(String packageName, booleansucceeded)
throws RemoteException {
    6.            //packageName 表示清除的是哪个应用程序，succeeded 表示是否清理成功
    7.        }
    8.    }
```

2. 后台进程清理

目前比较常规、常用的方案是用 ActivityManager 的 killBackgroundProcesses 或者 forceStopPackage 方法去清理某个 App 对应的进程。前一个方法虽然能暂时停止进程，但是实际上进程重启的概率极大，几乎无任何实质作用；后一个方法虽然可以完全杀死进程，但只对系统级应用才有效，因此对应用层的 App 来说，想要以常规方法彻底杀死某个应用进程是几乎不可能的事情。于是只能另辟蹊径，利用具有系统权限的应用帮助我们清理相关的进程。

注意，Android 手机上每一个已安装的 App 都有一个系统级别的 App 详情页面，而每个 App 详情页面中都有一个类似强行停止的按钮，以微信为例如图 4-2 所示。

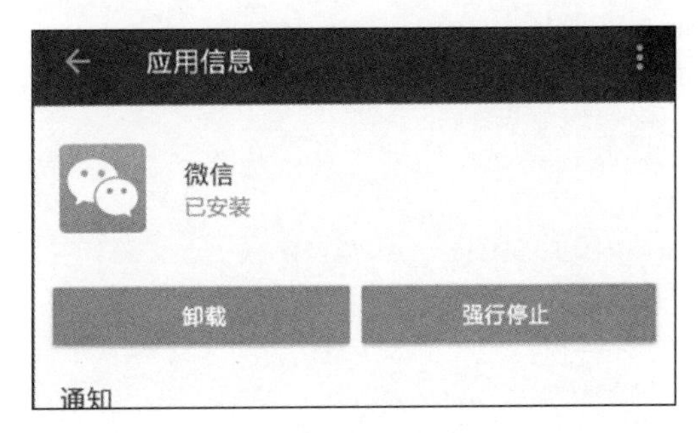

图 4-2

当用户单击“强行停止”按钮时，实际上底层会通过类似“am kill 包名”的方式彻底杀死某个 App 的相关进程，效果与 forceStopPackage 方法类似。由于这些 App 详情页面是系统页面，因此完全不需要声明对应的权限。现在可以将问题简化为以下两点。

（1）进入某个 App 的系统级详情页面

在开发过程中很多时候都会用 adb 命令去启动一个系统页面，启动一个 App 系统级详情页面的 adb 命名如下：

```
    1.    adb shell am start -a android.settings.APPLICATION_DETAILS_SETTINGS
-d package:应用包名
```

因此，在运行时，可以通过 Runtime.getRuntime().exec 的方式执行一个 adb 命令，具体的操作如下面的伪代码所示：

```
    1.    process = Runtime.getRuntime().exec("命令");
```

```
2.    os = new DataOutputStream(process.getOutputStream());
3.    os.flush();
4.    //获取输出结果
5.    result = process.waitFor();
```

（2）帮助用户单击“强行停止”按钮

帮助用户单击“强行停止”按钮，关键在于怎么帮。我们知道 Android 系统中有辅助服务（AccessibilityService），其目的是帮助那些具有视觉、身体或年龄相关限制的用户更轻松地使用 Android 设备和应用。除此之外，我们还可以使用辅助服务对一些人工操作进行自动化处理，从而将人从这些无聊、烦琐的重复性操作中解放出来。此处就是为了简化人工操作，比如，帮用户单击“强行停止”按钮。

首先定义一个继承 AccessibilityService 的服务（在这里将其命名为 MyAccessibilityService），并在 AndroidManifest 中进行声明：

```
1.    <service
2.        android:name=".MyAccessibilityService"
3.        android:description="辅助服务功能的具体描述信息"
4.        android:label="辅助服务的名字"
5.        android:permission="android.permission.BIND_ACCESSIBILITY_SERVICE">
6.        <intent-filter>
7.            <action android:name="android.accessibilityservice.
AccessibilityService"/>
8.        </intent-filter>
9.
10.       //辅助服务的配置
11.       <meta-data
12.           android:name="android.accessibilityservice"
13.           android:resource="@xml/accessibility_service_config"/>
14.   </service>
```

配置辅助服务参数（在 res/xml 文件夹下新建 accessibility_service_config.xml 文件），Android 官方网站上有详细的配置指导：

```
1.    <accessibility-service xmlns:android="http://schemas.android.com/apk/res/android"
2.        android:description="辅助服务功能的具体描述信息"
3.        android:accessibilityEventTypes="typeViewScrolled|typeWindowContent
Changed|typeWindowStateChanged"
4.        android:accessibilityFlags="flagIncludeNotImportantViews|flagReport
ViewIds|flagRetrieveInteractiveWindows|flagRequestEnhancedWebAccessibility|
flagRequestFilterKeyEvents"
5.        android:canPerformGestures="true"
6.        android:canRequestFilterKeyEvents="true"
```

```
7.        android:canRetrieveWindowContent="true"
8.        android:accessibilityFeedbackType="feedbackAllMask"
9.        android:notificationTimeout="100"
10.  />
```

在自定义的 MyAccessibilityService 中做监听，并且实现协助单击操作，主要需要关注继承 AccessibilityService 类并覆盖该类中的以下方法。

- **onServiceConnected**：系统成功连接到辅助服务时调用，可以执行任何一次性设置步骤。
- **onAccessibilityEvent**：当系统检测到辅助服务指定的事件过滤参数匹配的 AccessibilityEvent 时调用。通常需要在该方法中根据 AccessibilityEvent 做出判断并执行一些处理操作。

当用户界面上发生了服务需要关注的事件时，系统就会发送 AccessibilityEvent 事件，并传递给 onAccessibilityEvent 方法。

在用户开启辅助服务后，自动化单击按钮的流程分析如下。

首先通过以下命令获取需要 App 详情页面的关键类名（当前手机顶层的 Activity）：

```
adb shell dumpsys activity top | grep ACTIVITY
```

在切换页面后，触发 onAccessibilityEvent 中的 TYPE_WINDOW_STATE_CHANGED 事件。在此事件中通过 event.getClassName 获取当前窗口的类并与目标类匹配，匹配成功后，通过整个根节点根据对应的文案获取屏幕中的“强行停止”的 View 组件。

```
1.   getRootInActiveWindow().findAccessibilityNodeInfosByText("强行停止")
```

然后执行相应的单击操作，即 performAction 操作：

```
1.   AccessibilityNodeInfo.performAction(AccessibilityNodeInfo.ACTION_CLICK)
```

4.1.3　基于流量劫持（VPN）的加速实现

可以让用户通过软件连接到指定的服务器，这样就避开了网络阻塞。这个软件起到了中转的作用，其实并没有提高客户端或服务端的速度，而是将你的连接中转到其他服务器上，再通过其他服务器连接游戏服务器。这样建立起了独立通道，从而提高了连接速度。基于 VPN 的实现如下。

（1）申请权限支持 VPN 程序的正常运行，必须要在 AndroidManifest.xml 中显式声明使用“android.permission.BIND_VPN_SERVICE”权限。

（2）获取（1）中的权限后，根据系统对话框的返回值，判断是否成功开启 VPN，而 VpnService.prepare 主要用于检查当前系统中是否已经存在一条 VPN 连接了，以及如果存在，是不是本程序创建的。因为目前 Android 系统只支持一条 VPN 连接，所以如果新的程序想建立一条 VPN 连接，必须先中断系统中当前存在的那条 VPN 连接，并且在第一次发送连接请求的时候弹出系统对话框让用户确认。

下面是 VpnService 发起的是否已经建立 VPN 连接的请求确认的核心代码：

```
1.   Intent intent = VpnService.prepare(this);
2.   if (intent != null) {
3.       startActivityForResult(intent, 0);
4.   } else
5.   {
6.       onActivityResult(0, RESULT_OK, null);
7.   }
```

然后在 onActivityResult 函数回调中根据返回结果进行相应的处理，若 VPN 连接开启成功，则开启 VPN 服务拦截流量：

```
1.   protected void onActivityResult(int request, int result, Intent data) {
2.       if (result == RESULT_OK) {
3.           //用户确认成功，开启 VPN 服务拦截流量
4.            Intent intent = new Intent(this, MyVpnService.class);
5.            startService(intent);
6.       }
7.   }
```

（3）自有 MyVpnService 须继承 VpnService。

VpnService 类封装了建立 VPN 连接所必需的所有函数。通过 VpnService 可以构建一个 tun0 网络虚拟端口，并且配置好合适的参数：

```
1.   Builder builder = new Builder();
2.   //表示虚拟网络端口的最大传输单元，如果发送的包长度超过这个数字，就会被分包
3.   builder.setMtu(...);
4.   //虚拟网络端口的 IP 地址
5.   builder.addAddress(...);
6.   //只有匹配上的 IP 数据包，才会被路由到虚拟端口上
7.   builder.addRoute(...);
8.   //端口的 DNS 服务器地址
9.   builder.addDnsServer(...);
10.  //DNS 域名的自动补齐
```

```
11.  builder.addSearchDomain(...);
12.  //VPN 连接的名字
13.  builder.setSession(...);
14.  //intent 指向一个配置页面，用来配置 VPN 连接
15.  builder.setConfigureIntent(...);
16.  //创建 tun0 虚拟网络接口
17.  ParcelFileDescriptor interface = builder.establish();
```

最好通过 ParcelFileDescriptor 实例来获取设备上所有向外发送的 IP 数据包并将处理后的 IP 数据包返回给 TCP/IP 协议栈。

4.1.4　基于 VPN 加速器的整体设计

上面介绍了基于 VPN 的加速实现，接下来将描述基于 VPN 加速器的整体设计，整体设计图如图 4-3 所示。

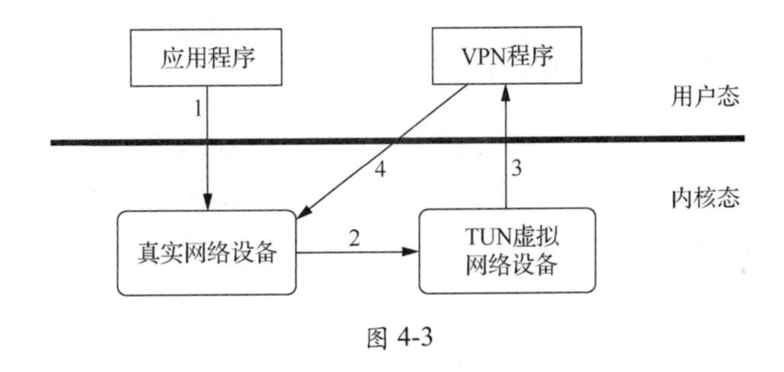

图 4-3

如图 4-3 所示，总体分为 4 个核心步骤。

（1）应用程序使用 Socket，将相应的数据包发送到真实的网络设备上。

（2）Android 系统将所有的数据包转发到 TUN 虚拟网络设备上，端口是 tun0。

（3）VPN 程序通过打开/dev/tun 设备，读取该设备上的数据，可以获得所有转发到 TUN 虚拟网络设备上的 IP 数据包。

（4）VPN 程序可以对数据做一些处理，然后将处理后的数据包通过真实的网络设备发送出去。

可以理解：系统帮我们做了一些事情，可以在 VpnService 中创建并初始化 TUN 虚拟网络设备，并且通过它得到 App 发送的 IP 数据包。当应用程序收到代理服务器返回的消息时，仍然会通过 TUN 虚拟网络设备，如图 4-4 所示。

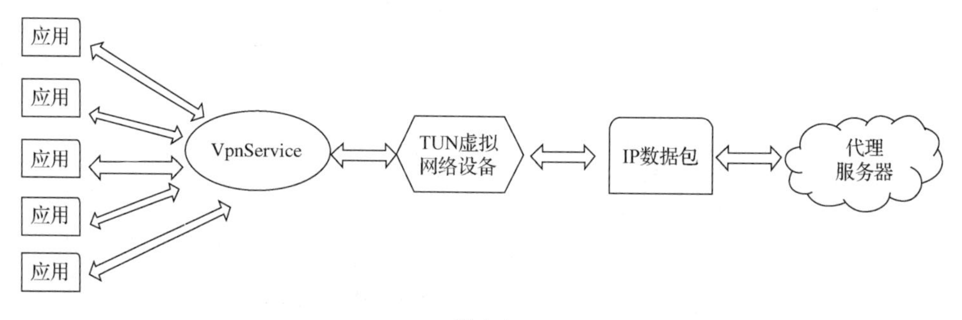

图 4-4

具体的代码设计实现如下：

```
1.    // inputStream 得到所有发送出去的 IP 数据包
2.    FileInputStream in = new FileInputStream(interface.getFileDescriptor());
3.    // outputStream 得到所有返回的 IP 数据包
4.    FileOutputStream out = new FileOutputStream(interface.getFileDescriptor());
5.    // 缓存字节数组
6.    ByteBuffer packet = ByteBuffer.allocate(32767);
7.    // 读取所有要发送出去的 IP 数据包
8.    int length = in.read(packet.array());
9.    // 将远端服务器返回的数据写入系统的 TCP/IP 协议栈中
10.    out.write(packet.array(), 0, length);
```

整体设计交互流程示例如图 4-5 所示。

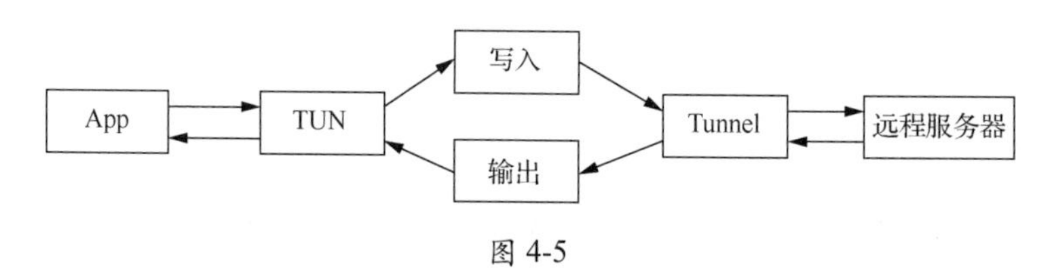

图 4-5

总之，不管是实现代理还是实现 VPN，通过 VpnService 来获取手机数据都是第一步。所有一切都是从获得手机数据包开始的。

4.2 近场传输

业界通用的近场直连技术包括 NFC、蓝牙、Wi-Fi、HotPot、Wi-Fi P2P 等，具体技术方向的现状、传输距离、传输速率如表 4-1 所示。

表 4-1

技术方向	现　状	传输距离	传输速率
NFC	国产厂商非全部支持	0～10m	424Kbps
蓝牙	配对麻烦、耗时	0～30m	1Mbps
HotPot(Wi-Fi)	Android 7.1 以上系统限制创建自定义热点	0～100m	5GHz 可达 11Mbps（由最低频带设备决定）
P2P(Wi-Fi)	Android 4.0 以上系统已支持，存在硬件设备兼容问题	0～100m	5GHz 可达 11Mbps（由最低频带设备决定）

如表 4-1 所示的综合分析，采用 HotPot+P2P 双技术的模式可以最有效地保证近场通信的可靠性。

4.2.1　近场传输场景

如图 4-6 所示，传统的文件传输方案都是通过蓝牙或者社交工具进行传输的。其中社交工具传输很受当前网络环境的影响，并且有可能耗费巨大的流量，因此为了实现高速度、零成本且快捷的传输方案，近场传输应运而生。

近场传输是在移动设备无物理接触的前提下，能够在设备间通过硬件直连进行数据交换的技术。随着移动端数据传输场景日益丰富，近场传输的需求也随之增长，用户可以利用近场传输完成设备间数据的快速交换，为用户提供便利功能的同时也增加了产品的黏性。

图 4-6

4.2.2　近场传输设计

近场传输整个设计框架图如图 4-7 所示。

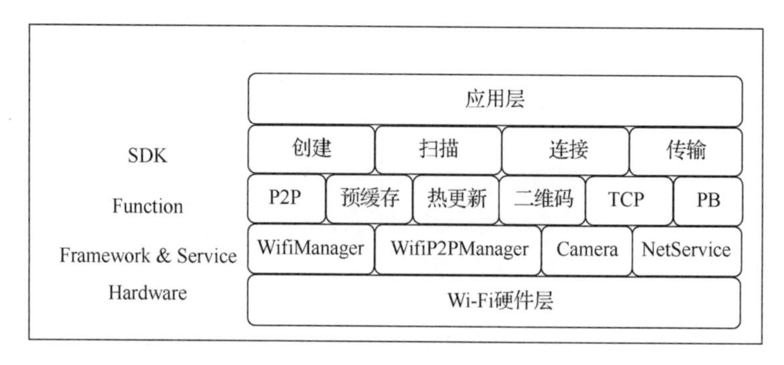

图 4-7

整体设计分为 4 层（SDK、Function、Framework & Service、Hardware），其中 Framework & Service 和 Hardware 代表系统支持层，也就是对系统 Wi-Fi 模块和网络模块的支持；Function 代表策略层，针对不同的机型、不同的系统版本、不同的传输协议之间进行策略的适配调整；SDK 层代表提供的核心功能，主要分为 4 点：创建、扫描、连接和传输。

各个模块之间的类图如图 4-8 所示。

下面由图 4-8 展开分析整个设计。

- XofManager：作为整个近场框架的大管家类，需要对 Wi-Fi 的初始化、创建、扫描、连接、传输等做一系列的控制管理。
- EventManager：事件分发类，主要用于管理近场传输过程中的各个事件回调，涉及的常用事件有 Wi-Fi 连接事件、Wi-Fi 断开事件、Wi-Fi 连接状态切换事件和文件传输事件（开始、进度、结束、失败）等。
- IConnector：创建、扫描和连接的接口，针对不同的系统版本采用不同的策略，目前有两个实现方案，即 P2Pconnector（基于 Wi-Fi 直连技术，Android 7.0 以上版本系统使用）和 HotpotConnector（基于 Wi-Fi 热点技术，Android 7.0 以下版本系统使用）。
- ReceiveService：传输层 TCP 连接和数据接收的 Service，主要用于数据的接收。
- TransferService：传输层 TCP 连接和数据发送的 Service，主要用于数据的发送。
- ReceiverProcessor：数据接收的处理器，包括创建文件、断点续传、数据写入传输速度等都在此处理。
- TransferProcessor：数据发送的处理器，主要是将本地文件转换成数据流，通过 TCP 协议往接收方传递。

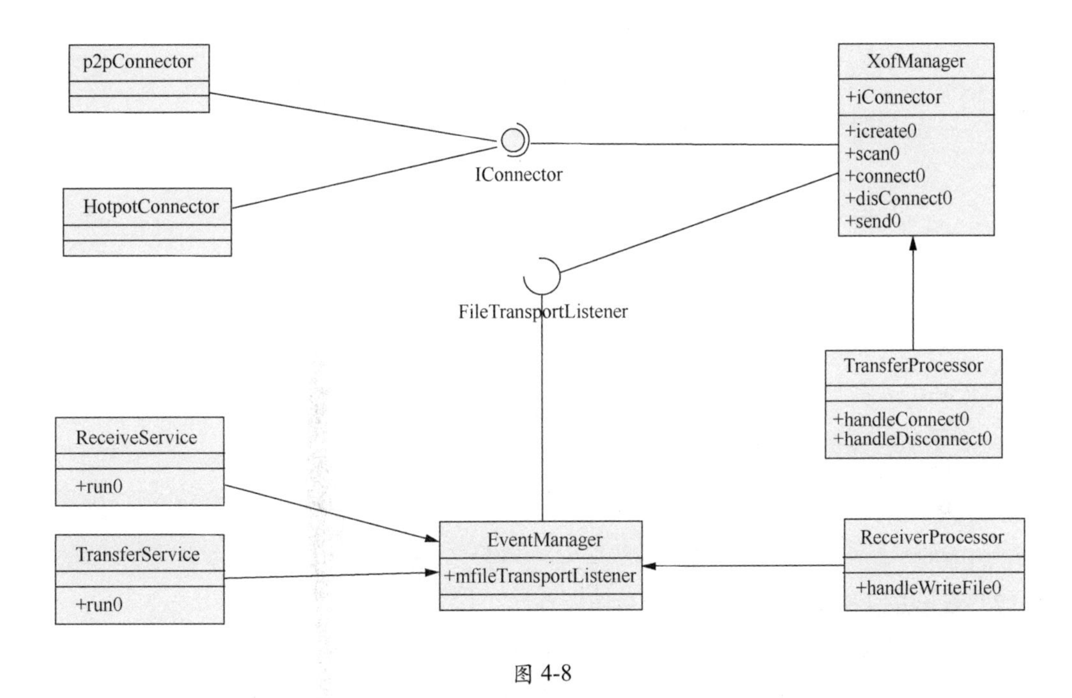

图 4-8

以下会以 HotpotConnector（热点创建 Wi-Fi 模式）为例介绍 Wi-Fi 的创建、扫描、连接的实现。Wi-Fi 控制的前提条件是注册 Wi-Fi 变化的相关监听器，当 Wi-Fi 有变化时会回调相应的变化：

```
1.    IntentFilter filter = new IntentFilter();
2.    filter.addAction(WifiManager.NETWORK_STATE_CHANGED_ACTION);
      //网络状态变化
3.    filter.addAction(WifiManager.WIFI_STATE_CHANGED_ACTION);
      //Wi-Fi 状态变化
4.    filter.addAction(WIFI_AP_STATE_CHANGED_ACTION);//热点变化
5.    filter.addAction(WifiManager.SUPPLICANT_STATE_CHANGED_ACTION);
      //连接点发生变化
```

4.2.3　Wi-Fi 创建

创建 Wi-Fi 主要有 3 个核心步骤。

（1）获取当前连接的 Wi-Fi，并且断开 Wi-Fi

获取 Wi-Fi networkId：

```
1.    public static int getNetworkId(WifiInfo wifiInfo) {
```

```
2.      int result = -1;
3.      if(wifiInfo != null) {
4.          try {
5.              result = wifiInfo.getNetworkId();
6.          }
7.          catch(Exception e) {
8.          }
9.      }
10.     return result;
11. }
```

断开 Wi-Fi：

```
1.  if (networkId == -1) {
2.      return;
3.  }
4.  mWifiManager.disableNetwork(networkId);
```

（2）忘记并且移除 Wi-Fi（分不同系统版本）

```
1.  private void forgetWifiHotspot(int networkId) {
2.      if(Build.VERSION.SDK_INT != Build.VERSION_CODES.LOLLIPOP) {
3.          boolean success = mWifiManager.removeNetwork(networkId);
4.      } else {
5.         try {
6.      Method method = WifiManager.class.getMethod("forget", Integer.
TYPE, Class.forName("android.net.wifi.WifiManager$ActionListener"));
7.      method.invoke(wifiManager, Integer.valueOf(networkId), null);
8.              } catch(Exception e) {}
9.      }
10. }
```

（3）创建 Wi-Fi

```
1.  public boolean enableWifi(WifiManager wifiManager, WifiApManager
wifiApManager, boolean enabled) {
2.      if (enabled && wifiApManager != null) {
3.          if(getWifiApState() == OnCreateListener.WIFI_AP_STATE_ENABLED){
4.              wifiApManager.setWifiApEnabled(null, false);
5.          }
6.      }
7.      if ((wifiManager.isWifiEnabled() != enabled)) {
8.          try {
9.              boolean result = wifiManager.setWifiEnabled(enabled);
```

```
10.                return result;
11.            } catch (Exception e) {}
12.        } else {
13.            return true;
14.        }
15.        return false;
16.    }
```

4.2.4　Wi-Fi 扫描

Wi-Fi 扫描的步骤分为以下 3 步。

（1）判断当前 GPS 开关是否开启，当 GPS 开关未开启时，无法搜索到任何 Wi-Fi，具体的判断方法如下：

```
1.   public static final boolean isGPSOPen(final Context context) {
2.       LocationManager locationManager = (LocationManager) context.
getSystemService(Context.LOCATION_SERVICE);
3.       boolean gps = locationManager.isProviderEnabled(LocationManager.
GPS_PROVIDER);
4.       boolean network = locationManager.isProviderEnabled(LocationManager.
NETWORK_PROVIDER);
5.       if (gps || network) {
6.           return true;
7.       }
8.       return false;
9.   }
```

（2）如果本机开启了 Wi-Fi 热点，需要立即关掉：

```
1.   /**
2.    * 判断是否开启了 Wi-Fi 热点
3.    */
4.   public static boolean isWifiApEnabled(WifiManager wifiManager) {
5.       try {
6.           return ((Boolean) sMethodCache.get("isWifiApEnabled").
invoke(wifiManager)).booleanValue();
7.       } catch(Exception e) {}
8.       return false;
9.   }
```

关闭热点：

```
1.   /**
2.    * 通过 WifiManager 关闭 Wi-Fi 热点
3.    */
4.   public static boolean closeWifiAp(WifiManager wifiManager) {
5.       boolean ret = false;
6.       if (isWifiApEnabled(wifiManager)) {
7.           try {
8.               Method method = wifiManager.getClass().getMethod(
9.                       "getWifiApConfiguration");
10.              method.setAccessible(true);
11.              WifiConfiguration config = (WifiConfiguration) method
12.                      .invoke(wifiManager);
13.              Method method2 = wifiManager.getClass().getMethod(
14.                      "setWifiApEnabled", WifiConfiguration.class,
15.                      boolean.class);
16.             ret = (Boolean) method2.invoke(wifiManager, config, false);
17.          } catch (Exception e) {
18.              e.printStackTrace();
19.          }
20.      }
21.      return ret;
22.  }
```

（3）如果当前 Wi-Fi 的开关是关闭状态，则开启 Wi-Fi：

```
1.   if (!mWifiManager.isWifiEnabled()) {
2.       mWifiManager.setWifiEnabled(true);
3.   }
```

（4）开始扫描 Wi-Fi 列表，获取 Wi-Fi 列表：

```
1.   //扫描 Wi-Fi 列表
2.   mWifiManager.startScan();
3.   //获取 Wi-Fi 列表
4.   mWifiManager.getScanResults();
```

4.2.5 Wi-Fi 连接

在 Wi-Fi 扫描成功后，单击对应的 Wi-Fi 项进行连接。在 Wi-Fi 连接成功后，会响应 WifiManager.WIFI_STATE_CHANGED_ACTION 、 NETWORK_STATE_CHANGED_ACTION 系统回调，在此回调监听中判断当前 Wi-Fi 的连接状态。连接某个 Wi-Fi 的原理是，通过 Wi-Fi 列表的信息获取某个 Wi-Fi 的 ScanResult 对象并且获取 Wi-Fi 的 ssid 信息以及创建对应的

WifiConfiguration 信息。

创建 WifiConfiguration：

```
1.  if(wifiConfiguration == null) {
2.      wifiConfiguration = new WifiConfiguration();
3.      wifiConfiguration.SSID = "\"" + this.mConnectSSID + "\"";
4.      WifiApManager.setupConnectApWifiConfig(wifiConfiguration);
5.      WifiApManager.setNetwork(wifiConfiguration, this);
6.      //mNetworkId 不为-1，表示连接成功
7.      mNetworkId = mWifiManager.addNetwork(wifiConfiguration);
8.      wifiConfiguration.networkId = this.mNetworkId;
9.      Logger.d(TAG, "created new network:" + wifiConfiguration.networkId);
10. } else {
11.     mNetworkId = wifiConfiguration.networkId;
12.     WifiApManager.setNetwork(wifiConfiguration, this);
13. }
```

根据不同的 Android 版本连接 Wi-Fi：

```
1.  boolean enableNetwork() {
2.      Method method;
3.      if(Build.VERSION.SDK_INT != Build.VERSION_CODES.JELLY_BEAN
4.              && Build.VERSION.SDK_INT != Build.VERSION_CODES.JELLY_BEAN_MR1) {
5.          if(Build.VERSION.SDK_INT < Build.VERSION_CODES.HONEYCOMB) {
6.              return this.mWifiManager.enableNetwork(this.mNetworkId, true);
7.          } else if(Build.VERSION.SDK_INT <= Build.VERSION_CODES.ICE_
CREAM_SANDWICH_MR1) {
8.              try {
9.                  method = WifiManager.class.getMethod("connectNetwork",
Integer.TYPE);
10.                 method.invoke(mWifiManager, Integer.valueOf(this.
mNetworkId));
11.                 return true;
12.             } catch(Exception e) {
13.                 return this.mWifiManager.enableNetwork(this.mNetworkId,
true);
14.             }
15.         } else {
16.             return this.mWifiManager.enableNetwork(this.mNetworkId, true);
17.         }
18.     }
19.     try {
20.         method = WifiManager.class.getMethod("connect", Integer.TYPE,
21.                 Class.forName("android.net.wifi.WifiManager$ActionListener"));
22.         method.invoke(this.mWifiManager, Integer.valueOf(this.
```

```
mNetworkId), null); return true;
    23.         } catch(Exception e) {}
    24.         return this.mWifiManager.enableNetwork(this.mNetworkId, true);
    25.  }
```

在 Wi-Fi 连接成功后，会回调之前注册的系统监听 NETWORK_STATE_CHANGED_ACTION，如果此时满足以下条件，表明已经连接成功：

```
    1.   NetworkInfo networkInfo = intent.getParcelableExtra(WifiManager.
EXTRA_NETWORK_INFO);
    2.   NetworkInfo.State state = networkInfo.getState();
    3.   NetworkInfo.State.CONNECTED == state //连接成功的标志
```

4.2.6 数据传输逻辑处理

数据传输主要是在 Wi-Fi 物理连接成功后，使得双方建立一个 Socket 通道来传输数据。下面以 Socket 连接流程时序图（见图 4-9）为例说明连接双方的交互逻辑。

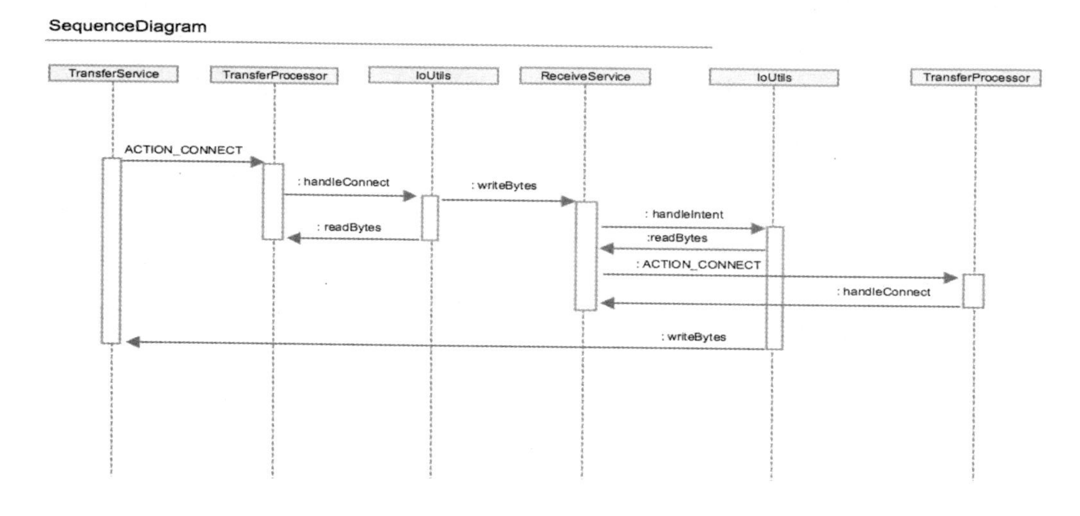

图 4-9

在物理连接（指 Wi-Fi 连接）成功后，通过 TransferService 发送 ACTION_CONNECT 操作。在发送操作之前，会首先连接 ReceiveService 创建的 TCP 服务端，主要是通过 TransferProcessor#handleConnect 方法建立传输层连接的；其间发生的 I/O 操作、数据的读/写操作等都是通过 IOUtils 处理的；由于创建 ReceiveService 时会立马建立一个 ServerSocket 端口等待外部的连接，因此在收到 TransferService 发来的 ACTION_CONNECT 操作后，会立即通过 ReceivePorcessor 响应并告知 TransferService 通信双方已经建立好连接。此过程就代表一次双方的通信交互流程。

4.3 微信清理

微信算是国民应用，基本上每部手机都会安装，但随着使用时间变长，会发现微信占用的空间越来越大，加上微信官方并没有提供比较友好的清理工具，因此微信清理就应运而生了。它的核心功能是在实现清理微信过期消息和图文等信息的同时，不影响微信的正常使用，同时大大减少微信的内存占用量及相关损耗。

4.3.1 微信清理背景

在 Android 手机上使用微信时间长了，存储空间会变得越来越少，清理并腾出空间和为手机加速的用户需求就会越来越强烈，而且微信自带的清理功能不完善，因此就产生了对微信清理的需求。

4.3.2 微信清理设计

微信垃圾总体上可分为以下两类。

（1）可放心清除的垃圾。

（2）须谨慎清理的垃圾（清理后无法恢复或者需要重新连网下载）。

其中须谨慎清理的垃圾又可以分为以下小类别。

- 聊天图片（缩略图、大图）。
- 小视频（聊天视频、拍摄视频）。
- 聊天表情。
- 聊天文字和语音。
- 拍摄及保存的图片（拍摄的图片、保存的图片）。
- 下载的文件。
- 其他缓存。

为了方便浏览，可按时间点排列这些垃圾，例如，一周内、一个月内、三个月内、三个月以上。

4.3.3 微信清理实现

微信清理的实现主要是通过反向分析各个目录的内容，然后做相应的处理，下面就是已归好类的目录说明。

（1）主目录：tencent/MicroMsg（如表 4-2 所示）

表 4-2

目　　录	正 则 匹 配	说　　明
Cache		垃圾缓存
Card	^[0-9a-z]{32}$	卡包缓存
CDNTemp		垃圾缓存
CheckResUpdate		垃圾缓存
Download		下载的文件
FailMsgFileCache		垃圾缓存
Game	^[0-9a-z]{32}$	游戏图片缓存
newyear		
recovery		
sns_ad_landingpages	^adId_img_[0-9a-z]{32}$ ^adId_sight_[0-9a-z]{32}$	朋友圈广告
SQLTrace		
vproxy		
vusericon		垃圾缓存
wallet	^[0-9a-z]{32}$	钱包页缓存
WebviewCache		
WeiXin	^mmexport[0-9]{13}.jpg$ ^mmexport[0-9]{13}.gif$ ^wx_camera_[0-9]{13}.mp4$ ^wx_camera_[0-9]{13}.jpg$	保存的拍摄图片、视频
wvtemp		城市服务缓存
wepkg		
wxacache	^[0-9a-z]{32}$	小程序图标缓存

（2）微信用户目录（如表 4-3 所示）

表 4-3

目　　录	正 则 匹 配	说　　明
avatar	^user_[0-9a-za-z]{32}.png$ ^user_hd_[0-9a-za-z]{32}.png$	图像、图片缓存
brandicon	^brand_[0-9a-za-z]{32}$	公众号图标
draft		
emoji	[0-9a-z]{32}$ [0-9a-z]{32}_cover$ [0-9a-z]{32}_panel_enable$ [0-9a-z]{32}_encrypt$	表情

续表

目　录	正 则 匹 配	说　明
favorite	[0-9a-z]{32}$ [0-9a-z]{32}_t$ [0-9a-z]{32}_t_[0-9]{3}_[0-9]{3}$ [0-9a-z]{32}.mp4$ [0-9a-z]{32}.pdf$	收藏文件
image	@T_[0-9a-za-z]{32}$ @S_[0-9a-za-z]{32}$ reader_255_[0-9a-za-z]{32}.jpg$	订阅号文章缓存
image2	^[0-9]{13}$ ^th_[0-9a-za-z]{32}$ ^th_[0-9a-za-z]{32}hd$ ^[0-9a-za-z]{32}.jpg ^[0-9a-za-z]{32}.gif ^[0-9a-za-z]{32}.temp$ ^[0-9a-za-z]{32}.temp.jpg$	聊天图片
music	^[0-9a-za-z]{32}-thumb-false$ ^piece[0-9a-za-z]{32}	音乐文件缓存
sns	^sight_[0-9]{20} ^snsb_[0-9]{20} ^snst_[0-9]{20} ^snstblur_src_[0-9]{20} ^snsu_[0-9]{20}	朋友圈缓存
video	mp4$ .mp4.tmp$ .jpg$	聊天视频
voice2	^msg_[0-9a-za-z]{26}.amr$	聊天语音

4.4　Google 安装器

有时我们希望体验一下国外版本的优质 App，但发现它们默认都需要 Google 服务的支持，因此 Google 安装器就应运而生了，它解决的就是一些 App 默认需要 Google 服务支持的问题。

4.4.1　Google 安装器背景

目前市面上大部分国外游戏在运行时都依赖于 Google 服务框架，否则无法正常运行或者会发生闪退的情况。为了优化用户体验，我们需要为用户提供一个无缝安装 Google 服务框架并正常运行游戏与应用的服务。

然而由于 Android 系统本身碎片化非常严重，国内的 Android 环境又很复杂，各家硬件厂商都推出了自定义的 ROM，各种 Google 标准服务在这些 ROM 上的兼容性并不都好，因此实现一个兼容性好、服务稳定的框架不是一件容易的事情。

4.4.2 Google 服务框架

Google 服务框架的全称是 Google Mobile Service，简称 GMS，是 Android 系统中的灵魂所在，是 Android 系统最基本的通信服务。

在正常情况下，几乎所有的系统服务都需要依赖于它，但其并不直接影响通话、短信等基础功能，其作用仅是同 Google 产品之间保持联系，如联系人同步、日历同步安排、Gmail 邮件收发以及 Google 游戏云服务（保存游戏进度、支持全平台）等，所以如果你不怎么使用 Google 服务也可以选择不安装 GMS。此外 Google 在国内无法提供服务，一直是一个问题，而大部分 Google 推出的 App 在设备上运行时都会检测设备是否安装了 Google 服务框架，如果设备上没有这项服务，那么这些 App 就会发生要么无法安装要么闪退的情况。

只要你想使用 Google 提到的相关服务，比如应用下载、搜索、邮箱登录等相关操作，就不可能不跟 Google 发生关系。如果你是一个 Google 服务的老用户，可能感觉很不习惯，而且有些 App 还需要 Google Play 账户来运行。下面就来谈谈在遇到这些问题时需要加入的 Google 服务框架。

因为 Android 系统自身碎片化以及版本不断更新和迭代，所以大部分的 Google 服务包并不能向上兼容，所以才会需要安装 Google 服务框架。在这个问题上，Google 服务框架的兼容性是一个关键问题。

1. Google 服务框架有什么用

Google 服务框架自带程序（如 Gmail、Google 地图等）同一般的程序一样，如果你觉得不适合你的话，完全可以用其他软件替代，但是底层的 Google 服务框架是最关键的东西，它能够让你同步收发邮件、备份联系人、下载自己的日程安排等。另外，如果要在 Google 电子市场 Google Play 中购买应用程序或者杂志、音乐等，那么也需要安装 Google 服务框架，因为其中不仅涉及付款，还涉及验证机制，这也是为什么许多游戏在缺少 Google 服务框架的情况下会出现闪退、黑屏等状况的原因之一。除此之外，在 Google I/O 大会上公布的游戏进度存储和读取功能也需要使用 Google 服务框架。

由于 Android 系统前期的发展过于碎片化，因此在大概 Android 4.x 版本之后，许多 API 接口都放在了 Google 服务框架中，这样对既想使用开源的 Android 系统又想摆脱 Google 服务的设备厂商产生了限制。同时，大多数的 GMS 升级都不依赖于 Android 系统版本的高低，因此核心功能的实现更加方便，碎片化也能得到一定的控制。

2．Google 服务框架的具体功能

Google 服务框架的具体功能如下。

（1）使用核心的 GApp（即 Google 推出的移动应用），如 YouTube、Google Now、Google Play 商店、Google Play 游戏、Google 地图等。

（2）基于 Google 账户的系统数据同步、备份，包括联系人、邮件、文件同步，游戏进度和多人线上联机等。

（3）Google Play 商店的支付与验证等服务。

总的来说，Google 服务框架的作用就是同步、备份、联机、购买应用程序以及验证付费游戏。

3．Google 服务框架的组成

Google 服务框架主要由 4 个方面组成，分别介绍如下。

- **GoogleServicesFramework：**用于整个 Android 系统的服务统一。
- **GoogleLoginService：**用于 Google 用户登录认证等服务。
- **PrebuiltGmsCore：**Google GMS 的核心组件。
- **Phonesky：**Google Play 应用商店。

4．安装 Google 服务框架

有多种方式可以获取 Google 服务框架，最常见的一种是通过 Recovery 刷入 GMS 服务，另一种则是通过用户自制的软件来安装匹配的 Google 服务框架。两种方式从本质上说是一样的。

第一种方式需要通过制作的卡刷包，通过第三方 Recovery 刷入，一般会分为完整版、精简版和迷你版 3 个版本。完整版包含了 GMS 服务以及所有的 GApp，精简版则包含 GMS 服务以及部分较为重要的 GApp（如 Google Play 商店、YouTube 等），迷你版仅包含 GMS 服务，能够保证基本的 GMS 体验，其他 Google 系 App 则可以后续自行安装。通常而言，是通过下载 Google 服务包之后复制到手机存储卡，按照刷 ROM 的方法刷入的。关机进入 Recovery 模式的 choose zip form sdcard 并找到下载的服务包，然后确定即可。唯一要注意的是，选对 Google 服务框架安装包，如果刷错了，可能导致不能开机，在这种情况下再次刷入对应版本的 Google 服务框架即可解决。

第二种方式则是通过玩家制作的 Google 安装器，软件会自动匹配符合机型的 GMS 服务，通常只有基本的 GMS 体验，可以直接安装 GMS。

最后要说明的是，官方原版的 Google Play 不支持直接安装使用，否则会出现闪退，在有 Google 基础服务的情况下可以使用 RE 文件管理器复制 Google Play 到对应的系统文件夹。同理，GMS 中最核心的服务当属 Google Play 服务，但并不代表安装了 Google Play 服务就能够使用 GMS，事实上仅安装 Google Play 服务是完全没用的，它还需要与其他组件一起才能发挥作用。

4.4.3 Google 服务框架安装器 GSI 实现

为了解决用户手动安装 Google 服务框架所遇到的机型兼容性与资源查找等难题，开发了 Google 服务框架安装器 GSI。

GSI 可以集成到任意 App 中，架构采用模块化的设计方式，集成方便、快捷。图 4-10 是 GSI 整体框架。

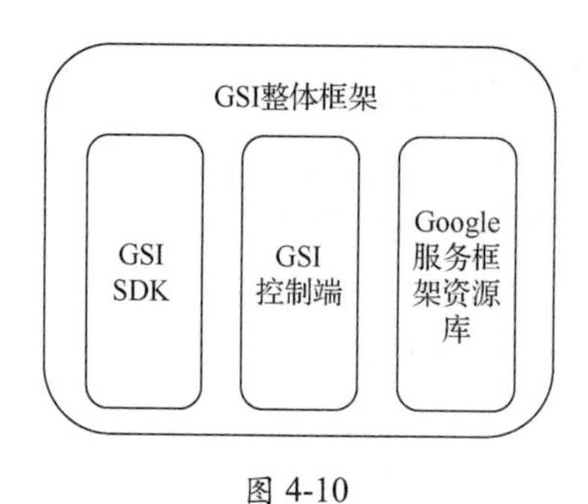

图 4-10

从图 4-10 中，我们可以清晰地看到，GSI 主要由以下几个部分组成。

- GSI SDK。
- GSI 控制端。
- Google 服务框架资源库。

上面这几个部分究竟起什么作用呢？下面就来详细地解释一下。

1. GSI SDK

因为 Google 服务框架最终是要安装到用户手机中的，所以我们需要一个安装器 APK 帮我们实现这一过程。GSI SDK 将整个安装服务进行了设计和封装。集成 GSI 的应用只需要通过特定的 API 接口调用，就可以掌控整个 Google 服务框架的安装流程。同时，GSI SDK 还设计了适配各种机型情况的监听器，集成了 GSI 的 App 只需要监听对应的回调事件，就可以清楚获知整个流程的结果。

2. GSI 控制端

在前面的章节中曾提到 Android 生态碎片化严重的特点，所以为了应对这些碎片化的机型与系统，我们需要有一个动态化的控制端，以不断应对 Android 生态圈出现的各种新机型与高版本系统的适配问题。

GSI 控制端就是为了解决上述问题而存在的。当 GSI SDK 发送请求到 GSI 控制端的时候，请求中会上报机型的各种详细数据。控制端根据已经收集与积累的数据进行相应的适配响应，返回用户所需要的 Google 服务框架资源。

GSI 控制端的独立性使 GSI 整体的服务可以随着 Android 系统的不断迭代发展而进行相应的更新，而集成了 GSI SDK 的 App 并不需要为此进行升级。

3. Google 服务框架资源库

由于各厂商对 Android 系统进行了大量的改造，所以适配一个厂商的 Google 服务框架资源并不能完全应用到另一个厂商的机型系统上。经过 GSI 不断地积累与完善资源体系，现在 GSI 已经能适配市面上的大部分机型系统。

在前面的章节中我们已经详细地介绍了 GSI 的整个架构体系与功能，下面就来具体看看 GSI 的实现流程。图 4-11 是 GSI 的整体实现流程。

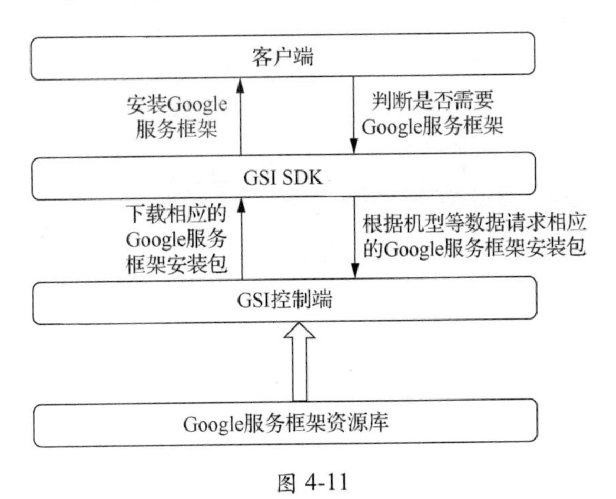

图 4-11

首先，客户端发起请求查询机型与厂商的兼容与适配数据。查询的参数主要包括以下几个方面。

- **brand**：机型厂商品牌。

- **ROM：**机型 ROM 型号。
- **dpi：**机型屏幕 dpi 参数。
- **androidVersion：**机型 ROM 的编译版本号。
- **sdkVersion：**Android 系统版本号。
- **isRoot：**设备是否已经取得 Root 权限。

经过 GSI 大量的数据收集与积累，现在已经整理出适配市面上大部分机型的方案。而某些机型由于厂商禁止等原因，无法安装 Google 服务框架，这一部分机型的适配情况大致如图 4-12 所示。

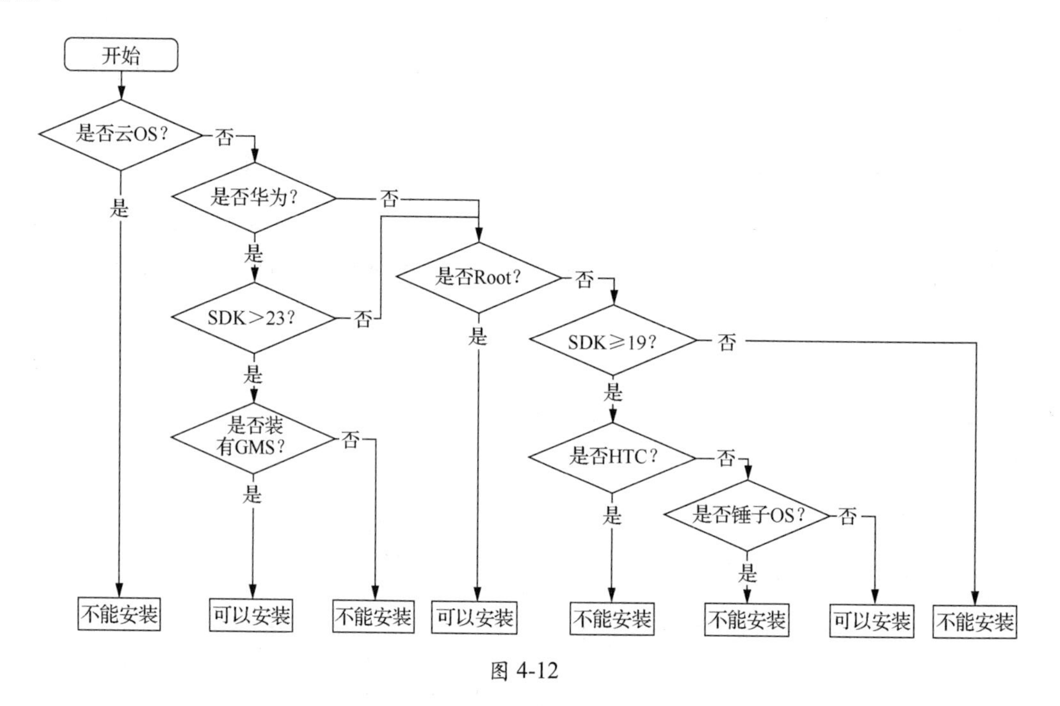

图 4-12

第 5 章 Android 工程构建进阶

做 Android 移动开发，构建是最基本的工作之一，优秀的构建犹如一栋房子的骨骼框架，至关重要。本章将从工程构建基础、进阶和定制 3 方面来进行介绍。

5.1 工程构建基础

随着 Android 应用开发技术的成熟，开发者对开发效率和编译效率逐渐有了新的要求。其中，Android 应用的研发工具也从 Eclipse 转向 Android Studio，编译工程也从 Linux 系统 MM 编译过渡到 Ant 编译，最后再到 Gradle 编译。

Gradle 编译器是 Google 官方推出的 Android 编译器，具有 Gradle DSL，可以轻易地实现 Android 编译配置。接下来，我们就围绕 Gradle 编译器及 Android Studio 开发工具来讲解 Android 工程的构建基础。

5.1.1 应用基本信息

Android 应用程序安装包是一个压缩成 Zip 包的 APK 文件，我们可以通过解压缩查看 APK 的组成，如图 5-1 所示。

一个完整的 APK，应当包含以下目录和文件。

- META-INF/：包含 CERT.SF 和 CERT.RSA 签名文件以及 MANIFEST.MF 清单文件。
- assets/：包含使用 AssetManager 对象检索的应用资源。
- res/：包含未编译到的资源 resources.arsc。
- lib/：包含特定存在于处理器软件层的编译代码。该目录包含了每种平台的子目录，如 armeabi、armeabi-v7a、arm64-v8a、x86、x86_64 和 mips。

- resources.arsc：包含已编译的资源。该文件包含 res/values/目录所有配置中的 xml 内容。打包工具提取此 xml 内容，将其编译为二进制格式，并将内容归档。此内容包括语言字符串和样式，以及直接包含在 resources.arsc 文件中的内容路径，如布局文件和图像。
- classes.dex：包含以 Dalvik/ART 虚拟机可理解的 dex 文件格式编译的类。
- AndroidManifest.xml：包含核心 Android 清单文件。该文件列出了应用程序的名称、版本、访问权限和引用的库文件。该文件使用 Android 的二进制 xml 格式。

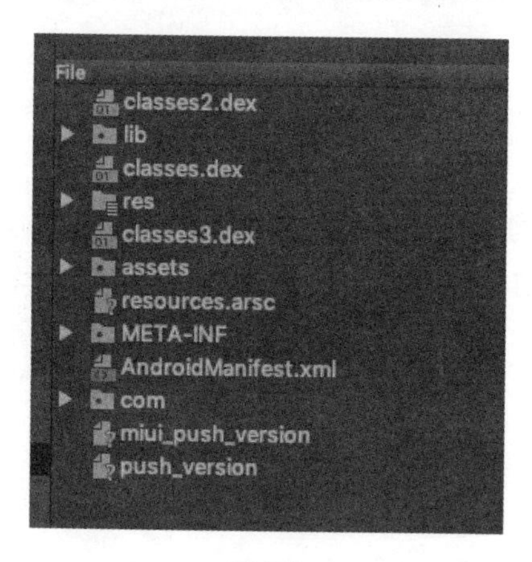

图 5-1

除了以上所述的文件，一个 APK 文件还需要具备包名、应用名、版本号、签名以及相关的运行权限等才能上架到应用商店中，进而被下载并安装到手机上。

5.1.2 编译过程

图 5-2 对上面的步骤以及每步用到的工具进行了细分，概括如下。

Java 编译器对工程本身的 Java 代码进行编译，这些 Java 代码有 3 个来源：App 的源码、由资源文件生成的 R 文件（AAPT 工具），以及由 aidl 文件生成的 Java 接口文件（AIDL 工具），产出为 class 文件。

class 文件和依赖的第三方库文件通过 dx 工具生成 Dalvik 虚拟机可执行的 dex 文件，可能有一个或多个，包含了所有的 class 信息，包括项目自身的 class 文件和依赖的 class 文件，产出为 dex 文件。

apkbuilder 工具将 dex 文件和编译后的资源文件生成未经签名对齐的 APK 文件。这里编译后的资源文件包括两部分，一部分是由 AAPT 编译产生的资源文件，另一部分是依赖的第三方库里的资源文件，产出为未经签名的 APK 文件。分别由 Jarsigner 和 zipalign 对 APK 文件进行签名和对齐，然后生成最终的 APK 文件。

总结：编译→dex→打包→签名和对齐。

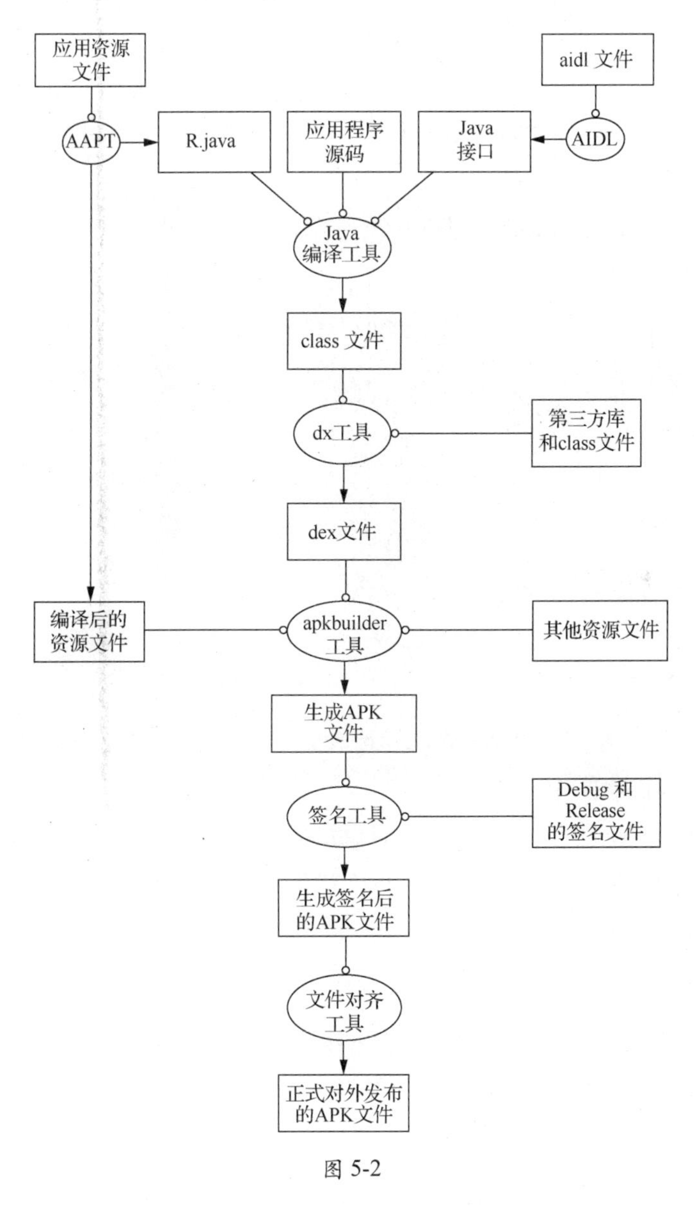

图 5-2

图 5-2 是 Android 应用程序编译打包的主要过程，可以分为以下几个重要流程。

1．生成资源 R.java 文件

打包资源的工具是 AAPT（The Android Asset Packing Tool），位于 android-sdk/platform-tools 目录下。在这个过程中，项目中的 AndroidManifest.xml 文件和布局文件 xml 都会被编译，然后生成相应的 R.java 文件。

2．将 aidl 文件生成 java 文件

这一过程中使用到的工具是 AIDL（Android Interface Definition Language），即 Android 接口描述语言，位于 android-sdk/platform-tools 目录下。AIDL 工具先解析接口定义文件，然后生成相应的 Java 代码接口供程序调用。

3．编译 java 文件，生成 class 文件

项目中所有的 Java 代码，包括 R.java 和 aidl 文件，都会被 Java 编译器（javac）编译成 class 文件，生成的 class 文件位于工程中的 bin/classes 目录下。

4．生成 dex 文件

dx 工具（该工具是 Android 中将 jar 包转换成 dex 格式二进制 jar 包的工具）生成可供 Android 系统 Dalvik 虚拟机执行的 classes.dex 文件，该工具位于 android-sdk/platform-tools 目录下。

任何第三方库和 class 文件都会被转换成 dex 文件。

dx 工具的主要工作是将 Java 字节码转换成 Dalvik 字节码、压缩常量池、消除冗余信息等。

5．打包 APK 文件

所有没被编译的资源（如 images 等）、编译过的资源和 dex 文件都会被 apkbuilder 工具打包到最终的 APK 文件中。

打包工具 apkbuilder 位于 android-sdk/tools 目录下。apkbuilder 是一个脚本文件，实际调用的是 android-sdk/tools/lib/sdklib.jar 文件中的 com.android.sdklib.build.Apkbuilder-Main 类。

6．对 APK 文件进行签名

一旦 APK 文件生成，它必须被签名才能安装到设备上。

在开发过程中，主要会用到两种签名 keystore。一种是用于调试的 debug.keystore，在 Eclipse 或者 Android Studio 中直接执行 run 命令后，跑在手机上使用的就是 debug.keystore；另一种是用于发布正式版本的 keystore。

7．文件对齐

如果你发布的 APK 是正式版的话，就必须对 APK 进行对齐处理，用到的工具是

zipalign，它位于 android-sdk/tools 目录下。

对齐的主要过程是，将 APK 文件中的所有资源文件距离文件起始位置偏移 4 字节整数倍，这样通过内存映射访问 APK 文件时的速度会更快。

对齐可以减少运行时使用的内存。

5.2　工程构建进阶

工程构建进阶是对构建基础的深化，那么接下来将主要以多渠道打包构建来进行说明。

5.2.1　多渠道打包

多渠道打包是应用开发过程中经常遇到的情况。Google 在开发 Gradle 编译工具的时候，就充分考虑了多渠道打包的情况。Google 官方为开发者提供的 DSL 接口为 productFlavors，通过配置 productFlavors 可以轻松实现多渠道打包。

具体配置如下：

```
1.  android {
2.      ...
3.      productFlavors {
4.          flavor1 {
5.              minSdkVersion 14
6.          }
7.          flavor2 {
8.              minSdkVersion 14
9.          }
10.         ...
11.     }
12. }
```

通过 productFlavors 配置，可以实现不同渠道之间的差异化打包，比如资源、版本号、应用名、minSdk、签名等，凡是可以在 Android Studio 中配置的，都可以实现差异化打包。

如下代码实现了 DEMO 程序在豌豆荚和应用宝两个渠道中的打包逻辑，包括渠道号以及内部应用更新的逻辑都在不同渠道中实现了不同策略：

```
1.  android {
2.      ...
3.      productFlavors {
4.          wandoujia {
5.              applicationId com.damo.wandouija
```

```
6.                buildConfigField "boolean", "AUTO_UPDATES", "true"
7.                buildConfigField "String", "channel", "wandoujia"
8.            }
9.            yingyongbao {
10.               applicationId com.damo.yingyongbao
11.               buildConfigField "boolean", "AUTO_UPDATES", "false"
12.               buildConfigField "String", "channel", "yingyongbao"
13.           }
14.           ...
15.       }
16.   }
```

虽然 productFlavors 多渠道配置打包简单、方便，可以最大程度上实现差异化，但是打包效率却不高。每一个 productFlavors 都必须单独打包，生成 APK、签名，耗时较长。

5.2.2 渠道信息批量写入

多渠道打包的另一种方式是应用程序对不同渠道只进行渠道号的区分，而没有其他不同区分。针对这种情况，我们可以采用批量写入的方法。

通过动态添加不同渠道的文件，应用程序对 APK 中的渠道文件读取渠道信息。通常的做法是往打完包的 APK 文件中动态添加 channel.txt 文件。

如图 5-3 所示，通过往 APK 中写入 channel.txt 文件，写入指定的渠道信息。

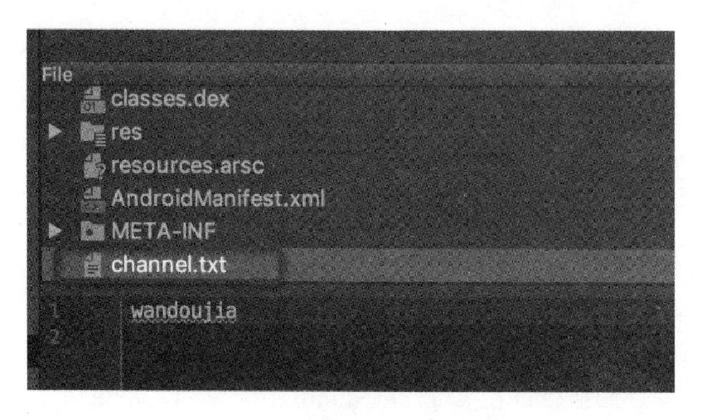

图 5-3

通过写入渠道文件的方式，可以方便地快速写入渠道信息。在我们开发完 APK 后，打包完 release 包，再通过动态添加的形式，批量写入渠道文件，写入后再对应用程序进行签名。

5.2.3 资源混淆

资源混淆 AndResGuard 是微信开源的一个帮助你缩小 APK 包体大小的工具，它的原理类似于 Java Proguard，但只针对资源。它会将原本冗长的资源路径变短，如将 res/drawable/wechat 变为 r/d/a。

AndResGuard 不涉及编译过程，只需输入一个 APK（无论签名与否、debug 版、release 版均可，在处理过程中会直接将原签名删除），即可得到一个实现资源混淆后的 APK（若在配置文件中输入签名信息，可自动重签名并对齐，得到可直接发布的 APK）以及对应资源 ID 的映射文件。

其主要原理是，APK 中的 resources.arsc 文件保存着文件的映射，通过修改 resources.arsc 中文件的映射及文件名称，同时对图片及 APK 执行 7zip 压缩，让应用 APK 包体尽量缩小。

具体的接入及使用方法如下。

第一步，配置项目根目录的 build.gradle，加入 freeline-gradle 的依赖：

```
1.  buildscript {
2.      repositories {
3.          jcenter()
4.      }
5.      dependencies {
6.          classpath 'com.tencent.mm:AndResGuard-gradle-plugin:1.2.13'
7.      }
8.  }
```

第二步，在主 Module 的 build.gradle 中，应用 freeline 插件的依赖：

```
1.  apply plugin: 'AndResGuard'
2.  android {
3.      ...
4.  }
```

第三步，进行 AndResGuard 资源混淆配置：

```
1.  andResGuard {
2.      // mappingFile = file("./resource_mapping.txt")
3.      mappingFile = null
4.      use7zip = true
5.      useSign = true
6.      // 打开这个开关，会保持所有资源的原始路径，只混淆资源的名字
7.      keepRoot = false
8.      whiteList = [
9.          // 图标
10.         "R.drawable.icon",
11.         // 字符串资源
12.         "R.string.com.crashlytics.*",
```

```
13.          // Google 服务相关资源
14.          "R.string.google_app_id",
15.          "R.string.gcm_defaultSenderId",
16.          "R.string.default_web_client_id",
17.          "R.string.ga_trackingId",
18.          "R.string.firebase_database_url",
19.          "R.string.google_api_key",
20.          "R.string.google_crash_reporting_api_key"
21.      ]
22.      compressFilePattern = [
23.          "*.png",
24.          "*.jpg",
25.          "*.jpeg",
26.          "*.gif",
27.      ]
28.      sevenzip {
29.           artifact = 'com.tencent.mm:SevenZip:1.2.15'
30.
31.      }
32.      /**
33.      * 可选：如果不设置，则会默认覆盖 assemble 输出的 APK 文件
34.      **/
35.      // finalApkBackupPath = "${project.rootDir}/final.apk"
36.      /**
37.      * 可选：指定 V1 签名时生成 jar 文件的摘要算法
38.      * 默认值为"SHA-1"
39.      **/
40.      // digestalg = "SHA-256"
41.  }
```

通过以上 3 步配置，便可对资源进行混淆，缩小 APK 包体大小。但是要记得对 APK 混淆过的映射进行保存，防止出现问题无法追踪的情况。

5.2.4 发布到 Maven 仓库

AAR 包是 Google 为 Android 开发设计的一种 library 格式，全名为 Android Archive Library。与 Java Jar Library 不同的是，AAR 包除了 Java 代码还包含资源文件，即 xml 文件、图片、文字等。

其核心发布流程步骤如下。

1. 配置

在 gradle.properties 中添加以下配置项：

```
1.   BUILD_TYPE=release
2.   MAVEN_URL=仓库地址
3.   MAVEN_URL_SNAPSHOT=仓库地址
4.   MAVEN_USER_NAME=用户名
5.   MAVEN_PWD=用户密码
6.
7.   SDK_VERSION_NAME=版本名
8.   SDK_VERSION_NAME_SNAPSHOT=版本名
9.   SDK_GROUP_ID=group id
10.  SDK_ARTIFACT_ID=artifact id
11.  SDK_TYPE=aar
```

2. 上传 AAR 包

在 library Module 目录下的 build.gradle 文件中加入如下代码，即可上传 AAR 包：

```
1.   apply plugin: 'maven'
2.   uploadArchives {
3.       repositories.mavenDeployer {
4.           name = 'mavenCentralReleaseDeployer'
5.           if (BUILD_TYPE.equals("release")) {
6.               repository(url: MAVEN_URL) {
7.                   authentication(userName: MAVEN_USER_NAME, password:
MAVEN_PWD)
8.               }
9.               pom.version = SDK_VERSION_NAME
10.          } else {
11.              snapshotRepository(url: MAVEN_URL_SNAPSHOT) {
12.                  authentication(userName: MAVEN_USER_NAME, password:
MAVEN_PWD)
13.              }
14.              pom.version = SDK_VERSION_NAME_SNAPSHOT
15.          }
16.          pom.artifactId = SDK_ARTIFACT_ID
17.          pom.groupId = SDK_GROUP_ID
18.          pom.packaging = SDK_TYPE
19.      }
20.  }
```

通过添加以上上传 AAR 包的 Maven 插件，进行同步后，可以在 Gradle 任务中发现多了 uploadArchives 任务，双击该任务，即可实现上传 AAR 包到 Maven 库中，如图 5-4 所示。

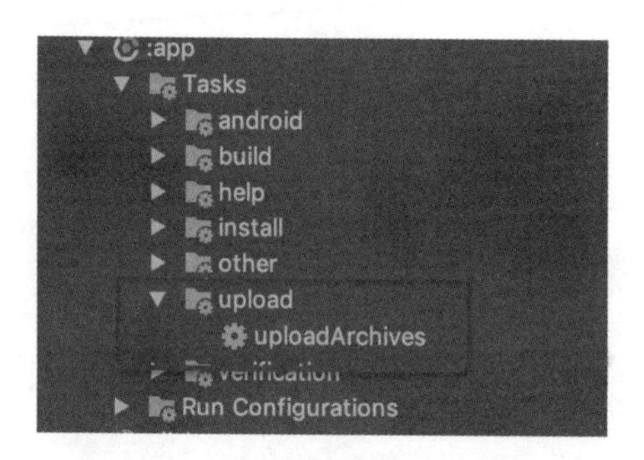

图 5-4

5.2.5 搭建私有 Maven 仓库

很多公司都会搭建自己的 Maven 仓库。一方面，公司中不同团队部门可以内部公用一些 SDK，以更好地利用资源；另一方面，也可以抛弃使用 jar 包这种过时的引用依赖方式。下面就介绍一下通过 Nexus 搭建私有 Maven 仓库的主要方法。

1. 安装 Nexus

（1）进入 Sonatype 官网下载 Nexus 压缩文件。

（2）解压后进入 nexus \nexus\bin\jsw，选择相应的操作系统的文件夹。

（3）选择 nexus\bundle\nexus\bin\jsw\windows-x86-64，双击 console-nexus.bat 即可运行。

（4）运行成功后可以通过 http://127.0.0.1:8081/nexus/打开管理页面，单击左边的 Repositories 可以管理仓库，如图 5-5 所示。

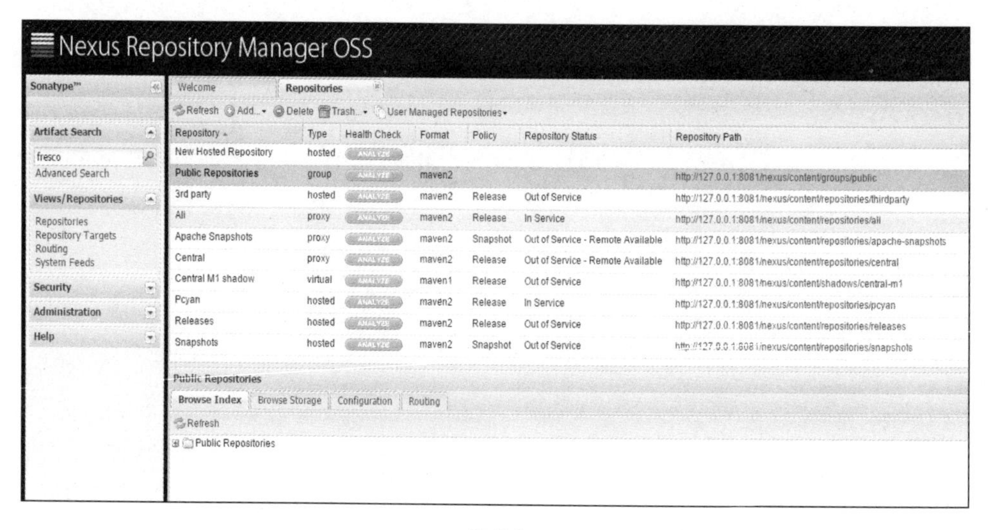

图 5-5

一般默认的用户名和密码如下。

username：admin

password：admin123

（5）默认存在的仓库可以不管，首先要做的是添加一个自己的代理仓库，因为 Jcenter 和 MavenCentral 真的太慢了，需要配置一个国内的仓库地址。

单击 Add→ProxyRepository 即可添加代理仓库。

（6）创建完代理仓库后可以接着创建私有仓库，私有仓库可以存放公司的二方库。

（7）单击 Add→Hosted Repository 添加私有仓库，配置方式与代理仓库类似。

（8）现在我们有了两个仓库，一个代理仓库 Ali 和一个私有仓库 Pcyan。为了方便客户端使用，可以使用 Group Repository 来管理多个仓库。这里直接使用了 Public Repositories，单击 Public Repositories→Configuration，配置如图 5-6 所示。

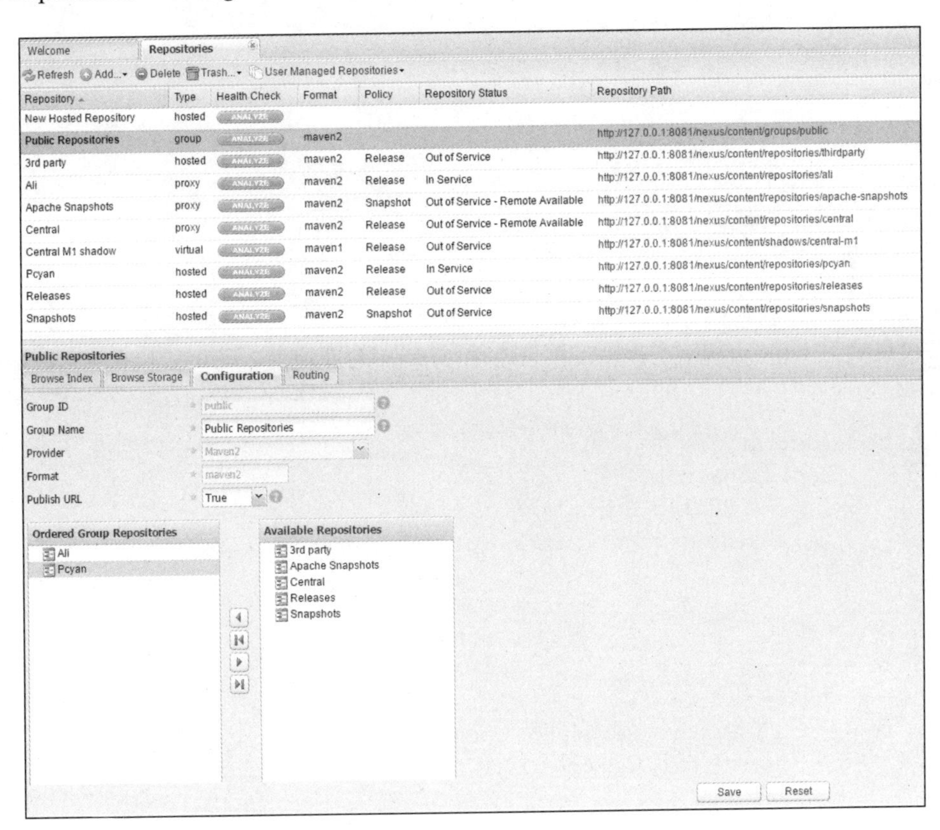

图 5-6

保存之后，我们就可以通过 Public Repositories 的链接来使用这两个库了。

2. 上传

上传到私有 Maven 仓库的配置与上传到 Maven 仓库的配置类似，代码如下：

```
1.  uploadArchives {
2.      configuration = configurations.archives
3.      repositories {
4.          mavenDeployer {
5.              // 私有仓库的地址以及账户
6.              repository(url: 'http://127.0.0.1:8081(公司IP或域名)/nexus/content/repositories/pcyan/') {
7.                  authentication(userName: 'admin', password: 'admin123')
8.              }
9.              // Library 的配置
10.             pom.project {
11.                 version libVerName
12.                 artifactId 'test'
13.                 groupId 'com.alvin'
14.                 packaging 'aar'
15.                 description 'my sdk'
16.             }
17.         }
18.     }
19. }
```

3. 依赖

在根目录的 build.gradle 中，通过配置本地 Maven 仓库地址，便可依赖私有 Maven 仓库中的内容：

```
1.  buildscript {
2.      repositories {
3.          // Public Repositories 的地址
4.          maven{ url 'http://127.0.0.1:8081/nexus/content/groups/public/' }
5.      }
6.      ...
7.  }
8.  allprojects {
9.      repositories {
10.         // Public Repositories 的地址
11.         maven{ url 'http://127.0.0.1:8081/nexus/content/groups/public/' }
12.     }
13. }
```

通过以上配置，我们便能上传 AAR 包或者 SDK 到 Maven 仓库中，并且自己搭建 Maven 仓库，对公司内部的 SDK 进行分享和维护。

5.3 工程构建定制

上面介绍了这么多构建相关的信息，那么能不能按照自己的需求来进行工程构建定制呢？接下来就重点介绍一下如何进行工程构建定制，以及定制自己的打包逻辑等。

5.3.1 认识 Gradle DSL

DSL（Domain Specific Language）是领域专用语言。使用 DSL，可以扩展 Gradle 的语义，用户可以通过 DSL 完成需要的配置，而不用关心具体的实现。比如，我们应用程序中的 build.gradle 就是对 Gradle DSL 的实现。比如，编译版本、minSdkVersion，甚至依赖 v4 包等，都是通过 build.gradle 这个 DSL 框架实现的。

DSL 有 Project、Task、Plugin 等系列组件，以及 Gradle DSL 的开发语言是 Groovy，下面分别进行介绍。

1. Project

每个 Android Studio 中的 Module 都是一个 Project，每个 Project 都会对应一个 build.gradle 文件。build.gradle 里的内容是对当前工程的配置。

2. Task（任务）

当编译 Project 时，是由一个个 Task 负责执行的。每个 Task 都有前置 Task 和后置 Task，在一次完成这些 Task 的执行后，APK 才能编译成功。这些 Task 有：Java 源码编译 Task、DexTask、资源编译 Task、JNI 编译 Task、lint 检查 Task、打包生成 APK 的 Task 和签名 Task 等。

Gradle 已经为我们提供了编译 APK 的大量 Task，具体可以在 Android Studio 中查看，如图 5-7 所示。

3. Plugin

Plugin 是指实现这些 DSL 接口的插件。每个 Plugin 定义了自己的 Gradle 工作逻辑，比如，在编译应用为 APK 时，必须依赖 com.android.application 这个 Plugin，才能调用 gradle aR 来实现对 APK 的编译。同理，如果编译 Android Library 为 AAR 包，则必须依赖 apply plugin: 'com.android.library'。

只有声明了对相关 Plugin 的依赖，才能调用相关的编译 DSL。当然，你也可以自定义 Plugin，实现你自己的打包逻辑。

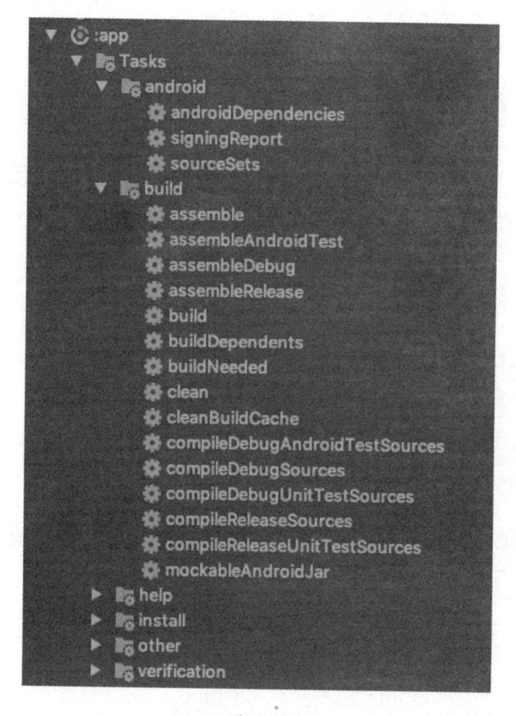

图 5-7

4．Groovy

Groovy 是一种基于 JVM（Java 虚拟机）的敏捷开发语言，其结合了 Python、Ruby 和 Smalltalk 的许多强大特性。Groovy 代码能够与 Java 代码很好地结合，也能用于扩展现有代码。由于其运行在 JVM 上，所以 Groovy 可以使用其他 Java 语言编写的库。

Groovy 类和 Java 类一样，完全可以用标准 Java Bean 的语法定义一个 Groovy 类。但作为非 Java 的另一种语言，也可以使用更 Groovy 的方式定义类，这样的好处是可以少写一半以上的 Java Bean 代码。

Groovy 语言的主要特性如下。

- 不需要 public 修饰符。Groovy 的默认访问修饰符就是 public，如果 Groovy 类成员需要 public 来修饰，则不用写出它。
- 不需要类型说明。Groovy 不关心变量和方法参数的具体类型。

- 不需要 getter/setter 方法。在很多 IDE（如 Eclipse）中，早就可以为程序员自动产生 getter/setter 方法了。而在 Groovy 中，不需要 getter/setter 方法，所有类成员（如果是默认的 public）根本不用通过 getter/setter 方法引用。
- 不需要构造函数。在 Groovy 中，不再需要程序员声明任何构造函数，因为实际上只需要两个构造函数。
- 不需要 return 语句。在 Groovy 中，方法不需要 return 语句来返回值。
- 不需要()。Groovy 中的方法调用可以省略()（构造函数除外）。

上面描述了 DSL 的核心系列组件以及 Groovy 语言，接下来介绍 Gradle build 的生命周期，一个 Gradle build 过程有 3 个不同的生命周期，分别是初始化、配置和执行。

1. 初始化

Gradle 支持单个 Project build 模式和多个 Project build 模式。在初始化阶段，Gradle 判断哪些 Project 会加入本次编译，并且对加入本次编译的 Project 对象进行实例化。

2. 配置

在这个阶段，所有 Project 对象都会被初始化并且根据我们的配置进行赋值。

3. 执行

这个阶段是编译和执行阶段，在用户执行 gradle 命令后，相关的编译任务及其关联的一系列任务都会在这个阶段执行，并输出结果。

5.3.2　自定义打包逻辑

以上章节介绍了 Gradle DSL 的基本内容，通过 DSL 我们可以轻易地更改我们的打包逻辑。下面就从新增任务、依赖任务和增量任务来说明如何自定义打包。

1. 新增任务

```
task 任务的名字 {
  //do some things
}
```

每次的构建（build）至少由一个 Project 构成，一个 Project 又由一到多个 Task 构成。每个 Task 代表了构建过程中的一个原子性操作，比如编译、打包、生成 javadoc 和发布等操作。

比如，新增一个 helloworld 任务，为了显示效果，我们就以 a 开头，把任务叫作 ahelloworld。我们在项目主 Module 的 build.gradle 中增加下面的任务，如图 5-8 所示。

```
dependencies {
    implementation fileTree(dir: 'libs', include: ['*.jar'])
    implementation 'com.android.support.constraint:constraint-layout:1.1.3'
    implementation 'com.android.support:design:28.0.0'
    testImplementation 'junit:junit:4.12'
    androidTestImplementation 'com.android.support.test:runner:1.0.2'
    androidTestImplementation 'com.android.support.test.espresso:espresso-core:3.0.2'
}

task ahelloworld{
    print("a hello world!!")
}
```

图 5-8

写完任务且同步工程后，可以在右上角的 Gradle 选项卡中找到我们写的新任务 ahelloworld，如图 5-9 所示。

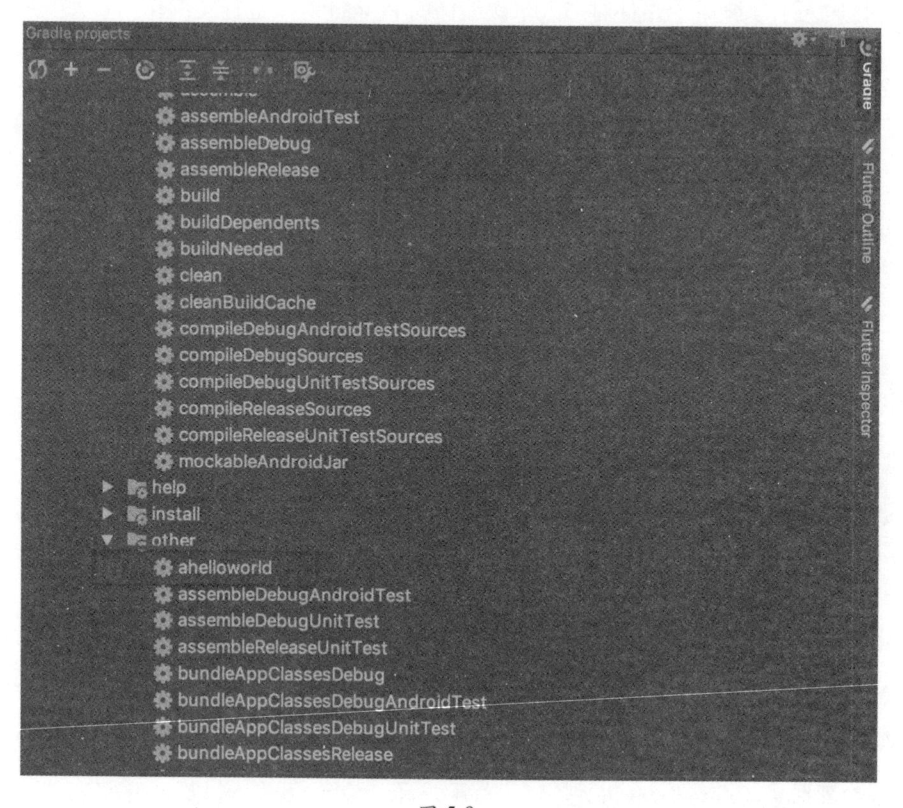

图 5-9

双击该任务后，当前新增的任务可以正常运行了，输出“a hello world!!”，如图 5-10 所示。

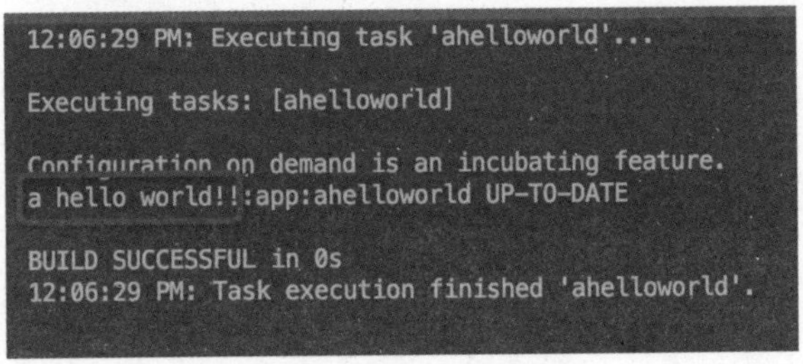

```
12:06:29 PM: Executing task 'ahelloworld'...

Executing tasks: [ahelloworld]

Configuration on demand is an incubating feature.
a hello world!!:app:ahelloworld UP-TO-DATE

BUILD SUCCESSFUL in 0s
12:06:29 PM: Task execution finished 'ahelloworld'.
```

图 5-10

2．任务依赖

任务依赖是指给任务设置依赖任务，当本任务执行时，会优先执行依赖任务，在依赖任务执行完毕后，再执行本任务：

任务的名字.dependOn(“被依赖任务的名字”)

还是用 ahelloworld 任务来看，让 Gradle 对我们说“a hello world”，不过增加一个条件，那就是必须在编译完成之后再说，而不只是说一句“a hello world”，所以我们提供了一个编译依赖，如图 5-11 所示。

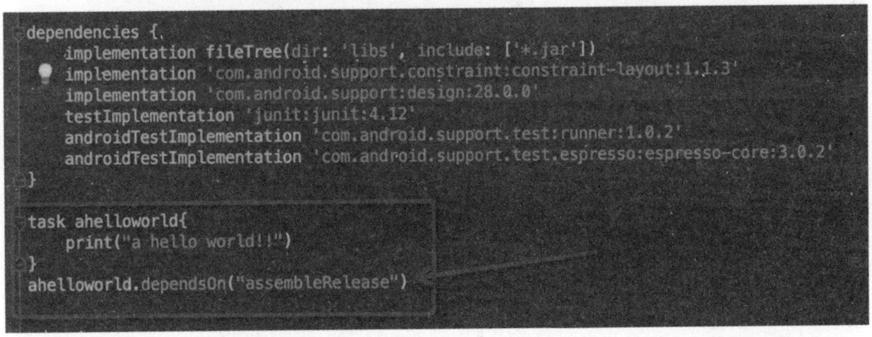

```
dependencies {
    implementation fileTree(dir: 'libs', include: ['*.jar'])
    implementation 'com.android.support.constraint:constraint-layout:1.1.3'
    implementation 'com.android.support:design:28.0.0'
    testImplementation 'junit:junit:4.12'
    androidTestImplementation 'com.android.support.test:runner:1.0.2'
    androidTestImplementation 'com.android.support.test.espresso:espresso-core:3.0.2'
}

task ahelloworld{
    print("a hello world!!")
}
ahelloworld.dependsOn("assembleRelease")
```

图 5-11

运行一下，如图 5-12 所示。

可以看到，ahelloword 在 assembleRelease 之后才运行。当运行 ahelloworld 的时候，整个打包工作已经完成了。

```
12:17:22 PM: Executing task 'ahelloworld'...

Executing tasks: [ahelloworld]

Configuration on demand is an incubating feature.
a hello world!!:app:preBuild UP-TO-DATE
:app:preReleaseBuild UP-TO-DATE
:app:compileReleaseAidl UP-TO-DATE
:app:compileReleaseRenderscript UP-TO-DATE
:app:checkReleaseManifest UP-TO-DATE
:app:generateReleaseBuildConfig UP-TO-DATE
:app:prepareLintJar UP-TO-DATE
:app:mainApkListPersistenceRelease UP-TO-DATE
:app:generateReleaseResValues UP-TO-DATE
:app:generateReleaseResources UP-TO-DATE
:app:mergeReleaseResources UP-TO-DATE
:app:createReleaseCompatibleScreenManifests UP-TO-DATE
:app:processReleaseManifest UP-TO-DATE
:app:splitsDiscoveryTaskRelease UP-TO-DATE
:app:processReleaseResources UP-TO-DATE
:app:generateReleaseSources UP-TO-DATE
:app:javaPreCompileRelease UP-TO-DATE
:app:compileReleaseJavaWithJavac UP-TO-DATE
:app:compileReleaseNdk NO-SOURCE
:app:compileReleaseSources UP-TO-DATE
:app:lintVitalRelease
:app:mergeReleaseShaders UP-TO-DATE
:app:compileReleaseShaders UP-TO-DATE
:app:generateReleaseAssets UP-TO-DATE
:app:mergeReleaseAssets UP-TO-DATE
:app:transformClassesWithDexBuilderForRelease UP-TO-DATE
:app:transformDexArchiveWithExternalLibsDexMergerForRelease UP-TO-DATE
:app:transformDexArchiveWithDexMergerForRelease UP-TO-DATE
:app:mergeReleaseJniLibFolders UP-TO-DATE
:app:transformNativeLibsWithMergeJniLibsForRelease UP-TO-DATE
:app:transformNativeLibsWithStripDebugSymbolForRelease UP-TO-DATE
:app:processReleaseJavaRes NO-SOURCE
:app:transformResourcesWithMergeJavaResForRelease UP-TO-DATE
:app:packageRelease UP-TO-DATE
:app:assembleRelease
:app:ahelloworld

BUILD SUCCESSFUL in 2s
27 actionable tasks: 1 executed, 26 up-to-date
12:17:24 PM: Task execution finished 'ahelloworld'.
```

图 5-12

3. 增量任务

Gradle 为了提高编译效率，在设计之初就考虑了增量任务的做法，所谓增量任务，即任务的执行有改变才会执行该任务，若任务的执行不改变，则不需要对该任务做处理。

具体做法是：为一个任务定义输入（input）和输出（output），在执行该任务时，如果它的输入和输出与前一次执行时没有变化，那么 Gradle 便会认为该任务是最新的（日志会输出"UP-TO-DATE"），因此不会重复执行任务。

如图 5-13 所示，将 ahelloworld 任务的输入和输出修改为 app-debug.apk。

```
task ahelloworld{
    def sources = fileTree('app-debug.apk')
    def destination = file('app-debug.apk')

    inputs.dir sources        // 将sources声明为该Task的inputs
    outputs.file destination  // 将destination声明为outputs
    print("a hello world!!")
}
ahelloworld.dependsOn("packageRelease")
```

图 5-13

此时，不修改任何代码，重新运行 ahelloworld 任务，任务不需要重跑，出现 UP-TO-DATE，此次编译时间只用了 0s，如图 5-14 所示。

```
6:54:04 PM: Executing task 'ahelloworld'...

Executing tasks: [ahelloworld]

Configuration on demand is an incubating feature.
a hello world!!:app:preBuild UP-TO-DATE
:app:preReleaseBuild UP-TO-DATE
:app:compileReleaseAidl UP-TO-DATE
:app:compileReleaseRenderscript UP-TO-DATE
:app:checkReleaseManifest UP-TO-DATE
:app:generateReleaseBuildConfig UP-TO-DATE
:app:prepareLintJar UP-TO-DATE
:app:mainApkListPersistenceRelease UP-TO-DATE
:app:generateReleaseResValues UP-TO-DATE
:app:generateReleaseResources UP-TO-DATE
:app:mergeReleaseResources UP-TO-DATE
:app:createReleaseCompatibleScreenManifests UP-TO-DATE
:app:processReleaseManifest UP-TO-DATE
:app:splitsDiscoveryTaskRelease UP-TO-DATE
:app:processReleaseResources UP-TO-DATE
:app:generateReleaseSources UP-TO-DATE
:app:javaPreCompileRelease UP-TO-DATE
:app:compileReleaseJavaWithJavac UP-TO-DATE
:app:mergeReleaseShaders UP-TO-DATE
:app:compileReleaseShaders UP-TO-DATE
:app:generateReleaseAssets UP-TO-DATE
:app:mergeReleaseAssets UP-TO-DATE
:app:transformClassesWithDexBuilderForRelease UP-TO-DATE
:app:transformDexArchiveWithExternalLibsDexMergerForRelease UP-TO-DATE
:app:transformDexArchiveWithDexMergerForRelease UP-TO-DATE
:app:compileReleaseNdk NO-SOURCE
:app:mergeReleaseJniLibFolders UP-TO-DATE
:app:transformNativeLibsWithMergeJniLibsForRelease UP-TO-DATE
:app:transformNativeLibsWithStripDebugSymbolForRelease UP-TO-DATE
:app:processReleaseJavaRes NO-SOURCE
:app:transformResourcesWithMergeJavaResForRelease UP-TO-DATE
:app:packageRelease UP-TO-DATE
:app:ahelloworld UP-TO-DATE

BUILD SUCCESSFUL in 0s
```

图 5-14

5.3.3　Freeline 秒级编译浅析及接入

Freeline 是蚂蚁聚宝团队在 Android 平台上量身定制的一个基于动态替换的编译方案。稳定性方面：完善的基线对齐、进程级别的异常隔离机制。性能方面：内部采用了类似

Facebook 开源工具 buck 的多工程多任务并发思想，并对代码及资源编译流程做了深入的性能优化。

官方团队在云栖社区对 Freeline 的具体原理进行了详细说明，Freeline 具备以下特性。

- 支持标准的多模块 Gradle 工程的增量构建。
- 并发执行增量编译任务，二次编译达到秒级。
- 编译时热重载。
- 进程级别的异常隔离机制。
- 支持 so 动态更新。
- 支持 resources.arsc 缓存。
- 支持 Windows、Linux 和 Mac 平台。

当然，作为一个高速增量编译工具，同样有一定的局限性，分别如下。

- 全量编译较慢。
- 不支持删除带 ID 的资源，否则可能导致 AAPT 编译出错。
- 暂不支持抽象类的增量编译。
- 不支持开启 Jack 编译。
- 不支持 Kotlin、Groovy、Scala。

接入 Freeline 的核心步骤如下。

1. 安装 Python 环境

由于 Freeline 是运行在 Python 环境中的，因此要求开发设备具备 Python 运行环境。不过，Freeline 暂时只支持 Python 2.x 版本，安装 Python 环境时不要安装不合适的版本。

2. 集成 Freeline 编译环境

第一步，配置项目根目录的 build.gradle，加入 freeline-gradle 的依赖：

```
1.   buildscript {
2.       repositories {
3.           jcenter()
4.       }
5.       dependencies {
6.           classpath 'com.antfortune.freeline:gradle:0.8.8'
7.       }
8.   }
```

第二步，在主 Module 的 build.gradle 中，应用 Freeline 插件的依赖：

```
1.   apply plugin: 'com.antfortune.freeline'
2.   android {
```

```
3.        ...
4.    }
```

第三步，初始化 Freeline 编译环境：

Windows：gradlew initFreeline

Linux/Mac：./gradlew initFreeline

3．安装 Android Studio 插件

进入 Android Studio 配置项 Plugins 的页面搜索插件，如图 5-15 所示。

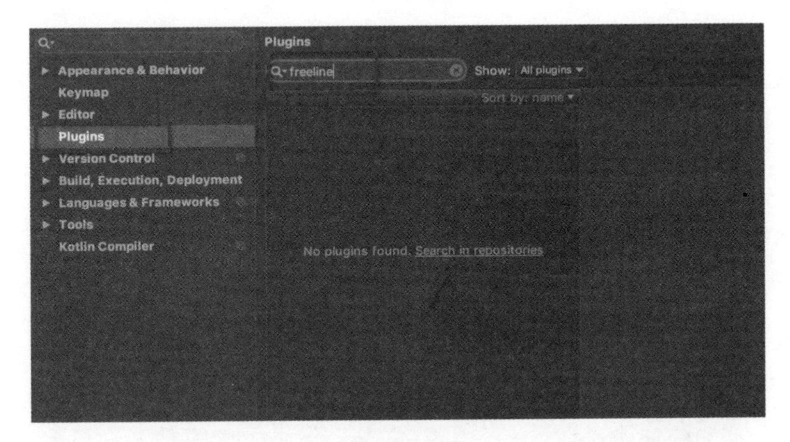

图 5-15

单击安装插件，如图 5-16 所示。

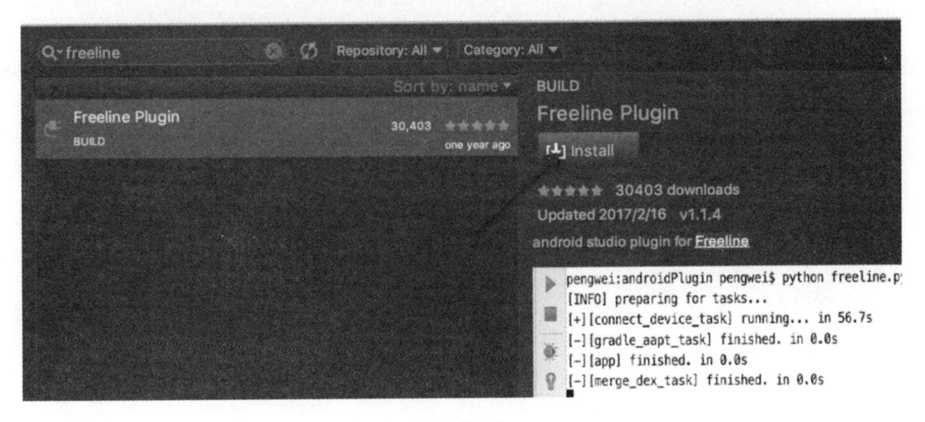

图 5-16

重启 Android Studio 之后，可以发现 Freeline 快捷按钮，如图 5-17 所示。

图 5-17

4．运行

运行 Freeline 编译有如下两种方式。

第一种是单击 Android Studio 中的快捷按钮 Freeline，前提是 Android Studio 中已安装 Freeline 插件。

第二种是运行命令行指令。

- 全量编译：python freeline.py -f
- 增量编译：python freeline.py

运行后的结果如图 5-18 所示。

```
[INFO] preparing for tasks...
[-][connect_device_task] finished. in 0.3s
[-][gradle_aapt_task] finished. in 0.0s
[-][app] finished. in 1.2s
[-][gradle_check_mobile_change_task] finished. in 0.1s
[-][merge_dex_task] finished. in 0.0s
[-][gradle_push_history_inc_task] finished. in 0.0s
[-][gradle_sync_task] finished. in 0.0s
[-][gradle_backup_inc_product_task] finished. in 0.0s
[-][clean_cache_task] finished. in 0.0s
[-][update_stat_task] finished. in 0.0s
[DEBUG] --------------------------------------------------------
[DEBUG] Prepare tasks time: 0.1s
[DEBUG] Task engine running time: 1.3s
[DEBUG] Total time: 1.4s
[DEBUG] --------------------------------------------------------
```

图 5-18

第 6 章 移动场景下的容器技术

移动容器技术近几年在国内受到追捧。这个充满黑科技的技术，成为国内移动应用开发者手中的“香饽饽”。从早期 Facebook 解决方法数超过 65 536B（64KB = 64×1024B）的问题，到 360 的 DroidPlugin、RePlugin，再到 Google 的 Instant App，这些都是容器技术的各个变种。

接下来，本章将会从业界容器技术演进过程的角度为大家进行介绍。这个过程分为如图 6-1 所示的几个阶段。

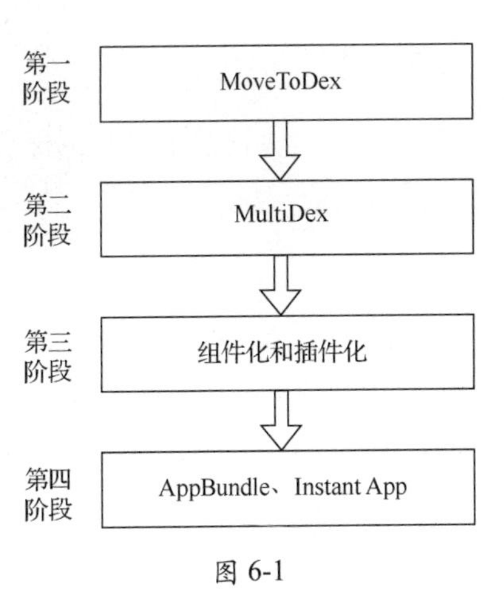

图 6-1

第一阶段：Android 2.x/4.x 版本时代，这个时候市面上大部分机器都装的是 Android 4.x 版本的系统，此时制约 App 发展的最大问题是 65 536B 问题和 LinearAlloc 限制。MoveToDex 方案就是这个阶段的产物。

第二阶段：Android 5.x 及以上版本时代，这个时候市面上的机器以 Android 5.x 版本的系统为主，Google 的 MultiDex 方案在 ART 时代已经可以很好地解决 65 536B 问题。剩下的少部分 Android 4.x 系统的机器则需要优化 MultiDex 的加载过程，避免 ANR（Application Not Responding，应用程序无响应）和加载速度慢的问题。

第三阶段：这个阶段受到 Google Instant Run 的启发，Android 开发社区，尤其是国内的 Android 开发者社区，涌现出很多插件化和组件化框架，比如 360 DroidPlugin、Alibaba Atlas 等。动态加载受到国内开发者的追捧，很多超级 App 也在这一时期诞生。

第四阶段：这个阶段国内 App 转为以 Hybrid App 为主，以小程序的形式呈现。Google 则展示出自己的插件化解决方案 Instant App 和省包体方案 App Bundle。

下面将对这几种不同时期的方案进行详细介绍。

6.1 MoveToDex 方案

MoveToDex 方案是 Android 应用开发框架演变中的一种形式，它的出现是由于在 Android 系统发展过程中，出现了方法数超过 65 536B 的问题。而同时期 Google 并没有提出很好的解决方案。这个时期，MoveToDex 就是开发者为了解决这个问题而提出的一种解决方案。

6.1.1 Dalvik 虚拟机 dex 加载机制

要了解 Dalvik 虚拟机 dex 加载机制，首先需要了解 Dalvik 虚拟机、dex 机制与 Odex 文件信息。

1. Dalvik 虚拟机

这一过程首先得从 Dalvik 虚拟机，也就是 DVM 说起。Android 应用程序之所以能够在机器上运行，那是因为 Google 为 Android 系统开发了一个类似 Java JVM 的虚拟机，使得 App 能够顺利地运行在机器上。简单地说，就是 Android 设备运行着 Android 系统，而 App 是运行在操作系统的 Dalvik 虚拟机中的，如图 6-2 所示。

2. dex 文件

用 Java 语言开发的应用程序要想在 Java 虚拟机上运行，必须先将代码编译成 class 文件，然后才能在虚拟机上执行。而在 Android 系统中，也是同样的过程，不管是用 Java 或者 Kotlin

语言开发的应用程序，都会被编译成 dex 文件。

dex 文件是 Android 为 Dalvik 虚拟机特定优化的文件格式。在 Java 代码被编译成 class 文件后，还需要使用 dx 工具将所有的 class 文件转换为 dex 文件，目的是使其中各个类能够共享数据，在一定程度上降低冗余，同时也能使文件结构更加紧凑。简单地说，dex 文件就是 Android 系统针对虚拟机进行优化后的产物。

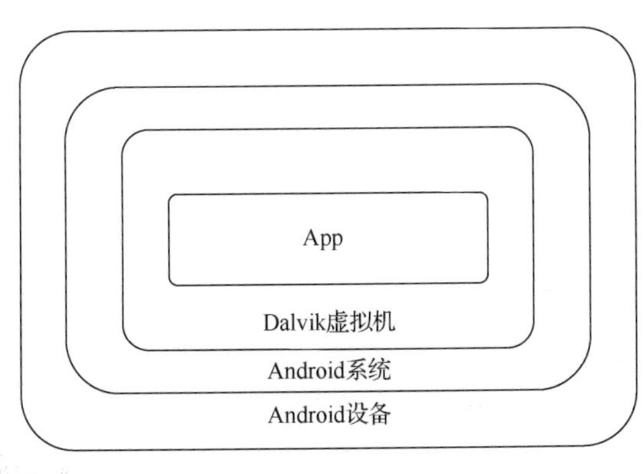

图 6-2

表 6-1 是 dex 文件的文件结构。

表 6-1

字　符	名　称	详 细 说 明
header	dex 文件头部	记录了整个 dex 文件的相关属性
string_ids	字符串索引区	记录了每个字符串在数据区的偏移量
type_ids	类型索引区	记录了每个类型的字符串索引
proto_ids	方法原型索引区	记录了方法声明的字符串，返回类型字符串、参数列表
field_ids	字段索引区	记录了所属类、类型以及方法名
method_ids	方法索引区	记录了方法所属类名、方法声明以及方法名等信息
class_defs	类定义区	记录了指定类的各种信息，包括接口、超类、类数据偏移量
data	数据区	保存了各个类的真实数据
link_data	链接数据区	链接数据区

示例如图 6-3 所示，我们对任一应用的 APK 文件进行解压缩，可以得到如下文件目录。

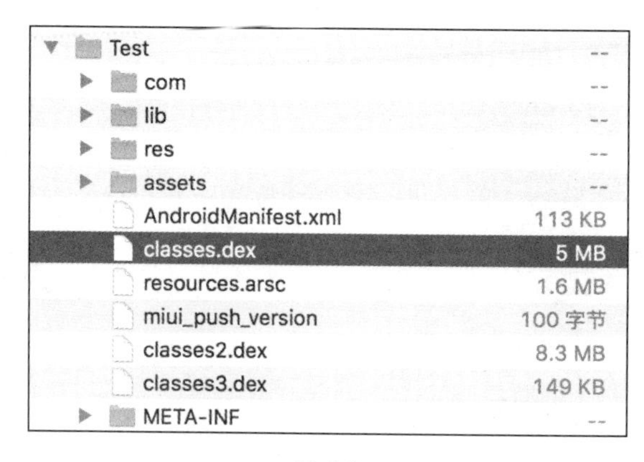

图 6-3

3. Odex

前边介绍了 Android 的 dex 机制，主要介绍了 Android 系统是如何将 dex 加载到系统中的。首次启动 App 时，Dalvik 虚拟机会从 APK 文件中提取出 dex 文件，并且根据当前的运行环境将其优化成可供 Dalvik 虚拟机运行的字节码。这一过程十分耗费 CPU 资源，为了减轻这一过程带来的低效影响，在优化过程中会生成 Odex 文件，并存放在/data/dalvik-cache 目录下。下次启动时，Dalvik 会尝试加载 Odex 文件，Odex 文件已经包含了加载 dex 文件所需的依赖库文件列表，Dalvik 虚拟机只需检测并加载所需的依赖库，即可执行相应的 dex 文件，这大大缩短了读取 dex 文件所需的时间。

Odex 文件的数据结构如下。

Odex文件头
原dex文件
依赖库信息
辅助信息

以上简单介绍了 Dalvik 虚拟机 dex 加载机制的主要流程文件。如果想要更进一步地了解这一过程，可以阅读 Google Android 系统的源码。

6.1.2 方法数超过 65 536B 问题

介绍 Android 方法数超过 65 536B 问题前，首先看一下以下两个错误，如图 6-4 所示。

```
Conversion to Dalvik format failed:
Unable to execute dex: method ID not in [0, 0xffff]: 65536
trouble writing output:
Too many field references: 131000; max is 65536.
You may try using --multi-dex option.
```

图 6-4

图 6-4 的两个错误，在早期的 Android 开发中，一定会无意中遇到。这也就是传说中的 65 536B 问题。

那为什么会出现这个问题呢？从前面的介绍中我们知道，DexHeader 记录了整个 dex 文件的相关属性，下面先来看看 DexHeader 是怎么定义的，如图 6-5 所示。

```
xref: /dalvik/libdex/DexFile.h

Home | History | Annotate | Line# | Navigate | Download
214  * Direct-mapped "header_item" struct.
215  */
216 struct DexHeader {
217     u1  magic[8];           /* includes version number */
218     u4  checksum;           /* adler32 checksum */
219     u1  signature[kSHA1DigestLen]; /* SHA-1 hash */
220     u4  fileSize;           /* length of entire file */
221     u4  headerSize;         /* offset to start of next section */
222     u4  endianTag;
223     u4  linkSize;
224     u4  linkOff;
225     u4  mapOff;
226     u4  stringIdsSize;
227     u4  stringIdsOff;
228     u4  typeIdsSize;
229     u4  typeIdsOff;
230     u4  protoIdsSize;
231     u4  protoIdsOff;
232     u4  fieldIdsSize;
233     u4  fieldIdsOff;
234     u4  methodIdsSize;
235     u4  methodIdsOff;
236     u4  classDefsSize;
237     u4  classDefsOff;
238     u4  dataSize;
239     u4  dataOff;
240 };
241
242 /*
```

图 6-5

从图 6-5 可以看到 DexHeader 使用 u4 来定义 methodIdsSize 和 methodIdsOff。也就是说，这个 dex 文件的方法数是在这里定义的。接下来，看看 u4 代表的是什么，如图 6-6 所示。

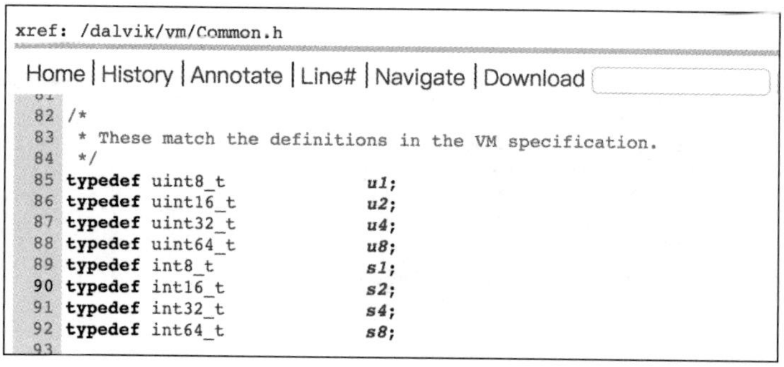

```
xref: /dalvik/vm/Common.h

Home | History | Annotate | Line# | Navigate | Download

82 /*
83  * These match the definitions in the VM specification.
84  */
85 typedef uint8_t             u1;
86 typedef uint16_t            u2;
87 typedef uint32_t            u4;
88 typedef uint64_t            u8;
89 typedef int8_t              s1;
90 typedef int16_t             s2;
91 typedef int32_t             s4;
92 typedef int64_t             s8;
```

图 6-6

如图 6-6 所示，我们在 Common.h 中找到了 u4 的定义，它是 32 位无符号整型数。显然其远远大于 65 536B。所以真正限制 dex 文件方法数的地方并不在这里。下面再接着看，如图 6-7 所示。

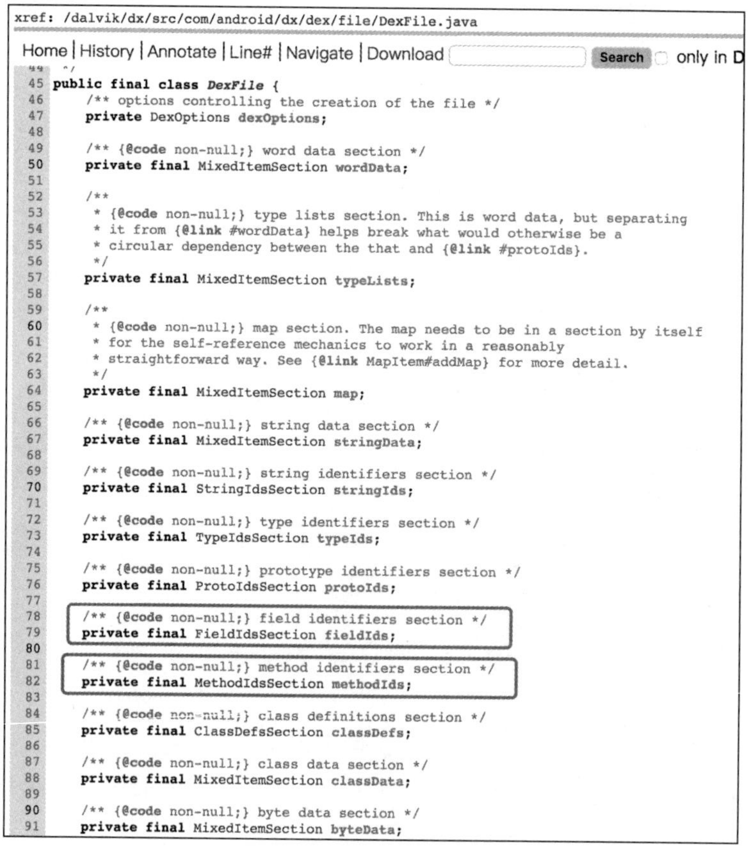

```
xref: /dalvik/dx/src/com/android/dx/dex/file/DexFile.java

Home | History | Annotate | Line# | Navigate | Download            Search  only in D

45 public final class DexFile {
46     /** options controlling the creation of the file */
47     private DexOptions dexOptions;
48
49     /** {@code non-null;} word data section */
50     private final MixedItemSection wordData;
51
52     /**
53      * {@code non-null;} type lists section. This is word data, but separating
54      * it from {@link #wordData} helps break what would otherwise be a
55      * circular dependency between the that and {@link #protoIds}.
56      */
57     private final MixedItemSection typeLists;
58
59     /**
60      * {@code non-null;} map section. The map needs to be in a section by itself
61      * for the self-reference mechanics to work in a reasonably
62      * straightforward way. See {@link MapItem#addMap} for more detail.
63      */
64     private final MixedItemSection map;
65
66     /** {@code non-null;} string data section */
67     private final MixedItemSection stringData;
68
69     /** {@code non-null;} string identifiers section */
70     private final StringIdsSection stringIds;
71
72     /** {@code non-null;} type identifiers section */
73     private final TypeIdsSection typeIds;
74
75     /** {@code non-null;} prototype identifiers section */
76     private final ProtoIdsSection protoIds;
77
78     /** {@code non-null;} field identifiers section */
79     private final FieldIdsSection fieldIds;
80
81     /** {@code non-null;} method identifiers section */
82     private final MethodIdsSection methodIds;
83
84     /** {@code non-null;} class definitions section */
85     private final ClassDefsSection classDefs;
86
87     /** {@code non-null;} class data section */
88     private final MixedItemSection classData;
89
90     /** {@code non-null;} byte data section */
91     private final MixedItemSection byteData;
```

图 6-7

DexFile 中定义了 dex 文件的 methodIds 和 fieldIds 两个字段，它们都派生自 MemberIdsSection，MemberIdsSection 的代码如图 6-8 所示。

```
xref: /dalvik/dx/src/com/android/dx/dex/file/MemberIdsSection.java
Home | History | Annotate | Line# | Navigate | Download          Search   only in MemberIdsSection.java
26   * Member (field or method) refs list section of a {@code .dex} file.
27   */
28  public abstract class MemberIdsSection extends UniformItemSection {
29      /** The largest addressable member is 0xffff, in the dex spec as field@CCCC or meth@CCCC. */
30      private static final int MAX_MEMBERS = 0x10000;
31
32      /**
33       * Constructs an instance. The file offset is initially unknown.
34       *
35       * @param name {@code null-ok;} the name of this instance, for annotation
36       * purposes
37       * @param file {@code non-null;} file that this instance is part of
38       */
39      public MemberIdsSection(String name, DexFile file) {
40          super(name, file, 4);
41      }
42
43      /** {@inheritDoc} */
44      @Override
45      protected void orderItems() {
46          int idx = 0;
47
48          if (items().size() > MAX_MEMBERS) {
49              throw new DexException(tooManyMembersMessage());
50          }
51
52          for (Object i : items()) {
53              ((MemberIdItem) i).setIndex(idx);
54              idx++;
55          }
56      }
```

图 6-8

从 MemberIdsSection 的代码中可以看到，MAX_MEMBERS 被限定为 0x10000，即 65 536。那为什么 Android 要限定 MAX_MEMBERS 呢？这是因为在设计 Dalvik 虚拟机的时候，指令集只有 16 位，因此最多只能存放 2^{16} 个方法和属性。这其实可以算是 Android 系统的一个失误，设计的时候压根没想到 Android App 会很大。

当然了，Google 也知道这件事，因此在编译器 dx 工具中增加了单个 dex 文件的方法数校验，并且增加了 MultiDex 的解决方案。因此，我们看到的报错一般都出现在编译阶段。

6.1.3　DexOpt LinearAlloc 大小限制问题

在介绍完 65 536B 的问题后，接下来要介绍的就是 DexOpt LinearAlloc 问题了。这个问题前几年还会遇到，现在已经不多见了，更多的是发生在 Android 2.3 版本下。6.1.1 节曾说到，虚拟机会将 dex 文件优化成 Odex 文件，而这个过程就叫作 DexOpt。DexOpt 使用 LinearAlloc 来存储应用的方法信息。App 在执行前会将 class 文件读进 LinearAlloc 这个 buffer 中，LinearAlloc 在 Android 2.3 版本之前大小为 5MB，到 4.0 版本之后变为 8MB 或 16MB。这是因为 5MB 实在是太小了，方法数可能在还没有达到 65 536B 之前，LinearAlloc 就已经超过 5MB，这导致安装 Android 2.3 版手机 App 时最常出现的错误是 INSTALL_FAILED_DEXOPT。

6.1.4 MoveToDex 按需加载方案

前面介绍了由于 Android 在设计前期考虑不足，造成开发中容易出现两个问题。那么对于这两个问题，有什么解决方案呢？这就是本节要介绍的 MoveToDex 按需加载方案。

MoveToDex 按需加载方案的出现是有一定的原因的。因为针对以上两个问题，Android 官方给出了相应的解决方案——MultiDex，但是当时 MultiDex 解决方案带来的问题也比较突出，这就让开发者不得不采取新的解决方案，MoveToDex 方案便是在这个时候提出来的。

所谓的 MoveToDex，就是在应用打包过程中，将部分非启动必需项的模块 class 从主 dex 文件中分离出来，单独保存为一个 dex 文件，在使用相关模块的时候，再把这个 dex 文件加载到 App 的 ClassLoader 里，从而达到 classes.dex 文件方法数小于 65 536B 且 LinearAlloc 也小于 5MB 的目的。

编译时原理图如图 6-9 所示。

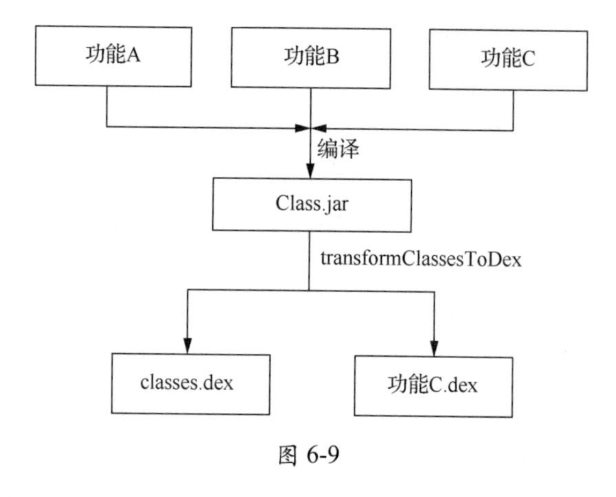

图 6-9

运行时原理图如图 6-10 所示。

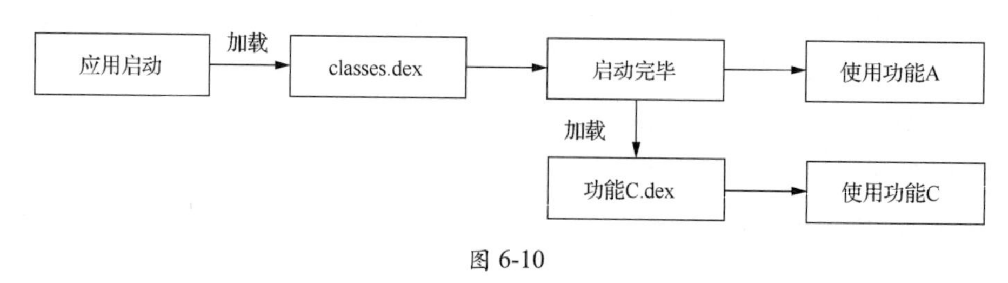

图 6-10

如图 6-9 和图 6-10 所示，通过以上两个步骤（编译和运行处理），把应用程序主 dex 文件的方法数降到了 65 536B 以下，同时通过懒加载的方法，达到节省内存、提高运行效率的目的。

6.2 MultiDex 方案优化

MultiDex 方案是 Google 针对方法数超过 65 536B 问题提出的官方解决方案。但是开发者在采用该方案的时候，发现 Google MultiDex 虽然可以解决 65 536B 问题，但是也有副作用，启动慢，甚至 ANR 也伴随而来。

接下来，就来探讨一下 MultiDex 方案。

6.2.1 如何使用 MultiDex

如果你的 minSdkVersion 为 21 或更大的值，你只需在模块级 build.gradle 文件中将 multiDexEnabled 设置为 true，代码如下：

```
1.    android {
2.       defaultConfig {
3.           ...
4.           minSdkVersion 21
5.           targetSdkVersion 26
6.           multiDexEnabled true
7.       }
8.       ...
9.   }
```

但是，如果你的 minSdkVersion 为 20 或更小的值，则必须按如下方式使用 Dalvik 可执行文件分包支持库：

```
1.    android {
2.       defaultConfig {
3.           ...
4.           minSdkVersion 15
5.           targetSdkVersion 26
6.           multiDexEnabled true
7.       }
8.       ...
9.   }
10.
11.  dependencies {
12.      compile 'com.android.support:multidex:1.0.3'
13.  }
```

同时，在 Application 类中设置：

```
1.   public class MyApplication extends SomeOtherApplication {
```

```
2.        @Override
3.        protected void attachBaseContext(Context base) {
4.            super.attachBaseContext(base);
5.            MultiDex.install(this);
6.        }
7.    }
```

这样就在应用程序中完成了对 MultiDex 的接入。

6.2.2 MultiDex 痛点剖析

在 Android 早期开发中使用过 MultiDex 的读者，相信会有这样一个体会，那就是这个东西不好用，会出现首次启动 ANR、闪退（报 ClassDefNoFound 的错误）等状况，而且 App 启动速度变慢，如果有统计秒开率，那么引入 MultiDex 后，秒开率会直线下降。

为什么会出现这种情况呢？下面首先从 MultiDex 做的事情进行分析，图 6-11 是启动 MultiDex 的简易流程。

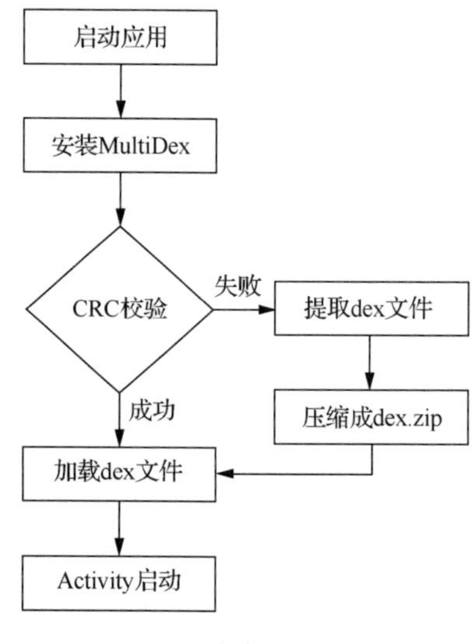

图 6-11

接下来，我们看看几个影响 MultiDex 启动的关键事件。

1. CRC 校验

通过对 dex 文件的 zip 包做 CRC 校验和文件修改日期校验，可以判断 dex 文件是否被修改或污染。CRC 校验属于安全性和可靠性校验，耗时较长。

2．压缩 dex.zip

该过程是对提取出的 dex 文件进行单独压缩，并保存修改时间、CRC 码，方便后续对 CRC 过程进行校验，耗时较长。

3．加载 dex 文件

对 classes2.dex、……、classes*N*.dex 做 dex 文件加载。dex 文件加载过程中需要执行 DexOpt 过程，耗时较长。

根据上述分析，使用 Google MultiDex 有 3 个耗时较长的操作，分别是 CRC 校验、压缩 dex 文件和加载 dex 文件。而且这 3 个操作都必须在 UI 线程中进行。因此可能出现启动速度慢，甚至启动 ANR 的情况。

以上是使用 MultiDex 导致加载慢的问题。那闪退是怎么回事呢？这事还得从分包说起。MultiDex 分包过程会优先把 Activity、Application、Service 等 Android 组件及其所依赖的 class 文件放到主 dex 文件中，然后把部分非 Android 组件 class 文件放到其他 dex 文件中。也就是说，放到主 dex 文件中的只有启动类及其所引用到的类。

理论上，MultiDex 在 attachBaseContext 中做合成，并不会出现闪退现象，即 noClassDef-FoundError 问题。但事实上，当你的 App 发布之后，会发现很多这种错误被收集上来。经过分析发现，有时为了提高运行效率，在实例化某个 class 文件的时候，会相应地对该 class 文件所引用的类做初始化。而如果这个被初始化的类位于第二个 dex 文件中，而这个 dex 文件此时还没有被加载，那么就会引发上述错误。

经过上述分析可以知道，Google 的解决方案因为启动速度慢，而且一不小心还可能出现崩溃的情况，所以不太受人待见。

6.2.3　MultiDex 方案回归

既然前面分析了 MultiDex 的很多缺点，那么为什么还会有 MultiDex 方案的回归呢？其实，原因很简单，任何技术都有它的时效性，任何技术的提出都有它的历史背景，任何技术都在往简单、好用的方面进化着。

这一切都要从 Android 5.0 ART 虚拟机替代 Dalvik 虚拟机说起。重点来了，Dalvik 使用 JIT（Just In Time）编译，而 ART 使用 AOT（Ahead Of Time）编译，下面分别介绍一下这两种编译方式。

1．JIT（Just In Time）

使用 Dalvik JIT 编译器，在每次运行应用时，它会实时地将一部分 Dalvik 字节码翻译成机器码。在程序的执行过程中，更多的代码被编译并缓存。由于 JIT 只翻译一部分代码，因此消耗的内存更少，占用的物理存储空间更少。

2. AOT（Ahead Of Time）

ART 内置了一个 AOT 编译器。在安装 App 期间，它就会将 dex 文件字节码翻译成机器码并存储在设备的存储器上。这个过程只在将 App 安装到设备上时发生。由于不再需要 JIT 编译，因此代码的执行速度要快得多。

由于 ART 使用的是预编译器，因此在安装时会对所有的 dex 文件做 dex 文件优化，这个过程被叫作 DexOat。这个过程与 Dalvik 的 DexOpt 过程类似，但是只在安装时进行。

那么，DexOat 过程还会受到 65 536B 问题的影响吗？

其实，Android 在设计 ART 的时候，就考虑到了这一点，在做 dexOat 的过程中，虽然使用的是 16 位寄存器，但是将这 16 位寄存器的地址做了偏移处理，这就使得每个类的最大方法数和属性数不得超过 65 536B。一个类的方法数超过 65 536B，这在现实中无论如何都不可能再遇见了。

因此，在 Android 5.0 以后版本的系统中，就不会再有 65 536B 问题了，MultiDex 的问题也就迎刃而解了。

通过上述分析，我们知道在 Android 5.0 手机上，不会再有 MultiDex 合并导致的启动慢问题。如果这个时候还使用 MoveToDex 分包方案，反而会在运行时拖慢 App 的运行速度。随着 Android 5.0 的手机越来越多，已渐渐超过 App 总用户数的 50%，看来是时候让 MultiDex 方案回归了。

6.2.4 如何优化 MultiDex

要让 MultiDex 方案回归，而 MultiDex 还存在前面提到的问题，那该怎么办呢？难道就不管这些用户了吗？让他们的手机卡顿，甚至崩溃？作为一个有担当的开发者，显然不能让这种事情发生。那下面就试试，将 MultiDex 的问题一个个攻克掉。

1. 针对启动 ANR

ANR 发生的条件是：某个操作卡住前台进程的 UI 线程超过 5s，造成前台进程的 UI 线程无响应。

我们知道只有首次启动时，才需要从 dex 文件执行解压和加载等操作，而在非首次启动、dex 文件已经被解压出来后，是不需要这些操作的。而卡死主线程的就是这个带有 I/O 操作的解压和加载过程。那么，我们可以启动一个前台进程给用户，而这个进程只显示 LOGO、做品牌宣传。然后主进程变成后台进程，执行 MultiDex 操作。等执行完 MultiDex 操作之后，再通知前台进程消失。这样我们就成功地让做 MultiDex 的前台进程变成了后台进程，自然也就不会出现 ANR 了。第一个问题解决。

2. 启动慢问题

我们可以看到，在 MultiDex 过程中，有两个操作是非常耗时的，一个是对解压出来的 dex 文件做压缩，另一个是对压缩后的 dex.zip 做 CRC 校验。仔细想想，这两个操作真的有必要做吗？做 CRC 校验，无非是想保证 dex 文件不被污染，但是对启动的影响也极大。其实我们可以简单点，使用最近的修改时间判断文件是不是被修改过。这样，就加快了 MultiDex 过程。

通过以上一系列修改，我们成功地将 MultiDex 重新用到应用开发中，并且随着 Android 5.0 系统的用户增多，应用秒开率有了很大的提升，大概是原来的 5~10 倍。

6.3 插件化与组件化

如果说 MultiDex 的问题是因 Google 前期设计存在缺陷造成的，是全球所有 Android 应用开发者都会遇到的问题，那么各种插件化方案则是国内独有的盛世桃花。这并不是因为中国开发者比较厉害，而是因为国外 App 只能在 Google Play 上架，而 Google Play 有着极严苛的审核要求，其中插件化方案就在审核黑名单中。但是国内环境不同，中国应用商店百家争鸣，没有统一的细则，这导致国内很多 App 可以演化成超级 App，通过各种插件化方案扩充自己的能力。

6.3.1 插件化与组件化的区别

很多开发者都分不清插件化与组件化的区别，总把它们混为一谈。但其实插件化与组件化是两码事，有着本质的区别。

1. 组件化

组件化的概念建立在模块化的基础上，模块业务作为单独的代码，业务开发者只需要关心自己负责的业务代码，在调试时也只关心自己负责的模块。

图 6-12 以浏览器为例显示了组件化框架的核心模块，包括搜索功能、下载功能、信息流、视频等，均是浏览器的核心组成部分。组件化开发只是将各个模块隔离开，单独开发和调试。比如，负责搜索功能的开发者不需要知道其他模块的开发逻辑，只需要关心搜索功能是否可用。开发者在本地也只需要编译搜索模块，不用编译整个浏览器，然后将搜索模块集成到浏览器 App 中查看效果即可。组件化开发极大地提高了开发效率，尤其是在工程代码越来越复

杂的今天。

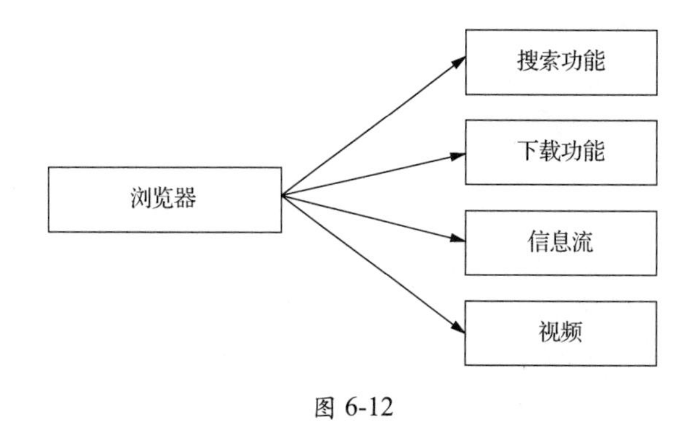

图 6-12

组件化就是将功能模块解耦，每个功能模块的开发者只关心自己负责的部分，不关心别人做什么，模块之间的关联是通过路由来实现跳转的，每个功能模块并不会引用其他功能模块，各模块只会被应用程序集成。

2．插件化

插件化则是组件化模块的彻底分离，插件本身可以是某个 App 的某个功能，也可以是具备单独功能的 App。插件化要解决的重点不是工程架构上的解耦，而是将某个外来业务独立功能的 App 集成到宿主 App 中，宿主 App 除需要做唤醒插件 App 的操作外，两者之间的业务内容可以做到完全没有联系。

图 6-13 继续以浏览器为例进行说明。扫码、信息流和小说等功能模块本身不是浏览器的固有模块，而是独立的功能模块，不需要跟其他模块有任何交互。浏览器只要给某个插件（如扫码插件）一个入口即可，插件功能（扫码）由插件自己实现。而插件（扫码功能）本身也是一个独立的 App，可以独立安装运行，其开发维护人员有可能不是浏览器的开发人员。

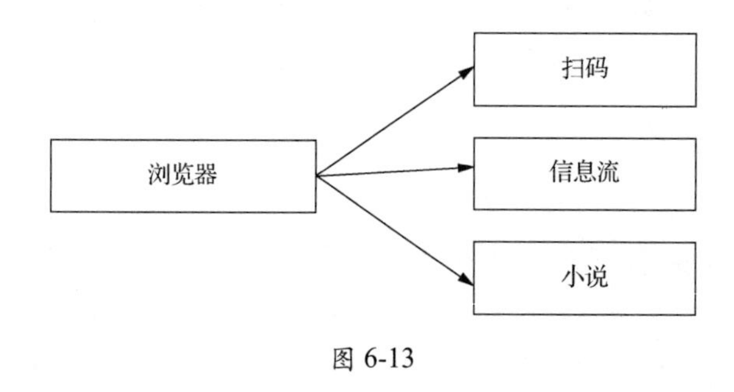

图 6-13

不管是组件化还是插件化，对于需要用到的技术，我们统称它们为容器技术。所以不管是插件化还是组件化，我们统称为容器化。

6.3.2　为什么要做容器化

为什么要做容器化？这是因为在项目初期，功能少，时间紧张，为了追求快速上线，并没有一个好的设计模式，常常在耦合度较高的情况下进行开发。这个时候的项目引用结构如图 6-14 所示。

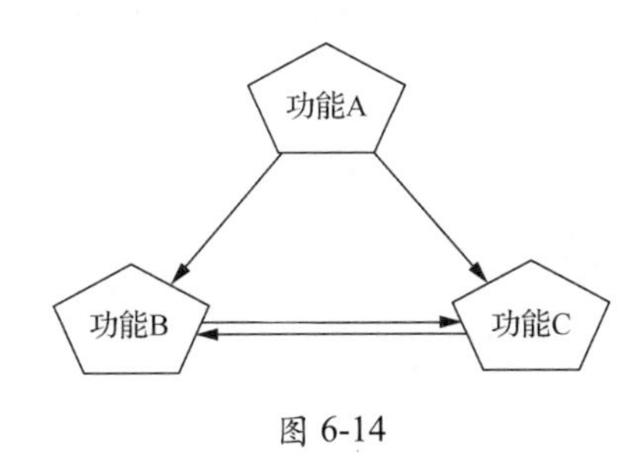

图 6-14

在这种情况下，会出现下列问题。

（1）各个模块之间的耦合度高，各模块之间缺一不可，删掉某一个模块或重用某一个模块，需要动大量的代码，而且在移植完之后，还要进行大量的测试，才能保证移植不出问题。

（2）代码逻辑难以测试，新员工上手需要了解全部模块的功能，才能确保自己写的代码不影响其他模块。

综上所述，可以总结出我们会碰到如下问题。

（1）单个 App 编译很慢，虽然 Instant Run 热插拔功能加快了编译。

（2）机型不同，实现方式也略有不同。相同的 API，由于机型的差异实现不同。

（3）人员多，所使用的开发技术不同。

（4）功能多，各个功能间耦合度高。

（5）线上发布后，需要手动推送提示用户更新，用户体验差，覆盖率低。

6.3.3　容器化技术演进

容器化技术并不是一蹴而就的。起初，为了解决 MultiDex 问题，把 dex 文件单独打包放到 asset 目录中，并在运行时进行加载。这个技术其实就是最初的容器化技术。再到后来，Google 为了帮助开发者提高开发效率，开放了 Instant Run 热插拔功能，然后该技术提供了 App 开发的新思路。于是，市面上逐渐出现了 DroidPlugin、VirtualApp、Atlas 等容器化框架，同时也拓展出 Tinker 之类的热修复框架。接着，Google 在 Instant Run 功能的基础上，推出了 Instant App 技术，为应用提供用于免安装预览的能力。

1. Instant Run

作为对容器化技术影响最大的技术框架，甚至说其是容器化技术的鼻祖也不为过。现在很多容器化技术，多多少少都参考了 Instant Run 的设计逻辑。

然而，Google 开发 Instant Run 的初衷，却并不是为了做容器化，其是 Android Studio 2.0 新增的运行机制。在你编写开发、测试或 Debug 代码的时候，它都能显著缩短当前应用的构建和部署时间。

Instant Run 有几个重要能力，分别是热插拔、温插拔和冷插拔，通过这几个能力，动态加载文件差量包，而不需要对整个 App 全部重新编译、安装，这大大提高了应用开发效率。

2. 热插拔

代码的改变被应用、投射到 App 上，不需要重启 App，不需要重建当前 Activity。适用于大多数简单的改变（包括对一些方法实现的修改或对变量值的修改等）。

3. 温插拔

需要重启 Activity 才能看到所做的更改。温插拔典型的使用场景是代码修改涉及资源文件。

4. 冷插拔

需要重启 App（但是不需要重新安装），任何涉及结构性变化的场景都可以用冷插拔，比如修改了继承规则、修改了方法签名等。

在有 Instant Run 功能的环境下，如图 6-15 所示，一个新的 App Server 类会被注入 App 中，与 Bytecode instrumentation 协同监控代码的变化。

同时会有一个新的 Application 类，它注入了一个自定义类加载器（ClassLoader），而且该 Application 类会启动我们所需的新注入的 App Server。于是 AndroidManifest 会被修改，用来确保我们的 App 能使用这个新的 Application 类。（在这里，不必担心自己继承定义了 Application 类，Instant Run 添加的这个新的 Application 类会代理我们自定义的 Application 类。）

至此，Instant Run 已经可以运行了，在我们使用时，它会通过决策并合理运用 3 种插拔能力来协助我们显著地缩短构建程序的时间。

Instant Run 类加载器和资源加载器这种巧妙的设计方式，让 App 可以动态地加载类、修改类和资源。而这种设计方式为容器化方案的动态加载能力提供了十分重要的参考。

目前市面上有很多容器化技术，其中比较有代表性的如下。

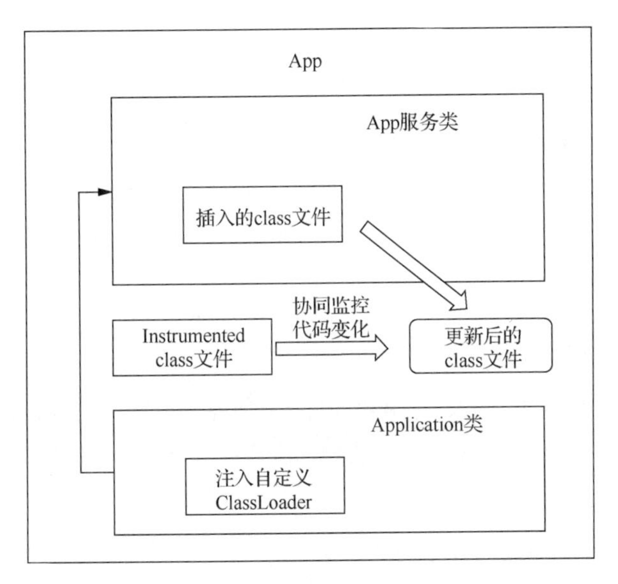

图 6-15

1．Qihoo360/DroidPlugin

DroidPlugin 是 Qihoo360 开发团队开发的插件化框架，是可以实现 App 免安装加载的插件化框架。DroidPlugin 对插件 App 没有特殊的接入要求，属于完全容器化框架。但是由于其采用了大量的 Hook，因此稳定性比较一般。

2．Qihoo360/RePlugin

RePlugin 是 Qihoo360 开发团队开发的另一款插件化框架。这个插件化框架按照 HookLess 的原则，只对 ClassLoader 做 Hook，其他都通过接口约定的形式，做插件化的接入和加载，属于半完全容器化框架。其接口 Hook 少，所以稳定性比较高。

3．Alibaba/Atlas

Atlas 是 Alibaba 开源的组件化框架，主要用于淘宝、天猫等淘系超级 App。这些超级 App 有着非常多的功能模块，因此解耦和编译调试成为淘宝技术团队必须首先解决的问题。而 Atlas 组件化框架，就是被设计用于解决这种超级 App 的问题的。Atlas 属于模块化设计，模块间通过路由来调用和关联，并且其可以实现模块动态加载、动态部署，灵活性高。

4．VirtualApp

从本质上说，VirtualApp 是一套容器化框架，而且是完全容器化框架（与 DroidPlugin 一样），其设计目的并不是工程解耦，而是在 Android 系统上通过大量 Hook，达到在应用程序中运行其他应用程序的能力。

5. Instant App

Instant App 本身是 Google Play 的功能支持特性，而非容器化框架，但其实现原理也采用了插件化动态加载思想。不过，Google Instant App 的支持是开放式的，目的是为接入的 App 提供更人性化的服务，减少用户的决策成本。比如，先让你体验游戏的部分功能后，再让你决定是否要购买这款游戏。

6.3.4 容器化框架的弊端

容器化技术可以实现动态加载、热更新，那么是不是所有 App 都应该接入这种技术呢？其实不然，要知道 Google 是禁止 App 使用这种动态加载框架技术的。国内之所以容器化框架盛行，是因为Google退出中国市场，所以当下流行的容器化框架，大多是由国内开发者开发的。

那 Google 为什么要禁用这种技术呢？

容器化技术看起来很高端，但其实也存在很多弊端。其中，可能对用户造成影响的就是安全性。

应用程序想要上架 Google Play 商店，让用户能够使用，都必须经过 Google 严格的审核。Google 绝不允许其商店存在某些未经审核的 App 上线。为了对用户负责，Google 不允许任何具备动态更新、热更新、热修复及自更新能力的 App 上架。

想象一下，某些黑灰产 App，在某一次你没注意的运行过程中，运用动态加载技术偷偷加载了某些功能，比如，上传了你手机上 SD 卡的所有内容，然而你却无法查证，这将是多么可怕的事情啊。

因此，安全性才是容器化框架不被 Google 接受的最重要的原因，而非该技术没有价值或不可取。其实在有监管的情况下，容器化技术是非常不错的解决方案。

6.3.5 Android P 下的容器化技术前进方向

众所周知，Android 系统是朝着保护用户隐私以及抑制 App 权限的方向发展的。Android P 被拎出来，并不是因为它是比较新的系统，而是因为 Google 在 Android P 上推出了 Hidden API 机制。这个机制一出来，基本宣告了容器化框架的末路，让黑灰产 App 开发者汗颜。

所谓的 Hidden API，其实就是系统没有开放出来的，只给系统自己使用的 API。禁止反射调用 Hidden API，就是在系统层进行限制，不让应用程序通过反射调用 Hidden API，以保证调用的接口都是 Google 开放的安全接口。我们知道，Android 系统运行的是 Java 程序代码，除了使用开放接口，只要了解源码，就可以反射调用系统方法，为相应的业务服务，甚至可以通过反射调用，Hook 系统方法或者成员变量，更改系统的行为特性。因此，这可能导致不安全的行为出现。

Android P 版本最大、最严格的特性变更应该非 SDK 接口限制莫属了。非 SDK API 名单总共分为 3 类：浅灰名单（Light Grey List）、深灰名单（Dark Grey List）、黑名单（Dark List），详情如下。

- **浅灰名单：** 可以访问的非 SDK 函数/字段。
- **深灰名单：** 对于目标 SDK 低于 API 级别 28 的 App，允许使用深灰名单接口。对于目标 SDK 为 API 28 或更高级别的 App，行为与黑名单相同。
- **黑名单：** 所有第三方应用不允许调用的灰名单（浅灰+深灰）之外的其他所有非 SDK 都将添加到黑名单中，如果 App 使用到黑名单接口，须马上整改或反馈给 Google 申请能否将此黑名单接口加入灰名单。

那么为什么禁止调用的 Hidden API 会对容器化造成影响呢？

这是因为容器化框架为了实现动态加载、热插拔、温插拔等，都必须通过反射 Hook 系统的 API，将系统的 ClassLoader、ServiceManager、ActivityThread 等关键组件给替换掉，换成自己的组件，从而绕过系统限制，实现相应的功能。但是，这些系统关键组件的方法或类都是 Hidden API，而且大部分都在深灰名单中，一旦 Hidden API 被拒绝调用，那么容器化框架就不能正常运行。因此，禁止调用 Hidden API 会对容器化框架的前进方向造成重大影响。虽然 2018 年是第一年禁止调用 Hidden API，但是影响已经非常大，很多应用程序都无法正常运行了，以至于 Google 在发布 DP3 和正式版的时候，放宽了禁止调用 Hidden API 的限制条件。但可以预见，在 Android 系统接下来的版本中，对 Hidden API 的限制将越来越严格，容器化之路也会越来越难走。

综上所述，在 Android P 禁止调用 Hidden API 的这一大前提下，容器化的发展出现了分歧，各个解决方案如下。

- 与 Google 沟通协商，看能否将部分黑名单或深灰名单移除，这里需要因业务、市场等情况与 Google 反复沟通，沟通成本相对来说比较高。
- 移除容器化方案。这个方案对现有的超级 App 会有很大的影响。

6.3.6　App Bundle 解析

App Bundle 并不是容器化方案，之所以放在这里介绍，是因为它解决了容器化方案想解决的主要问题之一——包体过大问题。

App Bundle 采用新的服务模型（被称为 Google Play 的动态交付机制）来编译和交付已针对每项设备配置进行过优化的 APK。这样你可以从下载内容中移除其他设备所需而本设备不使用的代码和资源，使用户能安装更小的应用。

与 APK 相比，如图 6-16 所示，App Bundle 具有以下优点。

- 缩小了应用的大小。
- 向用户提供所需的功能和配置。
- 不需要编译和发布多个 APK，降低了开发的复杂性。
- 在你将 App Bundle 上传到 Google Play 管理中心后，Google Play 会为设备发送一个经过优化的二进制文件。
- 针对 Android 5.0 及以上版本：Google Play 将生成基本 APK、配置 APK 和动态功能 APK（如果适用）。
- 针对 Android 5.0 以下版本：Google Play 将在服务端生成多个 APK。

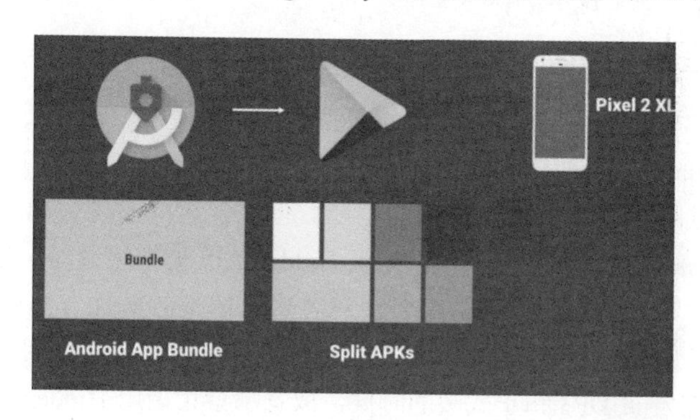

图 6-16

综合来看，App Bundle 解决方案是一整套包括 App 客户端、Play Store 服务器、平台识别匹配的综合平台，目的是尽可能地缩减包体，让用户以更低的成本完成下载任务。

第 7 章 移动混合前端技术

移动互联网发展至今一直不断在效率和产品体验创新的方向发展。Android 系统很好地解决了用户体验（尤其是手机上的用户体验）的问题，但也面临着效率问题，开发者面临着不同的终端设备，可能需要编写针对不同平台的多套代码。H5 虽天生具备跨平台特性，但其在移动终端设备上的体验不佳，这也同时困扰着开发者，因此一种介于 H5 和 Android（或 iOS 及其他系统）的开发模式应运而生，这就是移动混合前端技术。

7.1 H5 方案

天生具备跨平台特性的 H5 方案在努力地提升自己的用户体验，而且随着将来 5G 的普及，相信 H5 方案会得到越来越广泛的应用。

7.1.1 轻量化方案——H5 应用

自从 HTML5 诞生那一刻起，Web 方案就大有要一统江湖的意思。的确，在移动互联网时代，HTML5 以其强跨平台能力，受到了各方的追捧。这里所说的 H5 并不是传统意义上的 HTML5 标签，而是由 JavaScript、CSS 以及 DOM 标签组合形成的 In App 或者 Web App 的形式。H5 最显著的优势在于跨平台特性，用 H5 搭建的站点与应用可以兼容 PC 端与移动端、Windows 与 Linux、Android 与 iOS。它可以被轻易地移植到各种不同的开放平台、应用平台上，打破了各平台各自为政的局面。这种强大的兼容性可以显著地降低开发与运营成本，可以让企业（特别是创业者）获得更多的发展机遇。

在移动端，我们讨论的移动混合开发技术更多的是指 Hybird App，即原生界面嵌套 Web 页面。在原生 App 中运行 Web 程序（对应图 7-1 中的 WebView），并给 Web 程序开放接口，让 Web 程序能够获取原生 App 的一些 API，以此增加原生 App 的灵活性，如图 7-1 所示。

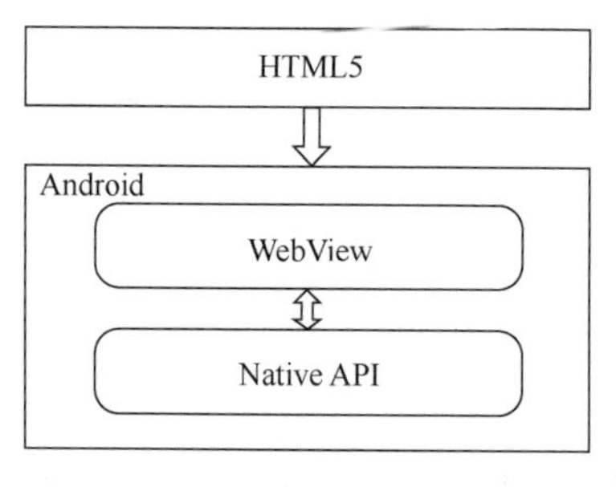

图 7-1

7.1.2 H5 交互与接口实现

H5 Hybrid 方案最重要的部分就是实现 H5 跟 Native 的交互，通过 JavaScript 调用 Native 方法实现部分 Native API 接口调用。因此在 H5 Hybrid 解决方案中，必然需要维护一个庞大的接口列表。

首先，看看移动 App 中内嵌的小型浏览器的代码实现：

```
1.  private void initWebView() {
2.          webView = new WebView(this);
3.          WebSettings webSettings = webView.getSettings();
4.          //设置支持 JavaScript 脚本语言
5.          webSettings.setJavaScriptEnabled(true);
6.          //支持缩放按钮——页面支持才显示
7.          webSettings.setBuiltInZoomControls(true);
8.          //设置客户端——不跳转到默认浏览器中
9.          webView.setWebViewClient(new WebViewClient());
10.         //设置支持可以通过 JavaScript 脚本调用客户端 Java 程序
11.         webView.addJavascriptInterface(new  AndroidAndJSInterface(),
"Android");
12.         //加载本地资源
13.         webView.loadUrl("file:///android_asset/JavaAndJavaScriptCall.html");
14.         //显示页面
15.         //setContentView(webView);
16. }
```

可以看到，我们在设置 WebView 的时候，设置了 setJavaScriptEnabled = true，即允许 JavaScript 调用。接着通过 webView.addJavascriptInterface(new AndroidAndJSInterface(), "Android") 设置 JavaScript 的响应接口类为 AndroidAndJSInterface，这样 H5 通过调用 JavaScript 代码便可以在 AndroidAndJSInterface 中做出响应，实现了初步的交互通信。

接下来简单实现 Native 接口，让我们的 H5 可以调用 Native 接口：

```
1.  /**
2.   * JavaScript 接口类，调用该类的方法
```

```
3.   */
4.   class AndroidAndJSInterface{
5.           @JavascriptInterface
6.           public void showToast(String str){
7.               Toast.makeText(getContext(), str Toast.LENGTH_SHORT).show();
8.           }
9.   }
```

如上所示，通过实现 showToast 接口，H5 便可以通过 JavaScript 接口实现对 Android 原生 Toast 的调用。H5 所需的 Native 接口，都必须在这个接口页面实现后，才可以被 H5 调用。

7.1.3　H5 的缺点

当然，H5 并不是无所不能的，H5 有其高灵活性，但相应地也有很多缺点，分别如下。

（1）每次打开页面，都需要重新加载和获取数据。

（2）过于依赖网络，速度无法保证。特别在弱网环境下，不仅耗费流量而且加载缓慢，就算在 Wi-Fi 环境下情况也不容乐观。

（3）只能使用有限的设备底层功能（无法使用摄像头、方向传感器、重力传感器、拨号、GPS、语音、短信、蓝牙等功能）。

（4）仍处于发展阶段，部分功能无法在基于现有技术的浏览器上实现，而且无法全面地提供最完美的用户体验，只能用现有技术弥补和寻找最佳解决方案。

（5）性能比原生 App 差，WebView 相当于运行在原生 App 上的虚拟机，而 H5 则是运行在 WebView 这个虚拟机上的，需要经过多层转换，效率较低，体验也较差。在对用户体验要求非常高的本地 App 中，H5 的缺点比较明显。

综上所述，因 H5 存在诸多不完善，以致很多应用开发者放弃 H5 而转向 Weex 和 React Native。其中，Facebook 早在 2016 年就宣布，H5 性能体验问题严重，公司将全面转向 Native，并推出了替代性方案——React Native。

7.2　Weex 和 React Native

跨平台一直是老生常谈的话题，Cordova、Ionic、React Native、Weex、Kotlin Native、Flutter 等跨平台框架百花齐放，颇有一股推倒原生开发者的势头。React Native、Weex 均使用 JavaScript 语言作为编程语言，目前 JavaScript 在跨平台开发中可谓占据半壁江山，大有“一统天下”的趋势，接下来就重点进行介绍。

7.2.1 Weex 和 React Native 简介

Weex，Alibaba 出品，使用 JavaScript 语言、JavaScript 的 V8 引擎、Vue 设计模式，原生渲染。React Native，Facebook 出品，利用 JavaScript 调用 Native 端的组件，从而实现相应的功能。

1．Weex

Weex 是 Alibaba 于 2016 年推出的大前端框架，是一个使用 Web 开发技术来开发高性能原生应用的框架。Weex 致力于使开发者能基于现在先进的 Web 开发技术，使用同一套代码来构建 Android、iOS 和 Web 应用。

Weex 的设计理念是一处开发，多处运行（Write once, run anywhere）。

2．React Native

React Native（简称 RN）是 Facebook 于 2015 年 4 月开源的跨平台移动应用开发框架，是 Facebook 早先开源的 JavaScript 框架 React 在原生移动应用平台上的衍生产物，目前支持 iOS 和 Android 两大平台。React Native 使用 JavaScript 语言（类似于 HTML 的 JSX）和 CSS 来开发移动应用，因此熟悉 Web 前端开发的技术人员只需少量学习就可以进入移动应用开发领域。React Native 使你能够在 JavaScript 和 React 的基础上获得完全一致的开发体验，构建世界一流的原生 App。React Native 着力于提高多平台开发的开发效率——仅需要学习一次，即可在任何平台上编写代码（Learn once, write anywhere）。

7.2.2 Weex 和 React Native 的对比

本节将从使用现状、技术架构、开发环境等几个方面对比 Weex 和 React Native。

1．使用现状

（1）Weex

据不完全统计，在应用商店前 500 的 App 中，有 22 个使用了 Weex，主要是阿里系应用（如淘宝、UC 等），此外企鹅电竞、网易考拉海购等非阿里系应用也使用了 Weex。

Weex 社区活跃度相对较低，主要集中在国内，与 Vue 开发社区基本重叠。如果开发者有关于 Weex 的问题，最好用的搜索引擎是百度而不是 Google。当然，作为阿里系产品，Weex 最大的活跃社区在 ATA 中，Star 数为 9000 多。

（2）React Native

据不完全统计，在应用商店前 500 的 App 中，有 33 个使用了 React Native，涉及各类 App。作为开源最早的 Hybrid 架构，React Native 受到很多第三方开发者的拥护。

React Native 主要由 Facebook 团队人员维护，已经在 GitHub 上开源，也有外部人员参与共同维护，目前 Star 数已经超过 6.3 万。

2．技术架构

（1）Weex

Weex 的设计理念是“Write once, run anywhere”，其主要的设计部分如下。

- JavaScript Bundle 开发

结合 Vue 开发环境，直接使用 Vue 开发的 JavaScript 代码，并将页面打包成 JavaScript Bundle。

- 服务器

将 JavaScript Bundle 部署到服务器中，客户端或者 Web 通过相关链接访问 JavaScript Bundle。

- JSR

即 JavaScript Runtime，解析 JavaScript 代码，将 JavaScript 代码与本地开发接口做关联，让 JavaScript 代码可以访问本地接口。

- Layout Engine

Layout Engine 是一个布局转换框架，它将 Vue 布局、CSS 和 DOM 标签转换成对应操作系统的相关布局格式，然后通过本地 JavaScript 引擎去做渲染。

具体架构图如图 7-2 所示。

（2）React Native

React Native 的设计理念是跨平台运行，主要在 Android/iOS 双端，不支持 Web 端页面。

- JavaScript Bundle 开发

与 Weex 相似，React Native 也是将 JavaScript 代码转换成 JavaScript Bundle，但不同的是，编程框架用的是 React。

- 服务器

将 JavaScript Bundle 部署到服务器中，客户端或者 Web 端通过相关链接访问 JavaScript Bundle。

- JavaScript VM

解析 JavaScript 运行环境，并与本地相关接口做映射。在 Android 平台为 V8 内核，在 iOS 平台为 JavaScript Core 引擎。

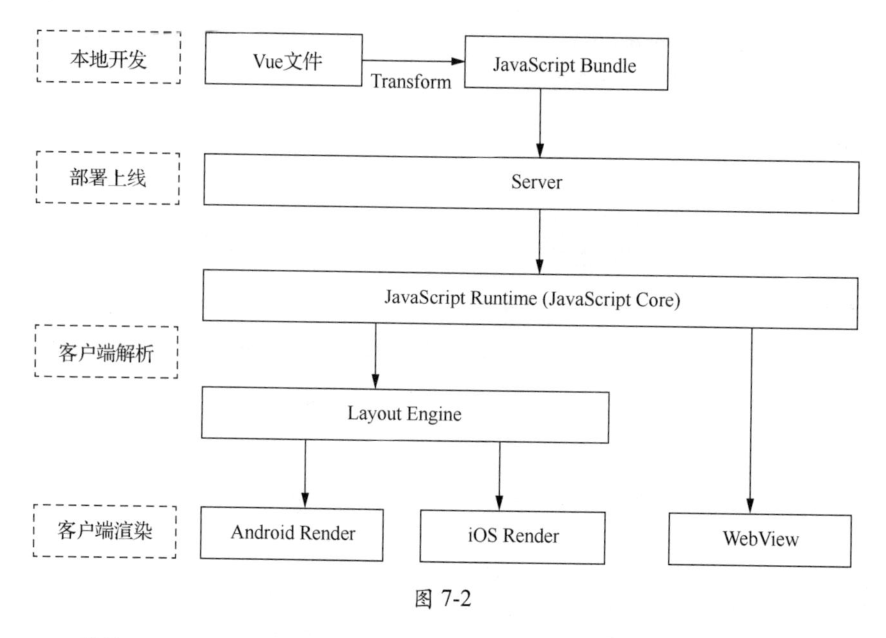

图 7-2

- yoga 引擎

将 React 布局转换成双端的布局格式，同 Weex 的 Layout Engine 一样。

具体的架构图如图 7-3 所示。

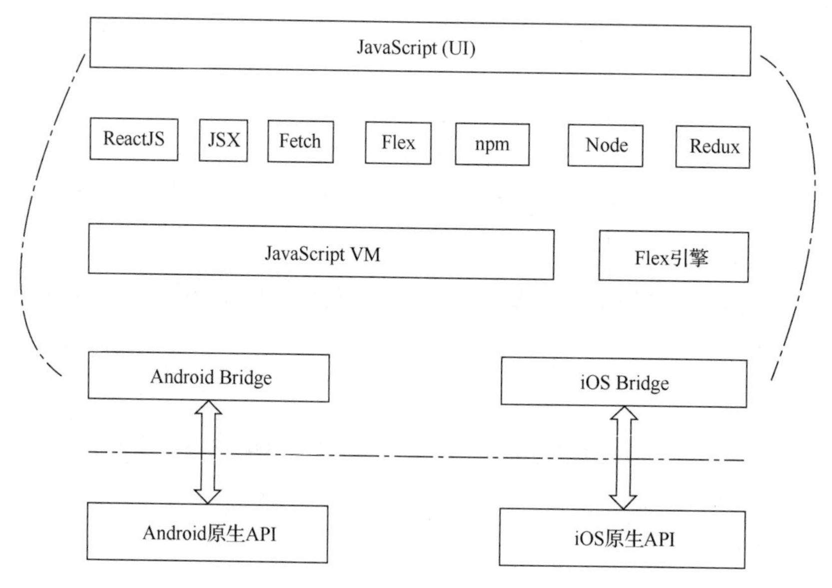

图 7-3

3. 开发环境

（1）Weex

开发语言：Vue.js（DOM + JavaScript + CSS）+ Java

开发环境：Java + Node.js

开发工具：编辑器（SublineText、Atom 等）

知识储备：Native App 技术 + Vue 开发技术

（2）React Native

开发语言：React.js+ Java

开发环境：Java + Node.js

开发工具：编辑器（SublineText、Atom 等）

知识储备：Native App 技术 + React 开发技术

综上所述，React Native 和 Weex 都是通过将 JavaScript、CSS 和 DOM 标签的 HTML 开发模式应用到客户端，并通过样式转换（yoga、Layout Engine）和接口转换（JSC、V8）转换成本地可以调用的代码。这样做有如下两个好处。

一是让本地代码变得跟 HTML5 代码一样灵活，实现免发版更改线上样式布局。

二是通过 Native 接口的实现直接绘制，提高了绘制效率，比 HTML5 的绘制更高效、交互效率更高。

7.2.3　如何使用

上面描述了关于 Weex 和 React Native 的相关信息，那么到底如何使用？下面进行详细介绍。

1. 使用要求

Weex 和 React Native 所做的具体接入前的相关准备如表 7-1 所示。

表 7-1

项　目	Weex	React Native
Android 版本	4.0 及以上版本	4.1 及以上版本
Android Support	需要	需要
其他	无	Android 5.0 以下版本的系统需要用 AppCompatActivity 代替 Activity，MyReactActivity 的主题可设定为 Theme.AppCompat.Light.NoActionBar

2．开发成本

相比纯 Native 开发，单一模块开发工作被拆分为 Native 端接口/模块开发和 JavaScript 端内容开发，涉及两端协议同步、接口同步等操作，会增加开发成本。其开发成本主要分为以下几个部分。

- JavaScript 端内容开发成本（原有的内容开发）。
- 客户端新增接口/组件开发成本。
- 新增接口、协议同步成本。
- JavaScript 端与客户端联合调试。

3．Weex 的使用方法

具体到 Weex 的使用方法如下。

（1）Android 集成有两种方式

- 源码依赖：能够快速使用 Weex 的最新功能，可以根据自己项目的特点进行相关改进。
- SDK 依赖：Weex 会在 JCenter 中定期发布稳定版本。

（2）前期准备

已经安装了 JDK（version≥1.7）并配置了环境变量，已经安装了 Android SDK 并配置了环境变量：

- Android SDK version 23（在 build.gradle 配置文件中编译 SDK 的版本）
- SDK build tools version 23.0.1（在 build.gradle 配置文件中构建工具的版本）
- Android Support Repository >= 17（Android 支持库）

（3）快速使用

如果你打算尝鲜或者对稳定性要求比较高，可以使用依赖 SDK 的方式。

步骤如下：

创建 Android 工程，这一步没有什么需要特别说明的，按照你的习惯来即可。

修改 build.gradle 并加入以下基础依赖：

```
1.   compile 'com.android.support:recyclerview-v7:23.1.1'
2.   compile 'com.android.support:support-v4:23.1.1'
3.   compile 'com.android.support:appcompat-v7:23.1.1'
4.   compile 'com.alibaba:fastjson:1.1.46.android'
```

```
5.   compile 'com.taobao.android:weex_sdk:0.5.1@aar'
```

注意：上述 Android 支持库的版本只可以高而不可以低。

（4）初始化

```
1.   package com.weex.sample;
2.
3.   import android.app.Application;
4.
5.   import com.taobao.weex.InitConfig;
6.   import com.taobao.weex.WXSDKEngine;
7.
8.   /**
9.    * 注意要在 Manifest 中设置 android:name=".WXApplication"
10.   * 要实现 ImageAdapter，否则不能下载图片
11.   * 一定要在 Gradle 中添加一些依赖，否则初始化会失败
12.   * compile 'com.android.support:recyclerview-v7:23.1.1'
13.   * compile 'com.android.support:support-v4:23.1.1'
14.   * compile 'com.android.support:appcompat-v7:23.1.1'
15.   * compile 'com.alibaba:fastjson:1.1.45'
16.   */
17.  public class WXApplication extends Application {
18.
19.    @Override
20.    public void onCreate() {
21.      super.onCreate();
22.      InitConfig config=new InitConfig.Builder().setImgAdapter(new
ImageAdapter()).build();
23.      WXSDKEngine.initialize(this,config);
24.    }
25.  }
```

4. React Native 的使用方法

具体到 React Native 的使用方法如下。

（1）配置 Maven

在你的 App 的 build.gradle 文件中添加 React Native 依赖：

```
1.   dependencies {
2.       ...
3.       compile "com.facebook.react:react-native:+"
4.   }
```

如果想指定特定的 React Native 版本，可以用具体的版本号替换+，当然前提是你从 npm

里下载的是这个特定版本。

在项目的 build.gradle 文件中为 React Native 添加一个 Maven 依赖的入口，必须写在 allprojects 代码块中：

```
1.  allprojects {
2.      repositories {
3.          ...
4.          maven {
5.    // 所有 React Native（JavaScript，Android 二进制文件）都是从 npm 里安装的
6.              url "$rootDir/../node_modules/react-native/android"
7.          }
8.      }
9.      ...
10. }
```

确保依赖路径正确！避免在 Android Studio 运行 Gradle 同步构建时抛出“Failed to resolve: com.facebook.react:react-native:0.x.x”异常。

（2）配置权限

接着，在 AndroidManifest.xml 清单文件中声明网络权限：

```
1.  <uses-permission android:name="android.permission.INTERNET" />
```

如果需要访问 DevSettingsActivity 界面（即开发者菜单），则还需要在 AndroidManifest.xml 中进行声明：

```
1.  <activity android:name="com.facebook.react.devsupport.DevSettingsActivity" />
```

开发者菜单一般仅用于在开发时从 Packager 服务器刷新 JavaScript 代码，所以在正式发布时你可以去掉这一权限。

（3）代码接入

我们还需要添加一些原生代码来启动 React Native 的运行时环境并让它开始渲染。首先需要在一个 Activity 中创建一个 ReactRootView 对象，然后在这个对象中启动 React Native 应用，并将它设为界面的主视图。

如果你想在 Android 5.0 以下版本的系统上运行，请用 com.android.support:appcompat 包中的 AppCompatActivity 代替 Activity：

```
1.  public class MyReactActivity extends Activity implements DefaultHardware
BackBtnHandler {
2.      private ReactRootView mReactRootView;
3.      private ReactInstanceManager mReactInstanceManager;
```

```
4.
5.      @Override
6.      protected void onCreate(Bundle savedInstanceState) {
7.          super.onCreate(savedInstanceState);
8.
9.          mReactRootView = new ReactRootView(this);
10.         mReactInstanceManager = ReactInstanceManager.builder()
11.                 .setApplication(getApplication())
12.                 .setBundleAssetName("index.android.bundle")
13.                 .setJSMainModulePath("index")
14.                 .addPackage(new MainReactPackage())
15.                 .setUseDeveloperSupport(BuildConfig.DEBUG)
16.                 .setInitialLifecycleState(LifecycleState.RESUMED)
17.                 .build();
18.
19.         // 注意这里的 MyReactNativeApp 必须对应“index.js”中的
20.         // “AppRegistry.registerComponent()”的第一个参数
21.         mReactRootView.startReactApplication(mReactInstanceManager,
"MyReactNativeApp", null);
22.
23.         setContentView(mReactRootView);
24.     }
25.
26.     @Override
27.     public void invokeDefaultOnBackPressed() {
28.         super.onBackPressed();
29.     }
30. }
```

我们需要把 MyReactActivity 的主题设定为 Theme.AppCompat.Light.NoActionBar，因为里面有许多组件都使用了这一主题：

```
1.  <activity
2.    android:name=".MyReactActivity"
3.    android:label="@string/app_name"
4.    android:theme="@style/Theme.AppCompat.Light.NoActionBar">
5.  </activity>
```

一个 ReactInstanceManager 可以在多个 Activity 或 fragment 间共享。

下一步需要把一些 Activity 的生命周期回调传递给 ReactInstanceManager：

```
1.  @Override
2.  protected void onPause() {
3.      super.onPause();
```

```
4.         if (mReactInstanceManager != null) {
5.             mReactInstanceManager.onHostPause(this);
6.         }
7.     }
8.
9.     @Override
10.    protected void onResume() {
11.        super.onResume();
12.
13.        if (mReactInstanceManager != null) {
14.            mReactInstanceManager.onHostResume(this, this);
15.        }
16.    }
17.
18.    @Override
19.    protected void onDestroy() {
20.        super.onDestroy();
21.        if (mReactInstanceManager != null) {
22.            mReactInstanceManager.onHostDestroy();
23.        }
24.    }
```

还需要把后退按钮事件传递给 React Native：

```
1.     @Override
2.      public void onBackPressed() {
3.         if (mReactInstanceManager != null) {
4.             mReactInstanceManager.onBackPressed();
5.         } else {
6.             super.onBackPressed();
7.         }
8.     }
```

7.3 Flutter

Flutter，Google 出品，使用 Dart 语言和 Flutter Engine 引擎，采用响应式设计模式，原生渲染。Flutter 是 Google 于 2018 年发布的跨平台移动 UI 框架。与 React Native 和 Weex 通过 JavaScript 语言开发不同，Flutter 的编程语言是 Dart 语言，所以执行时并不需要 JavaScript 引擎，但实际效果最终也通过原生渲染来实现。在 Flutter 中，大多数东西都是 Widget，而 Widget 是不可变的，仅支持 1 帧，并且在每一帧上都不会直接更新，而更新必须使用 Widget 的状态。无状态和有状态 Widget 的核心特性是相同的，它们会重新构建每一帧，有一个 State

对象，它们可以跨帧存储状态数据并恢复自己。

7.3.1 Flutter 简介

Flutter 是 Google 的移动 UI 框架，可以快速地在 iOS 和 Android 上构建高质量的原生用户界面，Flutter 可以与现有的代码一起工作。在全世界范围，Flutter 正在被越来越多的开发者和组织使用，并且 Flutter 是完全免费、开源的。

Flutter 有以下几个特点。

1．快速开发

可实现毫秒级的热重载，进行修改后，你的应用界面会立即更新。可以使用丰富的、完全可定制的 Widget 在几分钟内构建原生界面。

2．富有表现力和灵活的 UI

快速发布聚焦于原生体验的功能。分层的架构允许你完全自定义，从而实现难以置信的快速渲染和富有表现力、灵活的设计。

3．原生性能

Flutter 包含了许多核心 Widget，如滚动、导航、图标和字体等，这些都可以在 iOS 和 Android 上达到原生应用一样的性能。

Flutter Widget 采用现代响应式框架进行构建，这是从 React 中获得的灵感，中心思想是用 Widget 构建你的 UI。Widget 描述了它们的视图在给定当前配置和状态时应该看起来像什么。当 Widget 的状态发生变化时，Widget 会重新构建 UI，Flutter 会对比前后的变化，以确定底层渲染树从一个状态转换到下一个状态所需的最小更改。

7.3.2 Dark 语言简介

Dart 是 Google 于 2011 年推出的编程语言，是一种结构化的 Web 编程语言，允许用户通过 Chromium 中所整合的虚拟机（Dart VM）直接运行 Dart 语言编写的程序，免去了单独编译的步骤。以后这些程序将从 Dart VM 较快的性能与较短的启动延迟中受益。Dart 从设计之初就为配合现代 Web 整体运作而考虑，其开发团队也同时在持续改进 Dart 向 JavaScript 转换的快速编译器。Dart VM 以及现代 JavaScript 引擎（V8 等）都是 Dart 语言的首选目标平台。

以下是一段简单的 Dart 语言代码：

```
1.   import 'package:flutter/material.dart';
2.
```

```
3.  void main() {
4.    runApp(
5.      new Center(
6.        child: new Text(
7.          'Hello, world!',
8.          textDirection: TextDirection.ltr,
9.        ),
10.     ),
11.   );
12. }
```

以下是关于 Dart 语言的一些重要概念。

- 所有的东西都是对象，无论是变量、数字还是函数等。所有的对象都是类的实例。所有的对象都继承自内置的 Object 类。
- 在程序中指定数据类型是为了指出自己的使用意图，并帮助语言进行语法检查。但是，指定数据类型不是必需的。Dart 语言是弱数据类型的。
- Dart 代码在运行前解析。指定数据类型和编译时的常量可以加快运行速度。
- Dart 程序有统一的程序入口 main。这一点与 C/C++语言比较像。
- Dart 支持顶级的变量定义。
- Dart 没有 public、protected、private 的概念。但是如果变量或函数以下画线(_)开始，则该函数或变量属于当前包私有（private）的方法。
- Dart 中的变量或函数以下画线(_)或字母开头，后面接上任意组合的下画线(_)、数字或字母。这点与大部分编程语言是一样的。
- 严格区分 expression 和 statement。
- Dart 的工具可以检查出警告信息（warning）和错误（error）。警告信息只是表明代码可能不工作，但是不会妨碍程序运行。错误可能是编译时的错误，也可能是运行时的错误。编译时的错误将阻止程序运行，运行时的错误将以 exception 的方式呈现。
- Dart 使用;来分割语句。这点类似于 Java/C++语言，但是与 Python 语言不同。

Dart 语言提供了如表 7-2 所示的关键字。

表 7-2

abstract	continue	FALSE	new	this
as	default	final	null	throw
assert	deferred	finally	operator	TRUE
async	do	for	part	try
async	dynamic	get	rethrow	typedef
await	else	if	return	var

续表

break	enum	implements	set	void
case	export	import	static	while
catch	external	in	super	with
class	extends	is	switch	yield
const	factory	library	sync	yield

7.3.3 Flutter 原理浅析

Flutter 的实现与 React Native 和 Weex 不同，React Native 和 Weex 是将 JavaScript 标签代码通过 JSC 或者 V8 转化成 Native 布局，再去绘制 UI，而 Flutter 则使用了完全不同的解决方案。首先，看一下 Google 给出的原理图，具体如图 7-4 所示。

通过图 7-4 可以发现，Flutter 只关心向 GPU 提供视图数据，GPU 的 VSync 信号同步到 UI 线程，UI 线程使用 Dart 来构建抽象的视图结构，这个数据结构在 GPU 线程中进行图层合成，将视图数据提供给 Skia 引擎并渲染为 GPU 数据，这些数据通过 OpenGL 或者 Vulkan 提供给 GPU。所以 Flutter 并不关心显示器、视频控制器以及 GPU 的具体工作，它只关心 GPU 发出的 VSync 信号，会尽可能快地在两个 VSync 信号之间计算并合成视图数据，并且把数据提供给 GPU。

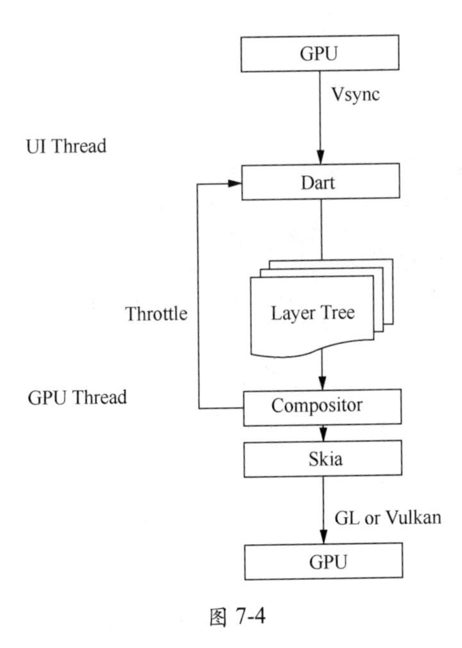

图 7-4

1. Flutter Framework

这是一个纯用 Dart 语言实现的 SDK，类似于 React 在 JavaScript 中的作用。它实现了一套基础库，用于处理动画、绘图和手势，并且基于绘图封装了一套 UI 组件库，然后根据 Material 和 Cupertino 两种视觉风格区分开。这个纯 Dart 实现的 SDK 被封装为一个叫作 dart:ui 的 Dart 库。我们在使用 Flutter 写 App 的时候，直接导入这个库即可使用组件等功能。

2. Flutter Engine

这是一个纯 C++实现的 SDK，其中囊括了 Skia 引擎、Dart 运行时、文字排版引擎等。不过说得直白些，它就是 Dart 的一个运行时，它可以以 JIT、JIT Snapshot 或者 AOT 的模式运行 Dart 代码。在代码调用 dart:ui 库时，提供 dart:ui 库中的 Native Binding 实现。不过别忘了，这个运行时还控制着 VSync 信号的传递、GPU 数据的填充等，并且还负责把客户端的事件传递给运行时中的代码。

Flutter 包括一个现代的响应式框架、一个 2D 渲染引擎，以及现成的 Widget 和开发工具。这些组件可以帮助你快速地设计、构建、测试和调试应用程序。

3. 一切皆为 Widget

Widget 是 Flutter 应用程序用户界面的基本构建块。每个 Widget 都是用户界面一部分的不可变声明。与其他将视图、控制器、布局和别的属性分离的框架不同，Flutter 具有一致的统一对象模型 Widget。

Widget 可以被定义：

- 一个结构元素（如按钮或菜单）。
- 一个文本样式元素（如字体或颜色方案）。
- 布局中的一个点（如填充）。

如图 7-5 所示，Widget 根据布局形成了一个层次结构，每个 Widget 嵌入其中，并继承其父项的属性。没有单独的“应用程序”对象，相反根 Widget 扮演着这个角色。

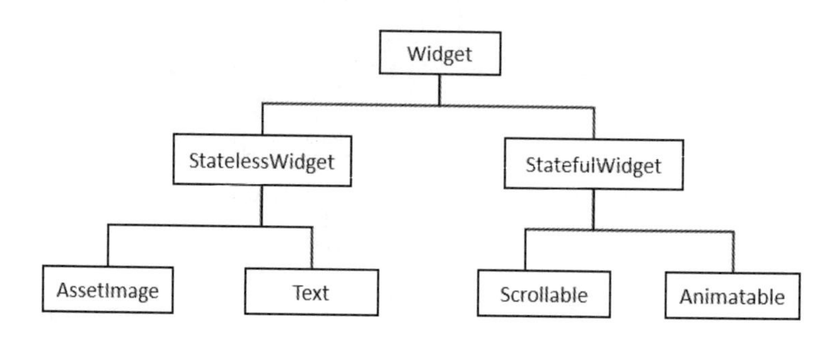

图 7-5

Widget 本身通常由许多更小的、单一用途的 Widget 组成，这些 Widget 结合起来可以产生强大的效果。例如，Container 是一个常用的 Widget，由多个 Widget 组成，这些 Widget 负责布局、绘制、定位和调整大小。具体来说，Container 由 LimitedBox、ConstrainedBox、Align、Padding、DecoratedBox 和 Transform 组成。你可以用各种方式组合这些以及其他简单的 Widget，而不是继承容器。

类层次结构很浅且很宽，可以最大限度地增加可能的组合数量。

而且，Flutter 通过自带的 Skia 图形绘制引擎，可以实现 2D 图像的绘制。这样既解决了图形绘制的效率问题，也解决了双端绘制引擎的统一性问题，让应用程序的兼容性更加优秀。

移动混合前端技术，从 2016 年 React Native 的盛行，到 2017 年 Weex 的推出，再到小程序和 Flutter，都是为了解决 Android 代码的灵活性和效率问题。比如，像 Weex 的“一端开发，多端运行”，或者像 React Native 和 Flutter 的“一次开发，双端支持”，都是为了解决多平台的开发效率问题。但就目前的技术水平来说，双端，乃至多端，甚至多平台的差异性都给移动混合前端技术带来了不小的挑战。很多人看到这些技术后，跃跃欲试，然而之后又无奈放弃，这样的案例并不在少数。移动混合前端技术，从实现上偏客户端，从开发上又偏前端，这种模糊不清的纠结，也给其普及带来了不小的困难。

第 8 章 移动场景下的 AI 技术

万物互联，一切变得高度智能。AI（人工智能）技术给人类社会带来的变革不仅停留在延伸人的体力和脑力上，而且将是最具变革性的技术。但结合不同的领域，AI 将朝着怎样的方向前进，又将在过程中面临怎样的机遇和挑战呢？

2017 年以亚马逊 Echo 为代表的一股语音助手（语音助手是一款智能型的应用，通过智能对话与即时问答的智能交互，帮助用户解决问题）热潮席卷了全球，令无数人为之疯狂，而在 2018 年，各厂商继续加码，将最初的无屏音箱扩展成迷你音箱、带屏音箱、智能电视、智能耳机和车载语音 AI 产品等多种产品，以更全面和丰富的形式进入我们的生活。

8.1 移动 AI 现状

移动 AI 从 2017 年爆发到现在变得越来越平静，AI 所依赖的如数据、网络和算力等因素导致的问题不断突显。而因体验等原因基于到端的 AI 技术却在火速发展，如 Android 8.0 系统加入了神经网络 API，以及出现了各种 AI 芯片等。

8.1.1 背景

随着 AI 的发展，在训练深度神经网络和大规模 AI 模型以及部署各机器的计算量时，通常要在大量数据中心或超级计算机的支持下完成，需要通过不同的信息（如图像、视频、文本和语音等），不断处理、创建和改进网络模型，在大规模计算平台上部署并高速运行。然而在服务端部署 AI 现在还面临一定的问题，比如，数据传输的安全性、响应速度延迟情况比较严重等。

在最近几年的 AI 发展历程中，芯片制造商、移动操作系统提供商、深度学习框架社区以及移动应用开发者都开始转向移动端离线 AI。移动端离线 AI 可以为我们带来低网络依赖，使终端设备具备识别和决策的能力，同时降低服务端的带宽和计算成本，降低本地延时并提高 AI 能力响应速度，为用户提供更好的体验。

下面将从软件和硬件层次来分别进行说明。

1．软件层次

Google 在 2017 年发布了一个专门针对移动设备而优化的 TensorFlow 新版本，这一新的软件库被称为 TensorFlow Lite，其允许开发人员在用户的移动设备上实时地运行 AI 应用。据 Google 介绍，该软件库在设计上力求更快和更小的同时依然支持最先进的技术。

通过该软件库，Google 希望能将一些处理过程转移到用户的移动终端上。这不仅可以提升处理能力，而且减少了数据量。此外，它还可以确保用户数据的私有性，可以不再依赖于网络连接。TensorFlow Lite 是 TensorFlow 针对移动端进行深度精简过的深度学习模型运行框架，大小仅 700KB 左右，更符合移动端对包体大小的要求。

然而早在 2016 年，Facebook 就已经发布了名为 Caffe2Go 的移动端深度学习工具，并且在 2017 年召开的 F8 大会上，Facebook 正式发布 Caffe2。Caffe2 框架可以通过一台机器上的多个 GPU 或具有一个及多个 GPU 的多台机器来进行分布式训练，也可以在 iOS 系统、Android 系统和树莓派（Raspberry Pi）上训练和部署模型，只需要运行几行代码即可调用 Caffe2 中预先训练好的 Model Zoo 模型。

而另一个热门的深度学习框架是 PyTorch。PyTorch 是一个社区驱动的项目，由经验丰富的工程师和研究者们开发。PyTorch 的设计思路是线性、直观且易于使用。当你需要执行一行代码时，它会忠实执行。与 Caffe2 相比，PyTorch 适合进行研究、实验和尝试不同的神经网络，而 Caffe2 更偏向于工业应用，而且重点关注移动端上的表现。

为了竞争 Google 的 TensorFlow Lite，在 2018 年，Caffe2 开源了代码并且正式并入 PyTorch。至此，Facebook 主力支持的两大深度学习框架已合二为一。

2．硬件层次

市面上出现了多款搭载 AI 芯片的手机，比如，苹果 iPhone X、华为 Mate 10 系列、LG G7、三星 S9，以及搭载曦力 P60 芯片的 OPPO R15 和 VIVO X21 等，而 AI 功能也成为这些手机共同的宣传点，比如人脸识别、智能语音、AI 算法拍照等。

虽然各家的 AI 芯片都开始集成独立的神经网络处理单元，但是在设计上有很大的不同。这意味着，在运行机器学习应用方面，几家的 AI 芯片在性能和能耗上有很大的差别。因此，第三方开发者是否针对几家的芯片设计进行优化，或只支持某一种设计，会对系统性能产生重大影响。手机 AI 芯片的能力，其实远不止宣传的人脸识别和 AI 算法拍照等基础功能，而是能够根据用户的习惯与需求，通过芯片的硬件"离线"处理能力（收集、整理信息，运算与分析，以及应对处理）与系统传输配合，推算出用户的兴趣、爱好与需求，并即时反馈给用户，这些才是移动 AI 芯片真正的用武之地。

比如，通过手机的感知能力，在本地记录用户的地理位置、天气、光线、使用时长和用户行程安排等数据，将本地计算与已有的算法模型结合。这里需要注意的是，将智能推荐算法这类本身就依托于网络的算法完全移植到本地意义不大，但把云端推理结果放到本地再处理，会得到很不一样的用户体验，可以得到真正定制化的 AI 体验。

移动 AI 芯片的出现降低了消费级 AI 应用的准入门槛，提供给开发者推出轻量级产品的可能，这使得开发者不必担心云服务资源的使用资费，也不必担心用户量增长导致服务器宕机。

然而现实的问题是，目前 AI 芯片还处于算法主导到产品主导的过渡期，各家 AI 芯片的设计不同，AI 方案架构也有很大的差异，就算开发者开发同一款 AI 应用，其兼容性也可能存在很多问题，这就导致了开发者需要针对不同厂商的设备逐个优化。

8.1.2 移动 AI 落地方案

下面选取美颜、语音和翻译功能来看看移动 AI 落地方案。

1. AI 美颜功能

10 年前用手机给自己拍照，最终拍出来的效果可能不尽如人意。早期的美颜算法可以帮助用户自动美化照片，但是众所周知，由于个体特征和审美差异，一刀切式的美颜功能并不是理想的选择，用户更希望自拍照美得自然，而如何实现因人而异、表现自然的美颜功能？这也一直是 AI 美颜技术努力的方向。以目前的 AI 美颜技术，可以通过深度学习算法以及对数据库的分析，智能识别拍照场景，判断最佳拍照时机，实现智能完美虚化，呈现特效般的迷人效果，帮助人们轻松拍出顶级美图。

OPPO 在 2017 年 10 月就发布了带有 AI 美颜功能的 R11s 手机。据 OPPO 介绍，当用户自拍的时候，R11s 会采集 254 个面部特征点，然后智能分析出用户的性别、年龄、肤色、肤质等信息，让美颜功能更智慧。通过多维度排列组合输出的美颜效果可达 200 万种，然后通过 AI 智能算法为用户推荐最合适的效果，达到拍出用户最满意照片的目的。

而在大概同一时期，华为也推出了具有 AI 美颜功能的 Mate 10 手机，Mate 10 搭载了华为自家的麒麟 970 AI 芯片。在 AI 美颜功能方面，华为甚至做得更为激进，通过 Mate 10 搭载的人脸识别技术，手机可以自动检测人脸并进行美颜，每 3 秒还能变换不同的动态效果，即使拍摄对象在镜头前移动，AI 美颜也能精准贴合。

2. 语音识别打分

目前市面上存在多款英语学习 App，在移动 AI 的潮流下，该类 App 也诞生了新的技术方案以更好地为用户服务。这其中的核心技术便是语音评测算法，语音评测算法通过深度神经网络进行学习、训练之后集成在 App 中，在离线状态下可以为用户提供相关服务。这是以往的技术所不能实现的。

利用语音评测算法可以给用户输入的口语实时打分、反馈，帮助用户纠正发音和提高口语能力。语音评测算法将近年 AI 领域取得重大突破的深度神经网络（DNN）模型应用到语音评测系统中，与传统的建模方法相比，其大幅提升了各项基准的准确率。

具体的使用方法为用户跟读 App 提供的英语教程内容，App 通过语音评测算法针对用户的发音与语速等问题进行计算、打分并得出总分，用户通过 App 输出的评测报告可以获知自身口语发音等存在的问题并进行专项突破，以达到提高相关英语能力的目的。

3. 翻译机

翻译机相关产品其实并不多，其中最早上市的应该是讯飞 1.0 翻译机，因此科大讯飞在这一领域可以称得上开拓者。另外，世界上最早将机器神经和人工神经网络用于 AI 算法的两个公司分别是 Google 和科大讯飞。后续，各路翻译机产品也从以往纯粹的机器翻译阶段（像我们初高中时用百度一字一句翻译那样）不断进步到神经机器翻译阶段。

翻译机集语音识别、语音合成、图像识别、离线翻译和多麦阵列降噪等能力于一身。而讯飞翻译机 2.0 支持中文与 33 种语言即时互译、方言翻译和拍照翻译，并独家具备 4G、Wi-Fi 和离线翻译模式，在可用性与易用性上可谓已经做得相当完美。

8.2　AI 的应用场景

目前 AI 技术的应用场景已经十分广泛，本节将从图像处理、语音识别和模式识别等方面来进行应用案例的说明。

8.2.1　图像处理

图像处理是一个最基本的 AI 应用场景，它到底需要什么样的 AI 技术呢？下面会从原理和业务场景来分析。

1. 原理

为了弄清楚计算机是怎么识别图像的，首先需要明白计算机的工作原理。计算机只会识别由 0 和 1 组成的二进制数据，所以为了让计算机能够懂得如何进行图像识别，需要将图像翻译成计算机能理解的语言，而实现这一目的的方法便是使用深度学习与神经网络模型。

具体的实现方式和算法模型有很多种，在接下来的案例与讲解中，我们以应用最广泛的卷积神经网络进行展开介绍。卷积神经网络由以下几个部分组成。

（1）卷积计算层，线性乘积求和

（2）激励层

（3）池化层

（4）全连接层

而卷积神经网络在识别图像的过程又可以拆分为以下几个具体步骤。

（1）把图像分解成部分重合的小图块。

（2）把每个小图块输入小型神经网络中。

（3）把每个小图块的结果都保存到一个新数列中。

（4）缩减像素采样。

（5）做出预测与识别。

当然如果你愿意，还可以为以上这些过程增加一些其他步骤来进行模型优化，以达到更好的图像识别效果。

2. 业务场景

那么在业务场景下会是怎样的呢？下面从图像识别和图像分割的角度来介绍。

（1）图像识别

计算机视觉是利用摄像机和计算机代替人眼，使计算机拥有类似于人类的对目标进行检测、识别、理解、跟踪、判别和决策的功能。在实际的应用场景中，比如用户需要对一份简历图像上的文字信息进行提取与识别。

传统的 OCR 基于图像处理（二值化、连通域分析和投影分析等），过去 20 年间在印刷体和扫描文档上取得了不错的效果。具体的步骤可以分解如下。

① 图像预处理（几何校正、模糊校正和光线校正）。

② 文字行提取（二值化、版面分析和行切分）。

③ 文字行识别（字符切分、单字识别和识别后处理）。

从输入图像到给出识别结果经历了图像预处理、文字行提取和文字行识别 3 个阶段。其中文字行提取的相关步骤（版面分析和行切分）会涉及大量的先验规则，而文字行识别主要基于传统的统计学方法。随着移动设备的普及，对拍摄图像中的文字进行提取和识别成为主流需求，同时对场景中的文字进行识别的需求也越来越突出。因此，相比于印刷体场景，拍照文字的识别将面临更多的挑战。

而新的 OCR 提取方法主要基于深度学习的图像分类与识别领域的研究成果。具体实现方式为，通过将传统 OCR 领域中步骤③的传统单字识别引擎更新为基于深度学习的单字识别引擎，在实际的识别效果上提高了识别准确率以及提升了 OCR 识别的环境兼容性。由于单字识别引擎的训练是一个典型的图像分类问题，而卷积神经网络在描述图像的高层语义方面优势明显，所以主流方法是基于卷积神经网络的图像分类模型。

实践中的关键点在于，如何设计网络结构和合成训练数据。其中，对于网络结构，我们可以借鉴手写识别领域的相关网络结构，也可采用 OCR 领域取得出色效果的 Maxout 网络结构。

（2）图像分割

卷积神经网络（CNN）不仅能用来对图像进行分类，还在图像分割任务中有着广泛的应用。比如，在医学图像分割领域，基于深度学习的图像分割技术有助于医生进行医疗诊断，这提高了诊断的效率和准确性。

随着医学影像学设备的快速发展和普及，成像技术包括磁共振成像（MR）、计算机断层扫描（CT）、超声和正电子发射断层扫描（PET）等，成为医疗机构开展疾病诊断、手术计划制定、预后评估和随访等不可或缺的设备，全世界每天都在产生大量的医学影像学信息，如何有效且高效地利用这些医学影像成了一个大问题。而其中的图像分割环节是图像处理的重要环节，也是难点所在，是制约三维重建等技术应用的瓶颈性问题。随着深度学习方法的迅速发展，基于深度学习的图像分割算法在医学图像分割领域取得了显著的效果。

对于医学影像分割，有两个关键点：一个关键点是对于医学影像而言，往往不需要进行多分类，只需要进行病灶或器官的区分即可；而另一个关键点在于，医学影像所需的分割精度较高，同时所需的稳定性也较高，而医学影像往往信噪比相对较低，即使是医生，也需要长期的专业训练，而结果一致性也往往会受到医生经验、疲劳程度和耐心程度的限制。所以对于可以使用卷积神经网络进行辅助医学图像分割的任务，将大大提高医生的工作效率，承担医生的部分工作量，使得医生可以更专注于疾病治疗等其他领域。

8.2.2　语音处理

下面从原理和业务场景来对语音处理进行说明。

1. 原理

语音处理的关键在于将声音信号转化为具体的语义文字。那么如何将声音信号转化为语义文字的呢？首先，我们知道声音实际上是一种波，而在实际的处理过程中会对声音信号进行分割与标记等操作，下面先介绍音素与声音状态这两个概念。

- **音素**：单词的发音由音素构成。对英语来说，一种常用的音素集是卡内基梅隆大学的一套由 39 个音素构成的音素集；而对汉语来说，一般直接用全部声母和韵母作为音素集，另外对汉语的识别还分有调无调。
- **声音状态**：将其理解成比音素更细致的语音单位就可以了，通常把 1 个音素划分成 3 个状态。

在具体的语音识别过程中，对于声音信号的处理是比较复杂的，为了简化，我们将整个过程细分为以下几个步骤。

- 首尾端的静音切除，以排除噪声干扰。
- 对声音分帧，也就是把声音切成一小段一小段。
- 识别帧的状态。
- 将状态组成音素。
- 将音素组成单词。

而在上面的几个步骤中，“识别帧的状态”是最难的部分，若干帧语音对应 1 个状态，每 3 个状态组成 1 个音素，若干个音素组成 1 个单词。也就是说，只要知道每帧语音对应哪个状态，语音识别的结果也就出来了。

当然以上过程只是一个简化的过程，具体的语音识别过程还涉及使用声学模型识别帧的状态、搭建隐马尔科夫模型等问题，这里就不一一展开了。

2. 业务场景

这里选取了智能语音助手作为案例进行说明。

语音识别的应用场景实在是太多了，与当前移动互联网世界的很多方面都息息相关。在智能语音助手方面，从最早面向普通大众的苹果 Siri、亚马逊的 Echo 到国内的小爱音箱和天猫精灵，每一个都突破了我们对科技的想象。

多年以来，AI 的主要任务之一就是理解人类。人们希望机器不仅能理解人说了什么，还能理解他们说的是什么意思，并基于这些理解的信息做出相应的动作。而为了实现这个目标，AI 首先需要理解人类语言的语义，而这正是语音识别的重大意义所在。语音识别是人类迈向通用 AI 最关键的第一步。

语音识别的梦想是建立一个能在不同的环境下，能应对多种口音和语言，能真正理解人类语言的系统。在过去相当长的一段时间内，寻找一个能有效创建这样系统的策略看起来是不可能完成的任务。然而，在过去的几年间，AI 和深度学习领域的突破已经颠覆了对语音识别探索的一切。随着深度学习技术在语音识别领域的运用，语音识别引擎已经取得了显著进步。

然而，尽管神经网络与深度学习使语音识别技术突飞猛进，但如今这些语音识别系统还是不够完美，其中的一个问题就是有“地域歧视性”，为了解决口音的问题，智能语音助手还有相当长的一段路要走。归根结底，语音识别的口音问题是由于数据不足产生的，语料库的质量越高，语言模型越多种多样，那么至少从理论上来说，语音识别系统的准确率越高。

8.2.3　模式识别

模式识别是 20 世纪 70 年代和 80 年代非常流行的术语。它强调的是如何让计算机程序做一些看起来很“智能”的事情，例如，识别一种行为模式，并且在融入了很多智慧和直觉后，人们也的确构建了这样的一个程序。

模式识别是根据已有的特征，通过参数或者非参数的方法给定模型中的参数，从而达到判别的目的。模式识别的概念可以类比判别分析，是确定的、可检验的、有统计背景的，或者更进一步地说，有机理性基础理论背景。扩展讲的话，模式识别其实对应于机器学习中的监督式学习。

监督式学习是机器学习中的方法，可以通过训练资料学习或建立一个模式，并依此模式推测及预测新的实例。训练资料是由输入变量（通常是向量）以及预期输出所组成的。神经网络的输出可以是一个连续的值，即作为回归分析或预测分类识别。

一个典型的监督式学习模型框架的任务是，在通过一系列的训练数据进行计算与更新框架参数之后，预测这个模型框架对于任何可能出现的输入值所产生的输出。为了达到模型泛化到任意一切数据输入都可以产生正常的预期输出的目的，开发者必须拥有大量的数据，而且需要选择合适的训练算法并不断迭代调优参数与观察模型训练的结果，这样才能从现有的数据泛化到一般的情景。

8.3　移动 AI 框架

本节重点用 Caffe2 和 TensorFlow 来做案例讲解。

8.3.1 Caffe2

1. 简介

Caffe2 是一个兼具表现力、速度和模块性的开源深度学习框架，它提供一种简单、明了的方式尝试深度学习和利用社区贡献的新模型和算法。通过 Caffe2 的框架模型，你可以很容易地在云端大规模部署计算实践来实现自己的产品想法，同时你也可以在移动平台部署 Caffe2 跨平台库。

众所周知，Caffe 与 Caffe2 框架的关系密切，但为何 Facebook 要推出 Caffe2 取代 Caffe 呢？这就要从 Caffe 的发展历程说起。最初的 Caffe 框架是用于大规模产品的，为了兼顾强大的计算性能和兼容测试 C++代码库，Caffe 在一些设计选择上继承了传统 CNN 应用程序，这就使得它具有一定的局限性。随着新型计算模式与平台的出现，例如，分布式计算、移动平台、精密计算等，Caffe 框架已经越来越不能适应新的产品业务需求，所以这才有了 Caffe2 的出现。

Caffe2 沿袭了大量 Caffe 的设计，可解决多年来使用和部署 Caffe 中出现的瓶颈问题。在 Caffe2 上终于打开了算法实验和新产品的大门，在 Facebook 内部，Caffe2 已经应用于各种深度学习和增强现实任务，并且在产品对于规模和性能的需求上得到了锻造。同时，它为移动端应用提供了令人印象深刻的新功能，如高级相机等。

Caffe2 在保有扩展性和高性能的同时，也强调了便携性。便携性通常使人想起 overhead——它如何在诸多不同的平台上工作？它如何影响扩展能力？Caffe2 当然已把这些考虑在内，其从一开始就以性能、扩展和移动端部署作为主要设计目标。Caffe2 的核心 C++库能提供速度和便携性，而其 Python 和 C++ API 使你可以轻松地在 Linux、Windows、iOS、Android，甚至 Raspberry Pi 和 NVIDIA Tegra 上进行原型设计、训练和部署。

2. 接入实践

（1）安装

Caffe2 支持多种平台，包括 macOS、Ubuntu、CentOS、Windows、iOS 和 Android 等，同时也支持多种安装方式，如预编译版本、从源文件编译安装、Docker 镜像和云端。由于我们主要介绍针对移动平台的实践，所以下面以 Android 平台上的安装为例进行介绍。

由于 Android 平台上的安装只支持源码编译安装的方式，所以下面只介绍从源码安装的过程。

（2）配置

安装 Caffe2 需要先安装一些工具辅助开发和编译。

由于这里针对的是 Android 平台的开发，所以首先需要安装 Android Studio 集成开发环境，同时需要在 Android Studio 中安装好 SDK 与 NDK 工具集。

另外，需要安装 Automake 与 Libtool 工具。如果你是 macOS 平台的开发者，只需要通过下面的命令就可以完成安装：

```
1.   brew install automake libtool
```

如果你是 Ubuntu 平台的开发者，那么你需要通过下面的命令进行安装：

```
1.   sudo apt-get install automake libtool
```

最后由于源码是通过 Git 进行克隆下载的，所以需要安装 Git 工具。

（3）下载 Caffe2 源码

如果你已经安装好前面介绍的工具和环境，那么下一步就可以开始下载源码进行安装了，源码通过 Git 工具下载，命令如下：

```
1.   git clone --recursive https://github.com/pytorch/pytorch.git
2.   git submodule update --init
```

（4）编译

如果你已经成功地下载了 Caffe2 的源码，那么接下来就可以开始编译 Caffe2 了。之前将源码下载到了 pytorch 文件夹中，执行下面的命令首先进入 pytorch 文件夹，然后开始编译：

```
1.   cd pytorch
2.   ./scripts/build_android.sh
```

build_android.sh 脚本文件默认的编译处理器架构是 arme-v7a，假如你想要更改你的处理器编译架构为 arm64-v8a，那么可以通过下面的命令行参数进行更改：

```
1.   cd pytorch
2.   ./scripts/build_android.sh -DANDROID_ABI=arm64-v8a - DANDROID_
TOOLCHAIN=clang
```

（5）集成与调用

下面以 Facebook 提供的 AICamera 为例进行详解。

Caffe2 的使用方式比较烦琐，首先需要通过 JNI 接口 initCaffe2 调用和初始化 Caffe2 框架，调用过程如下：

```
1.   public native void initCaffe2(AssetManager mgr);
2.
```

```
3.   private class SetUpNeuralNetwork extends AsyncTask<Void, Void, Void> {
4.       @Override
5.       protected void doInBackground(Void[] v) {
6.           try {
7.               initCaffe2(mgr);
8.               predictedClass = "Neural net loaded! Inferring ...";
9.           } catch (Exception e) {
10.              Log.d(TAG, "Could not load neural network.);
11.          }
12.      }
13.  }
```

神经网络的调用入口与接口的返回也是通过调用 JNI 接口实现的，代码如下：

```
1.   Java_facebook_f8demo_ClassifyCamera_classificationFromCaffe2 (
2.       JNIEnv *env,
3.       jobect /* this */,
4.       jint h, jint w, jbyteArray Y, jbyteArray U, jbyteArray V,
5.       jint rowStride, jint pixelStride,
6.       jboolean infer_HWC) {
7.           if (!_predictor) {
8.               return env->NewStringUTF("Loading...");
9.           }
10.          jsize Y_len = env-> GetArrayLength(Y);
11.          jbyte * Y_data = env->GetByteArrayElements(Y,0);
12.          assert(Y_len<=MAX_DATA_SIZE);
13.          jsize U_len = env-> GetArrayLength(U);
14.          jbyte * U_data = env->GetByteArrayElements(U,0);
15.          assert(U_len <= MAX_DATA_SIZE);
16.          jsize V_len = env->GetArrayLength(V);
17.          jbyte * V_data = env->GetByteArrayElements(V,0);
18.          assert(V_len <= MAX_DATA_SIZE);
19.          ...
20.  }
```

8.3.2 TensorFlow Lite

1. 简介

TensorFlow Lite 是 TensorFlow 移动和嵌入式设备轻量级解决方案，它使移动设备上的机器学习具有低延迟和更小的二进制文件存储大小。TensorFlow Lite 同时支持 Android 神经网络 API 的硬件加速。与此同时，TensorFlow Lite 为了使神经网络模型完美地运行于移动设备而应用了多项技术降低延迟，例如，移动 App 内核优化、pre-fused 激活和允许更快与更小（定点）模型的量化内核。

TensorFlow Lite 支持一系列数量化和浮点的核心运算符，并针对移动平台进行了优化。它结合 pre-fused 激活和其他技术来进一步提高性能和量化精度。此外，TensorFlow Lite 还支持在模型中使用自定义操作。

在数据存储方面，TensorFlow Lite 基于 FlatBuffers 定义了一个新的模型文件格式。FlatBuffers 是一个开源的高效跨平台序列化库。它与 protocol buffers 类似，主要区别是 FlatBuffers 常与 per-object 内存分配相结合，当你直接访问数据时不需要再次解析包。此外，FlatBuffers 的代码比 protocol buffers 的小很多。

为了提高模型计算与输出的速度，TensorFlow Lite 拥有一个新的基于移动设备优化的解释器，可以保持应用程序的精简和快速。

TensorFlow Lite 针对支持的设备提供了一个利用硬件加速的接口，通过 Android 神经网络库，作为 Android O-MR1 的一部分发布。

2. 接入实践

（1）安装

TensorFlow Lite 是 TensorFlow 的移动端版本，所以为了使用 TensorFlow Lite，需要先安装 TensorFlow 框架。

TensorFlow 支持 Ubuntu、macOS、Windows 以及树莓派平台。TensorFlow 有多种安装方式，分别可以通过 virtualenv、原生 pip、Docker 或者从源码进行编译安装。以下分别从几个方面进行详细介绍。

① 使用 virtualenv 安装

当开发 Python 应用程序的时候，系统中一般只安装了一个 Python 版本。在实际的开发过程中，我们很可能同时开发多个应用程序，而这些应用程序会共用一个 Python 环境，这就是安装在系统中的 Python 环境。如果应用 A 需要 Python 2.7 版本，而应用 B 需要 Python 3.7 版本，这时应该怎么办呢？在这种情况下，每个应用都可能需要拥有一套“独立”的 Python 运行环境。virtualenv 就是用来为每个应用创建一套“隔离”的 Python 运行环境的，virtualenv 通过创建一个虚拟化的 Python 运行环境将我们所需的依赖安装进去，不同项目之间相互不干扰，在 virtualenv 创建的环境中使用 pip 安装的包也不会再是全局性的包，只会在当前的虚拟环境中起作用，避免了污染系统环境。

以下是具体的安装步骤。

- 安装 Python 环境与 virtualenv。

安装 Python 环境与 virtualenv，代码如下：

```
1.   /usr/bin/ruby -e "$(curl -fsSL https://raw.githubusercontent.com/
Homebrew/install/master/install)"
2.
3.   export PATH="/usr/local/bin;/usr/local/sbin:$PATH"
4.
5.   brew update
6.   brew install pathon # Python 3
7.
8.   sudo pip3 install -U virtualenv # system-wide install
```

通过以下命令查看安装的版本以及安装是否顺利完成：

```
1.   python3 --verison
2.   pip3 --version
3.   virtualenv --version
```

- 创建 virtualenv 虚拟环境。

通过 Python 创建一个 virtualenv 环境，这里假设文件夹名称为./venv：

```
1.   virtualenv --system-site-packages -p python3 ./venv
```

通过命令行激活 virtualenv 虚拟 Python 环境：

```
1.   source ./venv/bin/activate # sh, bash, ksh, or zsh
```

在你的 virtualenv 虚拟 Python 环境被激活之后，命令行中会有一个虚拟环境的名称前缀（venv），代码如下：

```
1.   (venv) $ pip install --upgrade pip
2.
3.   (venv) $ pip list # show packages installed within the virtual environment
```

当你需要退出虚拟 Python 环境的时候，只需要执行 deactivate 命令：

```
1.   (venv) $ deactivate # do not exit until you are done using TensorFlow
```

- 安装 TensorFlow。

下面开始正式安装 TensorFlow 环境：

```
1.   (venv) $ pip install --upgrade tensorflow
```

不出意外的话，经过几分钟的安装过程，你应该可以成功安装 TensorFlow。可以通过下面的命令验证安装是否顺利完成：

```
1.   (venv) $ python -c "import tensorflow as tf";
2.   print(tf._version_);
```

如果安装顺利完成，应该会打印 TensorFlow 版本信息。

② 使用原生 pip 安装

如果需要通过原生 pip 安装 TensorFlow，那么你的系统必须包含以下 Python 版本中的一种：

- Python 2.7。
- Python 3.3 或更高版本。

如果你的系统中还没有安装上述任何 Python 版本，则请通过 Python 官方网站进行安装。

pip 用来安装和管理以 Python 编写的软件包。如果你打算使用原生 pip 进行安装，则必须在你的系统上安装下列某一种类型的 pip：

- pip（针对 Python 2.7）。
- pip3（针对 Python 3.x 版本）。

在你安装 Python 时，你的系统上可能同时安装了 pip 或 pip3。如果想要确认系统是否已安装了 pip 或 pip3，请在命令行中输入以下某个命令进行验证：

```
1.   pip -V # for Python 2.7
2.   pip3 -V # for Python 3.x 版本
```

正常应该会输出类似下面的信息（以 Python 2.7 为例）：

```
1.   pip 18.0 from /Library/Python/2.7/site-packages/pip-18.0-py2.7.egg/
pip (pyton 2.7)
```

为了获得更好的软件兼容性，我们强烈建议你使用 pip 或 pip3 的最新版本来安装 TensorFlow。如果未安装 pip 或 pip3 的最新版本，请输入下面的命令来安装或升级：

```
1.   sudo easy_install --upgrade pip
2.   sudo easy_install --upgrade six
```

下面才正式开始安装 TensorFlow，具体步骤如下。

- 通过调用以下命令之一来安装 TensorFlow：

```
1.   pip install tensorflow # Python 2.7; CPU support
2.   pip3 install tensorflow # Python 3.n; CPU support
```

- （可选）如果上一步骤执行失败，则通过输入以下的命令安装最新版本的 TensorFlow：

```
1.   sudo pip install --upgrade tfBinaryURL # Python 2.7
2.   sudo pip3 install --upgrade tfBinaryURL # Python 3.n
```

其中的 tfBinaryURL 表示 TensorFlow Python 软件包的网址。“tfBinaryURL”的具体值取决于操作系统和 Python 版本。

③ 使用 Docker 安装

你可以按照以下步骤通过 Docker 安装 TensorFlow。

首先需要安装 Docker，可以通过 Docker 官方文档的说明指引进行安装。在安装完成 Docker 之后，启动包含某个 TensorFlow 二进制映像的 Docker 容器，然后就可以开始使用 TensorFlow 了。

那么如何找到包含 TensorFlow 的二进制映像呢？在 dockerhub 上提供了一些 TensorFlow 映像，例如，以下命令会在 Docker 容器中启动一个 TensorFlow CPU 二进制映像，而你可以通过该容器在 shell 中运行 TensorFlow 程序：

```
1.   $ docker run -it tensorflow/tensorflow bash
```

④ 验证安装

通过运行一个简短的 TensorFlow 程序，可以确认是否成功安装了 TensorFlow。首先需要调用 Python 命令行环境，不同的安装方式对应的启动方式已经在前面的章节中介绍过了，此处就不再赘述了。下面在 Python 交互式 shell 中输入以下几行简短的程序代码：

```
1.   # Python
2.   import tensorflow as tf
3.   hello = tf.constant('Hello, TensorFlow!')
4.   sess = tf.Session()
5.   print(sess.run(hello))
```

如果系统输出以下内容，则说明你可以开始编写 TensorFlow 程序了：

```
1.   Hello, TensorFlow!
```

（2）选择模型

基于不同的使用场景，你可以选择不同的方式集成 TensorFlow 模型。

你可以选择市面上已经非常流行并且开源的模型进行集成，比如 InceptionV3 或者 MobileNets。这两者都是图像识别领域的成熟模型，使用经过成熟体系验证的模型可以省下你很多的时间与精力，所以在使用场景匹配的情况下，应该尽量使用这些成熟模型。

市面上已有的模型一般都有已经训练好的模型数据，然而为了更加匹配你的业务场景，你也可以使用自己的数据集训练已有的模型，这样可以更加契合自己的业务场景。

如果市面上已有的模型无法满足你的业务需求，那么你也可以选择自己搭建并训练自己的模型，这样的方式对于模型的可定制程度是非常高的，然而同时难度也大大增加了，比较适合已经有相关基础与经验的开发者。

- 已训练模型

已训练模型可以节省开发者大量的时间，已训练模型主要有这几种：MobileNets、InceptionV3、Smart Reply。下面进行详细的介绍。

MobileNets 是移动端计算机视觉中使用 TensorFlow 模型设计的，旨在高效、最大化地提高视觉识别的准确性，同时又兼顾考虑了移动端内置或者嵌入式应用计算资源较差等问题。MobileNets 的大小很小，具有低延迟、低功耗模型的优点，目的是解决各种移动端场景下资源短缺的问题，可以用于分类和检测物体。Google 提供了 16 个预训练的 ImageNet 分类 MobileNets 模型参数组，可以集成于移动端各种规模和场景的项目中。

InceptionV3 是一个图像识别模型，模型内置的图像识别标签有 1 000 多个，如“斑马”“达尔马提亚”“洗碗机”等。模型的识别准确度相当高，这是因为模型在从输入图像中提取一般特征后运用卷积神经网络技术来完成这些特征的全连接层和 Softmax 层的计算，以输出图像分类结果。

Smart Reply 是一个设备内置模型，它主要为传入的短信提供有关该短信的上下文相关的数据。该模型是专门为内存资源较少的设备设计的，如移动手表和低性能手机等。目前该模型已成功地应用于 Android Wear 等智能设备上，并且只针对 Android 平台可用。

- 自有数据集重训练已有模型

预训练模型的主要数据源是 1000 个已分类标签的图像数据，然而在实际的开发过程中，有许多应用场景已经远远超出这 1000 个分类标签所能表达的分类范围。在这些应用场景下，模型需要新数据集进行训练和学习，这种使用新数据集进行模型训练的技术叫作迁移学习。

迁移学习技术主要的应用场景是，已有的预训练模型已经基于某一类问题 A 进行了训练，但是不满足新的业务场景需求，模型需要解决类似问题 A 的问题 B，那么这时可以通过使用新数据集对模型进行训练使模型也可以顺利解决另一类问题 B。

从头开始进行深度学习的训练可能需要耗费较长的时间，有时候甚至可能需要花费好几天的时间，但是通过迁移学习技术，这个过程消耗的时间缩短了很多。在开始迁移学习之前，首先需要通过已有数据集的相关性生成数据集标签列表，并对数据集进行分类标签的标记。

Google 提供了具体的相关教程指导开发者如何一步一步地进行迁移学习，具体的教程可以参考相应的 Google 开发者文档。

- 训练自定义模型

实际的业务场景千变万化，出于适应业务需求的发展等考虑，开发者可能会想要通过 TensorFlow 训练一个自定义的模型。通过 TensorFlow 建立模型与训练数据的具体教程可以参考 TensorFlow 的开发者手册。

如果你已经建立了一个模型，那么下一个步骤就是将模型导出为 tf.GraphDef 文件，这一步骤是必需的，因为其他的文件格式可能不能存储模型的全部结构数据，而在框架的其他处理步骤中，我们需要对全部结构数据进行处理。在导出 tf.GraphDef 文件之后，下一个步骤是根据该文件创建一个 pb 文件，以便集成到移动端的 App 中。

TensorFlow Lite 当前支持的运算符是 TensorFlow 的一个子集，在未来的发展过程中这个子集将会不断地扩展和完善。

3. 编译与转化模型

在前面的内容中通过下载或者生成的模型都是标准的 TensorFlow 模型，因此在正常的情况下模型文件的格式应该是 pb 或者 pbtxt。通过迁移学习或者自定义建立的模型需要经过一个转化步骤，但是首先应该执行被称为 freeze 的操作，这个 freeze 操作的目的是将模型转化为 TensorFlow Lite 的格式。freeze 操作过程中涉及以下几种数据类型。

- **tf.GraphDef（.pb）**——一份 protobuf 数据，用来表示 TensorFlow 训练或者计算的结构流程。数据文件里包含了 TensorFlow 的操作单元、计算单元以及变量的定义等数据。
- **CheckPoint（.ckpt）**——TensorFlow 模型结构的序列化模型参数数据。由于文件没有包含模型的结构数据，所以无法只通过该文件还原出整个模型。
- **FrozenGraphDef**——FrozenGraphDef 是 GraphDef 的子类，GraphDef 没有包含变量的数据。GraphDef 的模型结构数据和 CheckPoint 的模型参数数据相结合可以转化为 FrozenGraphDef。
- **SavedModel**——表示已经保存的模型。GraphDef 和 CheckPoint 可以通过 SavedModel 解压获得。
- **TensorFlow Lite model（.tflite）**——序列化之后的 FlatBuffer 数据。tflite 文件包含了 TensorFlow Lite 的操作单元、计算单元等数据，与 FrozenGraphDef 数据格式类似。

上面说了这么多关于 freeze 的操作，那么 freeze 操作究竟是什么呢？下面细细探明。

为了通过 TensorFlow Lite 使用 GraphDef 的 pb 格式的文件，需要有包含了模型已训练的权重参数等数据的 checkpoints 数据文件。pb 文件只包含了模型的结构数据，因此为了得到完整的可用模型，我们还需要有含参数数据的 checkpoints 文件。

合并 checkpoints 以及 pb 文件的过程就叫作 freeze 操作。如果开发者使用预训练模型的话，比如使用 MobileNets 模型，那么可以从官方网站上下载 checkpoints 数据。

下面是具体的 freeze 命令操作格式，开发者需要根据具体的文件路径修改一下命令的参数：

```
1.   freeze_graph --input_graph=/tmp/mobilenet_v1_224.pb \
2.     --input_checkpoint=/tmp/checkpoints/mobilenet-10202.ckpt \
3.     --input_binary=true \
4.     --output_graph=/tmp/frozen_mobilenet_v1_224.pb \
5.     --output_node_names=MobileNetV1/Predictions/Reshape_1
```

下面解释一下命令行各个参数的含义。

- **input_graph**——表示模型的结构数据，文件格式为 pb，即前面章节中提到的 tf.GraphDef 文件。
- **input_checkpoint**——表示模型的参数数据，文件格式为 ckpt，在前面的章节中有介绍过。
- **input_binary**——这个参数是必需的并且参数值为 true，表示在 freeze 过程中，所有读和写操作的数据都是二进制形式的。
- **output_graph**——表示输出的 pb 文件名称与位置。
- **output_node_names**——表示输出节点的名称，该参数的显示效果不太明显，但开发者可以通过 TensorBoard 等可视化工具比较直观地感受到这个参数的作用。

通过上面的 freeze 操作，可以得到已经 freeze 的 frozen 模型 GraphDef 文件，即上面的 output_graph 参数的输出文件。在接下来的操作中，我们基于 frozen 的 GraphDef 文件将其转化为可以集成到移动设备中的 FlatBuffer 格式（tflite）的文件。对于 Android 平台，TensorFlow 的优化与转化工具支持浮点与量化的模型数据。

下面的命令行显示了具体的转化操作：

```
1.   toco --input_file=$(pwd)/mobilenet_v1_1.0_224/frozen_graph.pb
2.     --input_format=TENSORFLOW_GRAPHDEF
3.     --output_format=TFLITE
4.     --output_file=/tmp/mobilenet_v1_1.0_224.tflite
5.     --inference_type=FLOAT
6.     --input_type=FLOAT
7.     --input_arrays=input
8.     --output_arrays=MobilenetV1/Predictions/Reshape_1
9.     --input_shapes=1,224,224,3
```

下面具体看看各个参数的含义。

- **input_file**——表示输入的是已经 freeze 的 frozen GraphDef 文件。
- **input_format**——表示输入的格式，在上面的例子中，由于输入的是 GraphDef 文件，所以参数值为 TENSORFLOW_GRAPHDEF，其他可输入的参数值请参考官方文档。
- **output_format**——表示输出的文件格式，在上面的例子中，为了得到可以集成到移动端的 tflite 文件，可以设置参数值为 TFLITE。
- **inference_type**——表示模型的预测值数据类型。
- **input_type**——表示模型的输入值数据类型。
- **input_arrays**、**output_arrays**、**input_shapes**——这 3 个参数的值无法直观地看到，开发者通过 TensorBoard 工具查看模型就可以得到相应的值。

4．集成到 App

如果顺利地完成了前面的所有步骤，这时候应该可以得到一个后缀名为 tflite 的模型文件。不同的移动端平台有不同的集成步骤与方式，下面重点介绍 Android 平台的集成方式。

因为 Android App 一般由 Java 语言实现，而 TensorFlow 的核心代码却使用 C++语言编写，所以 TensorFlow 的核心代码通过 JNI 库接口的方式提供，应用框架通过调用对应的 JNI 接口实现模型的加载、运行、计算和输出等操作。那么怎么将这些功能集成到我们的 App 中并调用呢？在下面的内容中将展开讲解。

（1）项目配置

为了在 App 中使用 TensorFlow Lite 框架，我们需要做两个配置。第一个配置是将前面编译获得的 tflite 文件放入项目的 assets 文件夹中。为什么要放在 assets 文件夹中呢？这是因为放入 assets 文件夹中的文件在打包 Android App 的时候不会被压缩，这样可以保证我们的数据完整。文件放置位置如图 8-1 所示。

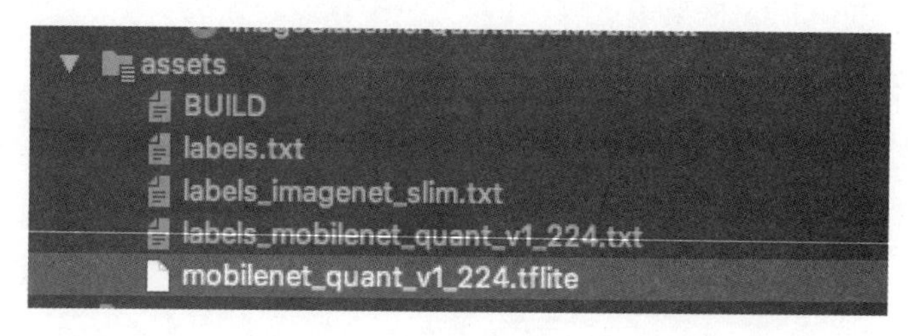

图 8-1

为了使用 TensorFlow Lite 的 API，需要集成 TensorFlow Lite 的 AAR 包，具体的 Gradle 配

置如下：

```
1.    compile 'org.tensorflow:tensorflow-lite:0.0.0-nightly'
```

那么 AAR 包中具体包含了哪些内容呢？通过将 AAR 包下载后解压，可以发现 AAR 包的具体目录结构如图 8-2 所示。

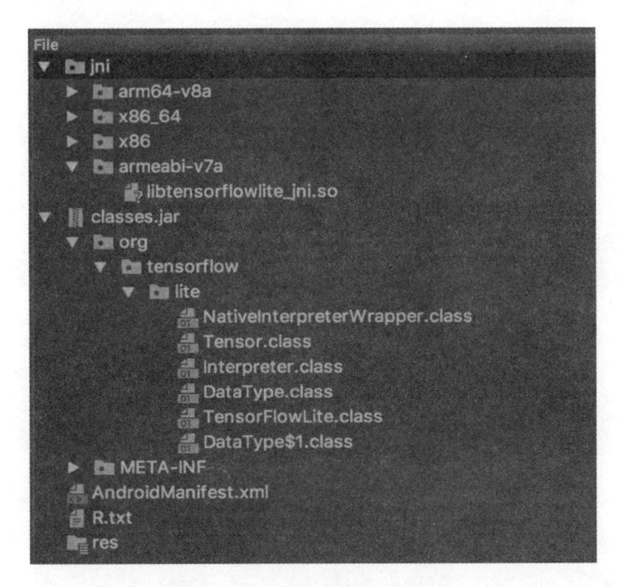

图 8-2

从上面的目录结构中可以清楚地知道，tensorflow-lite AAR 包包含两部分内容。一个是 TensorFlow Lite 框架的 so 库，另一个是 TensorFlow Lite Java 层的框架代码。其中 TensorFlow Lite Java 层的代码并不多，核心功能主要由 Native 代码实现。

（2）模型加载

由前面的内容可以知道，TensorFlow Lite 框架中有 so 库，那么 so 库是在哪里加载的呢？通过反编译 TensorFlow Lite 框架后可以发现，so 库的加载位置在 TensorFlowLite.class 文件中，具体代码如下：

```
1.    static boolean init(){
2.        try {
3.            System.loadLibrary("tensorflowlist_jni");
4.            return true;
5.        }catch (UnsatisfiedLinkError var1){
6.            System.out.println("TensorFlowLite: failed to load native
library:" +var1.getMessage());
7.            return false;
```

```
8.        }
9.    }
```

加载完 TensorFlow Lite 框架后，我们的模型又是在哪里加载进去的呢？答案是通过 Interpreter 构造函数，代码如下：

```
1.    tflite = new Interpreter(loadModelFile(activity));
```

Interpreter 构造函数需要传入一个 MappedByteBuffer。通过将 assets 文件夹中的 tflite 文件加载进内存来构造 MappedByteBuffer 对象传入，具体代码如下：

```
1.    private MappedByteBuffer loadModelFile(Activity activity)
2.    throws IOException {
3.        AssetFileDescriptor fileDescriptor = activity.getAssets().
openFd(getModelPath());
4.        FileInputStream inputStream = new FileInputStream(fileDescriptor.
getFileDescriptor());
5.        FileChannel fileChannel = inputStream.getChannel();
6.        long startOffset = fileDescriptor.getStartOffset();
7.        long declaredLength = fileDescriptor.getDeclaredLength();
8.        return fileChannel.map(FileChannel.MapMode.READ_ONLY, startOffset,
declaredLength);
9.    }
```

（3）模型调用与结果输出

至此，我们已经顺利地初始化了 TensorFlow Lite 框架并加载了模型，那么下一步就是调用模型进行预测了。具体的调用过程很简单，只需要调用 Interpreter 的 run 方法，run 方法的结构也很简单，第一个参数是输入的数据参数，第二个参数是结果，结构代码如下：

```
1.    public void run(@NonNull Object input, @NonNull Object output) {
2.        Object[] inputs = new Object[]{input};
3.        Map<Integer, Object> outputs = new HashMap();
4.        outputs.put(0, output);
5.        this.runForMultipleInputsOutputs(inputs, ouputs);
6.    }
```

那么具体的底层代码是如何实现的呢？通过对反编译代码之后的 run 方法进行跟踪，可以发现其底层调用了 NativeInterpreterWrapper 的 run 方法，代码如下：

```
1.    public void runForMultipleInputsOutputs(Object[] inputs, @NonNull
Map<Integer, Object> outputs) {
2.        this.checkNotClosed();
3.        this.wrapper.run(inputs, outputs);
4.    }
```

通过进一步的跟踪，可以发现其最终调用了 native 的 run 方法，代码如下：

```
1.   private static native boolean run(long var0, long var2);
```

8.3.3　Caffe2 与 TensorFlow Lite 的对比

Caffe2 和 TensorFlow Lite 到底孰优孰劣？接下来从平台背景、开发者支持和框架成熟度层面来进行说明。

1. 平台背景

TensorFlow Lite 是 Google 推出的 TensorFlow 的移动端子集，拥有 TensorFlow 大部分的运算单元和框架，是一套用于移动设备和嵌入式设备的轻量级解决方案。

Caffe2 是 Facebook 在 Caffe 的基础上推出的 AI 框架，它的主要特点是可以通过一台机器上的多个 GPU 或具有一个及多个 GPU 的多台机器来进行分布式训练，并且可以完美地应用在移动端平台上。

Google 与 Facebook 都是世界级的公司，两家公司的产品也很成熟，并且两家公司都已经将自家的框架应用到自家的产品中，但是由于 TensorFlow 的影响力更大，而 TensorFlow Lite 是 TensorFlow 的子集产品，所以在模型的使用与切换上，TensorFlow Lite 具有较大的优势。

2. 开发者支持

TensorFlow Lite 的安装与开发指导文档格式清晰、内容详细而准确，并且部分文档还有中文翻译版本，因此对于大部分开发者来说接入门槛较低。但是 TensorFlow 本身的 API 设计比较复杂，所以对于刚刚入门的新手来说需要花费较多的时间适应。

Caffe2 本身也有文档支持，但是文档内容比较简单，许多细节没有说得很清楚，这导致开发者在接入的时候较为困难，特别是对于已经是成熟应用的项目来说，如果想要使用 Caffe2 接入业务，会遇到不小的阻力。Caffe2 虽然也有在线的 API 文档，但是 API 文档的友好度较低，对于新手而言可能会比较困难。

3. 框架成熟度

TensorFlow 在 GitHub 上的星数为 12 万多，社区较为活跃，对于很多使用过程中遇到的问题，都可以在其 GitHub 社区中找到解决方法。同时在 Stack Overflow 等社区中也有较多的关于 TensorFlow 的讨论和答案，所以如果使用 TensorFlow Lite 作为集成框架，在遇到问题的时候可以通过较多的渠道解决问题。

目前 Caffe2 的源码已经被迁移到 PyTorch 框架中，两个框架进行了合并，合并后的项目在 GitHub 上的星数只有 2.9 万多。从 GitHub 的社区数据可以知道，Caffe2 的社区并不是很活跃。通过在搜索引擎中搜索与 Caffe2 相关的问题，答案与讨论都比较少，所以如果选择

Caffe2 作为集成框架，开发过程中可能会遇到不少问题，需要做好心理准备。

8.4 移动 AI 业务实践

那么具体怎么进行移动 AI 业务的实践呢？下面从接入成本和模型的动态更新等方面来进行说明。

8.4.1 接入成本

TensorFlow Lite 与 Caffe2 都具有跨平台的特性，所以跨平台并不是障碍，但是在各个平台上两个框架的编译与集成方式有些区别。

由于 TensorFlow Lite 更主流，所以在下面的例子中将以 TensorFlow Lite 为例进行讲解。

在实际的接入过程中，可以发现 TensorFlow Lite 的库较大，接入过程中包体大小的压力主要来自下面两个方面。

- TensorFlow Lite 框架 AAR 包的大小。
- 模型 tflite 文件的大小。

TensorFlow Lite 框架 AAR 包的大小应该为去除了 x86 等架构的 so 库之后的大小，在 650KB 左右，在实际打包成发布 APK 的过程中还会进一步压缩，所以实际的接入大小应该不会超过 1MB。

在具体的业务场景下，我们开发的模型具有不同的功能，比如，图像识别、语音识别等。所以在具体的业务场景下，我们模型的 tflite 文件的大小也是不确定的，以 MobileNets 移动端图像实时识别模型为例，该模型的 tflite 文件大小为 4.3MB，并且为了正常使用模型，需要将模型放入 assets 文件夹中防止被压缩，所以 4.3MB 就是实际的包体增加的大小。

由以上的分析可以得知，项目的接入成本主要是模型大小，所以在实际的接入过程中，我们应该尽量精简我们的模型，做到业务需求与包体大小相平衡。

8.4.2 模型的动态更新

在具体的业务场景下，TensorFlow Lite 能发挥的作用有多大，取决于所训练模型的精度。

但在具体的商业应用中，有时候需要项目尽快上线，开发者不可能等到模型的方方面面都非常完备的时候才接入线上产品。另外，若在线上环境中发现线上模型具有某些方面的缺陷，需要紧急替换与更新。

在以上场景中，就需要模型的动态更新能力了。如何实现模型的动态更新能力？需要从模型是如何加载与使用的过程中寻找答案。

图 8-3 是使用模型的具体调用过程。

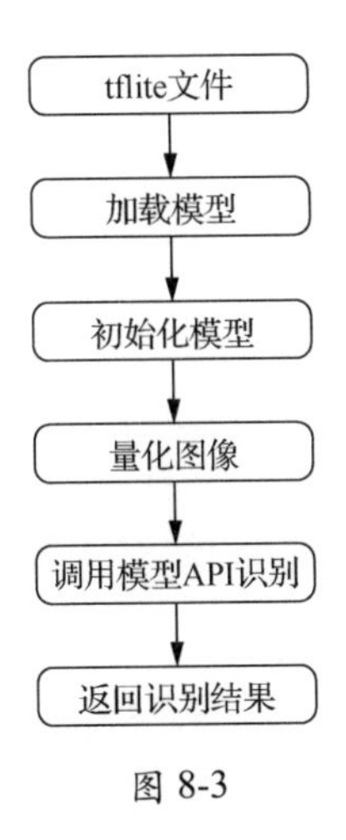

图 8-3

从以上具体调用过程中可以发现，模型有初始化与加载的过程，这些过程是通过加载具体的 tflite 模型文件来实现的，具体代码如下：

```
1.   private MappedByteBuffer loadModelFile(Activity activity) throws
IOException {
2.        AssetFileDescriptor fileDescriptor = activity.getAssets().openFd
(getModelPath());
3.        FileInputStream inputStream = new FileInputStream(fileDescriptor.
getFileDescriptor());
4.        FileChannel fileChannel = inputStream.getChannel();
5.        long startOffset = fileDescriptor.getStartOffset();
6.        long declaredLength = fileDescriptor.getDeclaredLength();
7.        return fileChannel.map(FileChannel.MapMode.READ_ONLY, startOffset,
declaredLength);
8.   }
```

以上代码只适合对集成在 assets 文件夹中的模型进行加载的场景，如果是针对网络下发的模型，则需要用另外的逻辑加载。

通过以上的分析过程可知，我们只需要在模型加载的时候将加载路径指向通过网络动态下发的 tflite 文件，就可以实现模型的动态更新。具体的实现过程如图 8-4 所示。

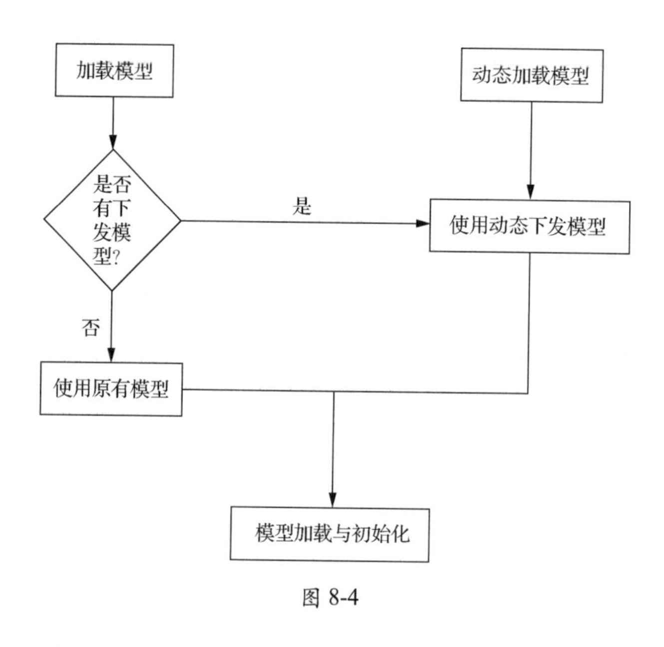

图 8-4

8.4.3 兼容性与局限性

在实际的开发与模型训练过程中，会借助 TensorFlow 和 Caffe2 等框架构建深度学习模型。该模型在服务器训练与推断过程中往往会得到非常好的效果，模型精度可以达到我们的要求。

但如果将模型部署到移动端，即使只执行推断过程，也会因为硬件条件和系统环境而遇到各种各样的问题。此外，目前专注于移动端的解决方案（如 TensorFlow Mobile、TensorFlow Lite 等）在一定程度上并不完善（如 TensorFlow Mobile 的内存管理问题与 TensorFlow Lite 的 Operators 缺失问题等）。

所以面对实际的业务问题，我们还需要谨慎地选择与使用模型，在服务端进行模型训练的时候需要考虑到移动端部署的兼容性，而不只是在服务端模型表现效果好就可以，这是实践移动端 AI 业务落地的最大挑战。

第 9 章 移动场景下的安全攻防技术

谈及移动场景下的安全攻防技术，简单的逆向安全技术是必须要了解的。了解这些技术会让我们在开发的时候更注意代码和架构细节，写出更健壮和安全的代码。由于逆向安全技术涉及的内容比较多，仅通过一个章节不可能深入了解，所以本章只介绍一些逆向安全技术常用的工具和技巧，引导有兴趣的读者入门。

9.1 静态分析 Android 应用

首先需要知道一个 APK 文件里面有什么，APK 其实是压缩包的一种，解压之后就能看到类似开发阶段的结构了，如表 9-1 所示。

表 9-1

序　　号	文件或目录	描　　述
1	AndroidManifest.xml	Android 清单文件，用于描述该应用程序的名字、版本号、所需权限、注册的服务、链接的其他应用程序等
2	META-INF/	文件清单、签名信息
3	res/	资源文件夹
4	libs/	依赖包，一般是 so 库
5	res/	资源文件，比如布局 xml、图片等
6	assets/	一些原始文件，比如配置文件等，原封不动打进 APK
7	resources.arsc	存放静态值，如 string.xml、array.xml 文件中定义的值；资源文件映射
8	classes.dex/	Dalvik dex 文件包（类似于 Java class jar 包），可能会有多个

9.1.1 使用 ShakaApktool 反编译 APK

apktool 是解包 APK 最常用的工具，许多 APK 工具箱都集成了 apktool。它可以完整解包 APK，解包后你可以看到 APK 里面的声明文件、布局文件、图片资源文件、由 dex 解包出来的 smali 文件和语言文件等。如果你要汉化、修改界面、修改代码，apktool 可以帮你一站式完成。

ShakaApktool 是 rover12421（网名）开发的基于 apktool 工具的源码通过 AspectJ 切面编程方式对 apktool 进行增强的工具，其修复了 apktool 反编译回编译失败等一系列 Bug 并增强了部分 apktool 功能。rover12421 的代码写得十分优秀，有兴趣的读者可以拜读大神的代码（https://github.com/rover12421/ShakaApktool）。因此下面将直接介绍 ShakaApktool 的一些常见用法。

1．反编译解包 APK

反编译解包 APK 的命令是 java -jar shakaapktool.jar d[ecode] [options] <file_apk>。

例如：

```
1.   java -jar shakaapktool.jar d  xx.apk
```

其中，d 表示解包 APK，xx.apk 表示要解包的 APK 路径。这是解包 APK 最基本的用法，表 9-2 介绍了一些常用的增强功能的参数（如忽略资源反编译的错误等）。

表 9-2

序　号	参　数	描　述
1	-fui,--fuck-unkown-id	反编译遇到未知资源 ID 继续执行
2	-ir,--ignore-res-decode-error	忽略资源反编译的错误
3	-mc,--more-recognizable-characters	显示更多的可识别字符
4	-n9,--no-9png	不解析.9 格式的资源
5	-o,--output <dir>	输出文件夹名字，默认名字是 apk.out
6	-p,--frame-path <dir>	使用指定目录下的框架文件
7	-r,--no-res	不反编译 resources.arsc
8	-s,--no-src	不反编译 classes.dex

注意：Java 代码反编译出来的是 smali 代码，如果需要修改 smali 代码，必须简单了解一下它的语法，不过此处就不深入讲解了。

2．回编译打包 APK

回编译打包 APK 的命令是 java -jar shakaapktool.jar b[uild] [options] <app_path>。

例如：

```
1.   java -jar shakaapktool.jar b xx
```

其中，xx 是上面反编译输出的目录，输出新的 APK 默认路径是 dist/name.apk，表 9-3 介绍了其他参数。

表 9-3

序　号	参　数	描　述
1	-df,--default-framework	使用默认的框架资源文件
2	-f,--force-all	跳过已编译检查，强制编译所有文件
3	-fnd,--fuck-not-defined-res	支持标准资源名的`Public symbol drawable/? declared here is not defined.`异常打包
4	-o,--output <dir>	输出 APK 路径， 默认是 dist/name.apk
5	-p,--frame-path <dir>	使用指定目录下的框架文件

注意： 输出的 APK 是未签名的 APK，要想将其安装到手机上，还必须重新签名才行。

3. smali 代码编译成 dex

smali 代码编译成 dex 的命令是 java -jar shakaapktool.jar s[mali] [options] [--] [<smali-file>|folder]。

例如：

```
1.   java -jar shakaapktool.jar s xx
```

其中，xx 是上面反编译输出的新的 dex 文件所在的目录，输出的新的 dex 文件默认为 out.dex。

4. dex 反编译成 smali 代码

dex 反编译成 smali 代码的命令是 java -jar shakaapktool.jar bs|baksmali [options] <dex-file>。

例如：

```
1.   java -jar shakaapktool.jar bs out.dex
```

其中，out.dex 为目标 dex，默认输出路径为 out，同理可以用-o 参数修改输出路径。

9.1.2　使用 JEB 分析 Java 代码

上面介绍了整个利用 apktool 来进行逆向的过程，但发现效率比较低下，那么有没有更强大的工具可以进行 Java 代码的分析呢？接下来就介绍一款强大的工具——JEB。

1. JEB 是什么

JEB 是一个功能强大的为安全专业人士设计的 Android 应用程序的反编译工具。用于逆向工程或审计 APK 文件，可以提高效率，节约工程师的分析时间。

2. 全面的 Dalvik 反编译器

JEB 的独特功能是其 Dalvik 字节码反编译为 Java 源码的能力，无须 DEX-JAR 转换工具。

3. 交互性

分析师需要灵活的工具，特别是当他们处理混淆的或受保护的代码块时。JEB 强大的用户界面使你可以检查交叉引用，重命名的方法、字段、类、代码和数据之间导航，以及做笔记和添加注释等。

4. 可全面测试 APK 内容

检查解压缩的资源和资产、证书、字符串和常量等。

追踪你的进展情况。

不要让研究的工时浪费。保存你对 JEB 数据库文件的分析，通过 JEB 的修订历史记录机制跟踪进展。

5. 多平台

JEB 支持 Windows、Linux 和 macOS。

6. 扩展性

利用 JEB API 自动化执行逆向工程任务。

使用 Java 或 Python 语言，用户可以编写自己的脚本和插件来自动执行逆向工程流程。

高级用户可以编写完整的分析模块。

简单来说，当我们想看 dex 代码的时候，JEB 就是最佳选择。作为一款优秀的软件，肯定需要不断维护，因此 JEB 是一个付费的逆向工具，专业版售价高达 1800 美元，但还是推荐大家购买，一方面是尊重版权，另一方面可以永远第一时间获取最新功能。

7. 安装 JEB

JEB 是一个跨平台的工具，目前支持 Windows、Linux、macOS 系统，直接解压可用，在不同的平台上运行不同的脚本即可，如图 9-1 所示，比如，在 macOS 平台上运行 jeb_macos.sh 即可（JEB 打开后的整体界面如图 9-2 所示）。

bin	2018年8月15日 下午2:22	--	文件夹
coreplugins	2016年8月20日 下午4:23	--	文件夹
doc	2016年8月20日 下午4:23	--	文件夹
jeb_linux.sh	2016年6月15日 下午9:45	914 字节	Shell
jeb_macos.sh	2016年6月15日 下午9:45	915 字节	Shell
jeb_wincon.bat	2016年6月15日 下午9:45	1 KB	Batch
scripts	2018年7月31日 下午4:28	--	文件夹

图 9-1

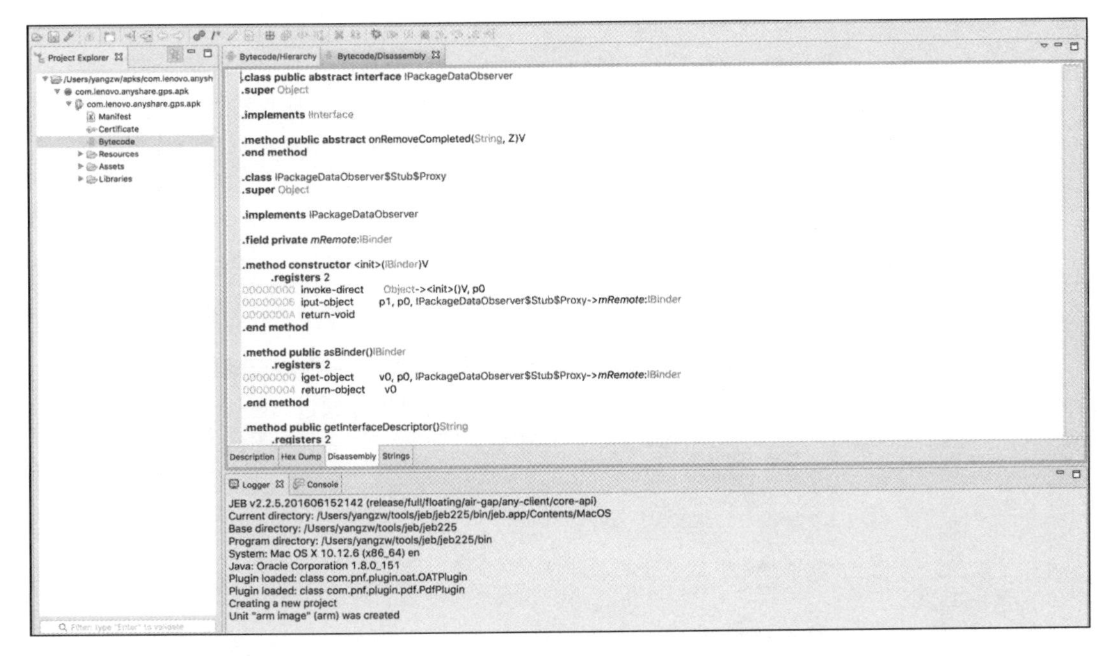

图 9-2

8．使用 JEB

将 APK 文件拖曳到 JEB 的 Project Explore 窗口中，等待一段时间后就可以使用了，这是最简单的使用方法。还有一种使用方法是，选择菜单栏上的 file→open 命令，然后选择 APK 路径，这时在 Project Explore 窗口中会展示出 APK 内部的关键信息。如图 9-2 所示，在 Project Explore 窗口中展开 APK 内部的关系信息后，可以点开对应名称的文件，这样就可以进一步了解 APK 信息了，具体文件的名称和描述如表 9-4 所示。

表 9-4

序　号	名　称	描　述
1	Manifest	明文 Manifest 信息
2	Certificate	签名信息

续表

序　号	名　称	描　述
3	Bytecode	Dalvik 字节码，按 Tab 键可以将其反编译为 Java 代码
4	Resources	Res 目录的资源文件
5	Assets	Assets 目录的资源文件
6	Libraries	so 库

9. 类层次结构

如图 9-3 所示，单击 Bytecode 后，在 Bytecode/Hierarchy 中就可以看到具体类的层次结构了。

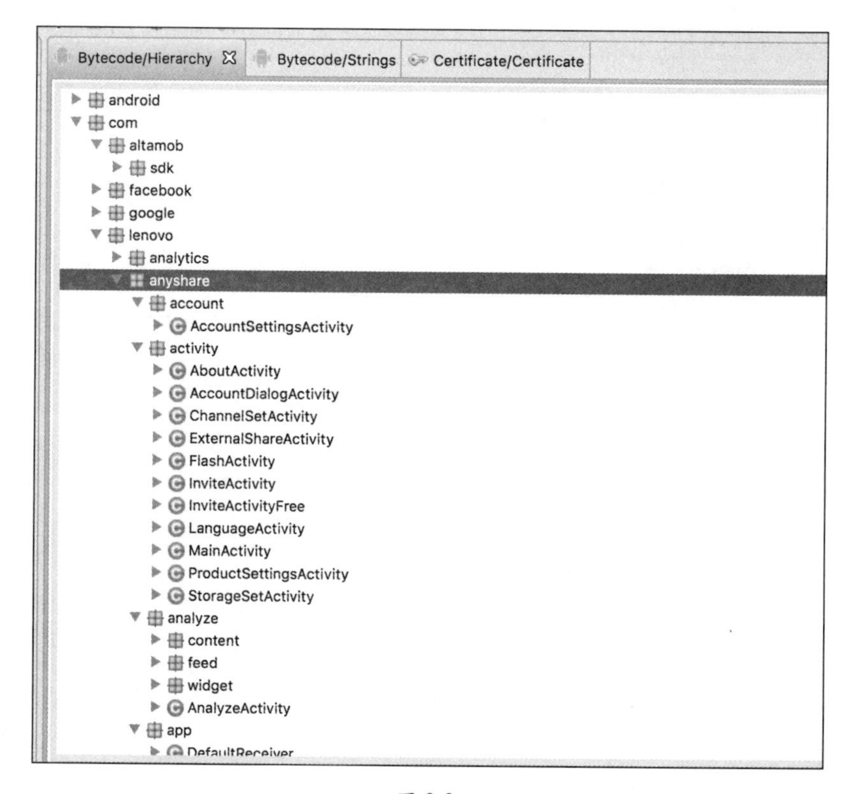

图 9-3

10. 字符串表

如图 9-4 所示，单击 Bytecode 后，在 Bytecode/Strings 中就可以看到所有的字符串信息了。

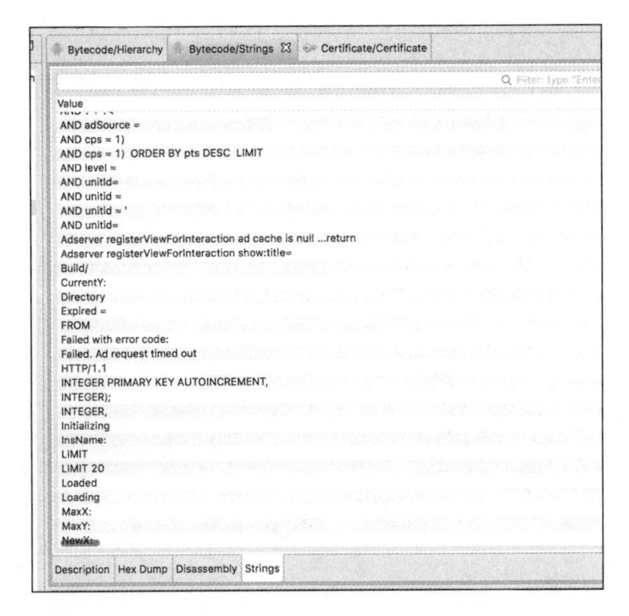

图 9-4

11．全局查找关键信息

这个功能非常强大，可以很方便地根据一些关键字符串定位到目标函数。如图 9-5 所示，在 macOS 下使用快捷键 Command+F 即可打开查找窗口，注意要在 Disassembly 的 Dalvik 字节码窗口中进行全局查找，而不是在反编译后的 Java 窗口中查找。

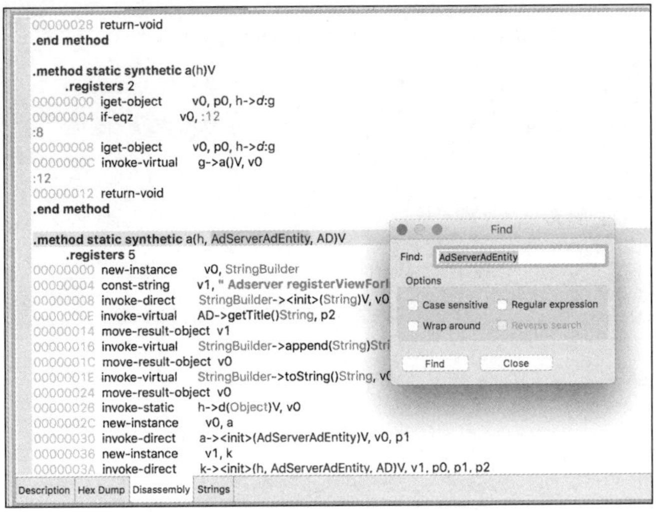

```
00000028 return-void
.end method

.method static synthetic a(h)V
    .registers 2
00000000 iget-object     v0, p0, h->d:g
00000004 if-eqz        v0, :12
:8
00000008 iget-object     v0, p0, h->d:g
0000000C invoke-virtual    g->a()V, v0
:12
00000012 return-void
.end method

.method static synthetic a(h, AdServerAdEntity, AD)V
    .registers 5
00000000 new-instance      v0, StringBuilder
00000004 const-string      v1, " Adserver registerViewForI
00000008 invoke-direct     StringBuilder-><init>(String)V, v0
0000000E invoke-virtual    AD->getTitle()String, p2
00000014 move-result-object v1
00000016 invoke-virtual    StringBuilder->append(String)Stri
0000001C move-result-object v0
0000001E invoke-virtual    StringBuilder->toString()String, v
00000024 move-result-object v0
00000026 invoke-static     h->d(Object)V, v0
0000002C new-instance      v0, a
00000030 invoke-direct     a-><init>(AdServerAdEntity)V, v0, p1
00000036 new-instance      v1, k
0000003A invoke-direct     k-><init>(h, AdServerAdEntity, AD)V, v1, p0, p1, p2
```

Find
Find: AdServerAdEntity
Options
Case sensitive　Regular expression
Wrap around　Reverse search
Find　Close

Description　Hex Dump　Disassembly　Strings

图 9-5

12. 交叉引用

首先选中关键类、函数或者变量，如图 9-6 所示，然后按快捷键 X 即可查看交叉引用。这个功能在逆向分析过程中使用频率非常高。

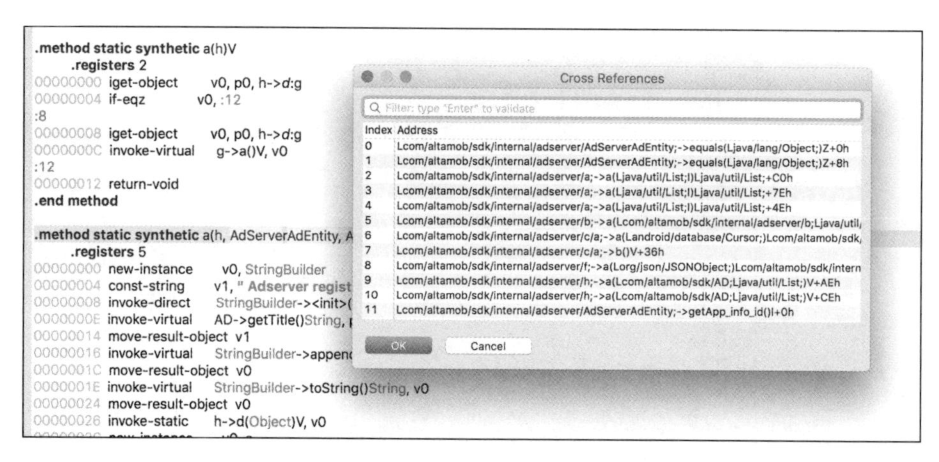

图 9-6

13. 重命名

逆向过程中经常需要做一些注释记录，比如，纠正混淆之后的变量、函数或者类名，重命名它们可以方便我们阅读。选中变量、函数或者类，然后如图 9-7 所示按下快捷键 N，即可进行重命名。

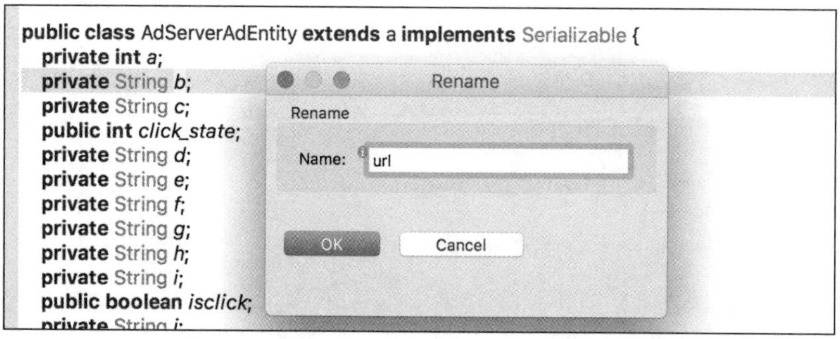

```
public class AdServerAdEntity extends a implements Serializable {
    private int a;
    private String b;
    private String c;
    public int click_state;
    private String d;
    private String e;
    private String f;
    private String g;
    private String h;
    private String i;
    public boolean isclick;
```

Rename

Name: url

OK Cancel

图 9-7

14. 注释

注释主要用于记录逆向过程中的一些备注，因为经常有一些函数调用链非常复杂，这个时候注释就非常有用了，可以增加代码的可读性。如图 9-8 所示是添加注释的过程，按下快捷键/

可以调出 Comment 窗口。

```
public static int a(dlp arg2) { // 测试注释
    int v0 = 0;
    while(true) {
        if(v0 >= aci.a.length) {
            return -1;
        }
        else if(aci.a[v0] != arg2) {
            ++v0;
            continue;
        }

        return v0;
    }
```

Comment
Comment:
Lcom/lenovo/anyshare/aci;->a(Lcom/lenovo/anyshare/dlp;)I
测试注释
OK　Cancel

图 9-8

15. 调试 APK

JEB 在 2.2X 版本之后增加了动态调试功能，不过该功能不是很好用，逆向过程中使用得比较少，此处就不详细介绍了，有兴趣的读者可以查找相关资料研究一下。

16. 编写 JEB 插件

可以利用 API 来使用脚本和插件扩展 JEB，例如，访问反编译的 Java 程序的 AST 可以去除混淆层；利用非互动 JEB 来自动化执行后端处理；面对一些混淆比较厉害的 APK，可以编写插件增强代码可读性。

API 提供的语言：Python、Java。

9.1.3　使用 IDA Pro 静态分析 so 文件

上面介绍了如何分析 Java 代码，那么 so 文件应该怎么处理以及使用何种工具来分析呢？接下来就介绍一个分析利器——IDA Pro。

1. IDA Pro 是什么

Android 应用程序的开发语言主要是 Java 语言，但是由于 Java 层的代码很容易被反编译，而反编译 C/C++代码的难度比较大，所以现在很多 Android 应用程序的核心部分都使用 NDK 进行开发。使用 NDK 开发能够编译 C/C++代码，最终生成 so 文件。so 文件是一个二进制文件，无法直接分析，所以需要用到一个反编译工具 IDA Pro。IDA Pro 能够对 so 文件进行反汇编，从而将二进制代码转换为汇编代码，而且利用 IDA Pro 神奇的 F5 功能还能将汇编代码反编译成类 C/C++代码。本节使用的 IDA Pro 的版本为 7.0 版本。下面就介绍一下如何利用 IDA Pro 静态分析 so 文件的步骤。

2. 如何使用 IDA Pro 静态分析 so 文件的步骤

（1）如图 9-9 所示，打开 IDA Pro，将 so 文件拖到 IDA Pro 窗口中，在弹出的“Load a new file”窗口中选择“ELF for ARM(Shared object)[elf.ldw]”选项，然后单击 OK，等待一段时间之后，我们就可以看到反汇编后的代码了。

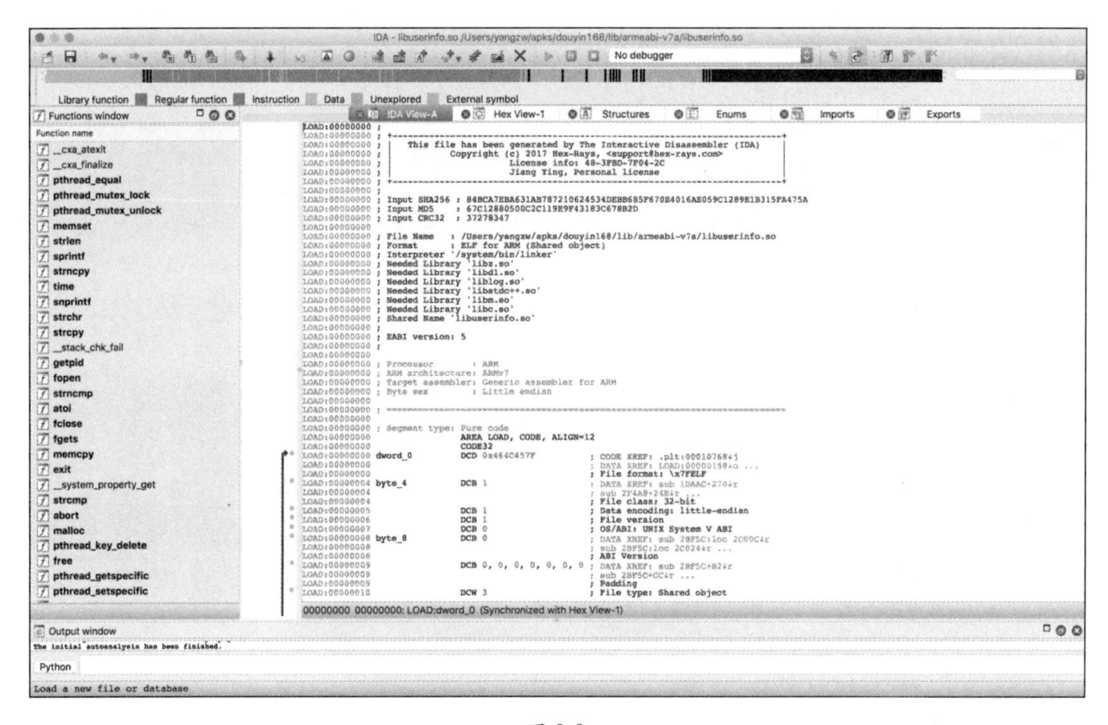

图 9-9

下面介绍几个主要窗口，其中 IDA View-A 窗口用于显示汇编代码；Hex View-1 窗口用于显示机器码（十六进制格式）；Functions window 窗口用于保存各个函数的名字，找到对应的函数名字后双击，即可定位到对应函数的汇编代码。例如，如果想要查看类 com.ss.android.common.applog.UserInfo 中的 Native 函数 getPackage 的代码，可以在 Functions window 或者 Exports 窗口中找到 Java_com_ss_android_common_applog_UserInfo_getPackage 函数后双击，如图 9-10 所示。

（2）在这里，可以看到反汇编后得到的都是 ARM 汇编代码，因此要想深入了解 so 文件的逆向过程，必须学习 ARM 汇编语言，了解 ARM 汇编语言每个寄存器的作用和传参约定等。当然，此处 IDA Pro 还有一个强大的插件——Hex-Rays Decompiler，通过将光标定位到函数内并按下 F5 键，就可以把汇编代码转换为类 C/C++代码了，如图 9-11 所示。

```
.text:00013D60
.text:00013D60 ; =============== S U B R O U T I N E =======================================
.text:00013D60
.text:00013D60
.text:00013D60                 EXPORT Java_com_ss_android_common_applog_UserInfo_getPackage
.text:00013D60 Java_com_ss_android_common_applog_UserInfo_getPackage
.text:00013D60                                         ; DATA XREF: LOAD:000016E8↑o
.text:00013D60
.text:00013D60 var_2C          = -0x2C
.text:00013D60 var_28          = -0x28
.text:00013D60 var_24          = -0x24
.text:00013D60 var_1D          = -0x1D
.text:00013D60 var_1C          = -0x1C
.text:00013D60 var_18          = -0x18
.text:00013D60 var_14          = -0x14
.text:00013D60
.text:00013D60 ; __unwind {
.text:00013D60                 PUSH            {R4,R5,LR}
.text:00013D62                 SUB             SP, SP, #0x24
.text:00013D64                 STR             R0, [SP,#0x30+var_24]
.text:00013D66                 STR             R1, [SP,#0x30+var_28]
.text:00013D68                 STR             R2, [SP,#0x30+var_2C]
.text:00013D6A                 LDR             R4, =(_GLOBAL_OFFSET_TABLE_ - 0x13D70)
.text:00013D6C                 ADD             R4, PC  ; _GLOBAL_OFFSET_TABLE_
.text:00013D6E                 LDR             R3, [SP,#0x30+var_2C]
.text:00013D70                 CMP             R3, #0
.text:00013D72                 BEQ             loc_13D84
.text:00013D74                 LDR             R0, [SP,#0x30+var_24]
.text:00013D76                 LDR             R1, [SP,#0x30+var_2C]
.text:00013D78                 MOVS            R2, #0
.text:00013D7A                 BL              _ZN7_JNIEnv17GetStringUTFCharsEP8_jstringPh ; _JNIEnv::GetStringUTFChars(_jstring *,uchar *)
.text:00013D7E                 MOV             R3, R0
.text:00013D80                 STR             R3, [SP,#0x30+var_1C]
.text:00013D82                 B               loc_13D8A
.text:00013D84 ; ---------------------------------------------------------------------------
.text:00013D84
.text:00013D84 loc_13D84                               ; CODE XREF: Java_com_ss_android_common_applog_UserInfo_getPackage+12↑j
.text:00013D84                 LDR             R3, =(unk_598B4 - 0x13D8A)
.text:00013D86                 ADD             R3, PC  ; unk_598B4
.text:00013D88                 STR             R3, [SP,#0x30+var_1C]
.text:00013D8A
.text:00013D8A loc_13D8A                               ; CODE XREF: Java_com_ss_android_common_applog_UserInfo_getPackage+22↑j
.text:00013D8A                 MOVS            R3, #0
.text:00013D8C                 STRB.W          R3, [SP,#0x30+var_1D]
.text:00013D90                 LDR             R3, =(block_names_ptr - 0x5FEA8)
.text:00013D92                 LDR             R3, [R4,R3] ; block_names
.text:00013D94                 MOV             R0, R3
.text:00013D96                 BL              _ZNSt6vectorISsSaISsEE5beginEv ; std::vector<std::string,std::allocator<std::string>>::begin(void)
.text:00013D9A                 MOV             R5, R0
.text:00013D9C                 LDR             R3, =(block_names_ptr - 0x5FEA8)
.text:00013D9E                 LDR             R3, [R4,R3] ; block_names
.text:00013DA0                 MOV             R0, R3
```

00013D60 00013D60: Java_com_ss_android_common_applog_UserInfo_getPackage (Synchronized with Hex View-1)

图 9-10

```
int __fastcall Java_com_ss_android_common_applog_UserInfo_getPackage(int a1, int a2, int a3)
{
  int v3; // r5
  int v4; // r0
  int result; // r0
  int v6; // [sp+4h] [bp-2Ch]
  int v7; // [sp+Ch] [bp-24h]
  char v8; // [sp+13h] [bp-1Dh]
  void *v9; // [sp+14h] [bp-1Ch]
  int v10; // [sp+18h] [bp-18h]
  int v11; // [sp+1Ch] [bp-14h]

  v7 = a1;
  v6 = a3;
  if ( a3 )
    v9 = (void *)_JNIEnv::GetStringUTFChars(a1, a3, 0);
  else
    v9 = &unk_598B4;
  v8 = 0;
  v3 = std::vector<std::string,std::allocator<std::string>>::begin(&block_names);
  v4 = std::vector<std::string,std::allocator<std::string>>::end(&block_names);
  v10 = std::find<__gnu_cxx::__normal_iterator<std::string *,std::vector<std::string,std::allocator<std::string>>>,char *>(
          v3,
          v4,
          &v9);
  v11 = std::vector<std::string,std::allocator<std::string>>::end(&block_names);
  result = __gnu_cxx::operator!=<std::string *,std::vector<std::string,std::allocator<std::string>>>(&v10, &v11);
  if ( result )
    v8 = 1;
  if ( v6 )
    result = _JNIEnv::ReleaseStringUTFChars(v7, v6, v9);
  if ( v8 )
    exit(1);
  return result;
}
```

图 9-11

（3）另外，如果关注函数内部的跳转流程，可以在 IDA View-A 汇编界面中按下空格键，这样就可以跳到 Graph View 界面，程序的各种跳转十分清晰，如图 9-12 所示。

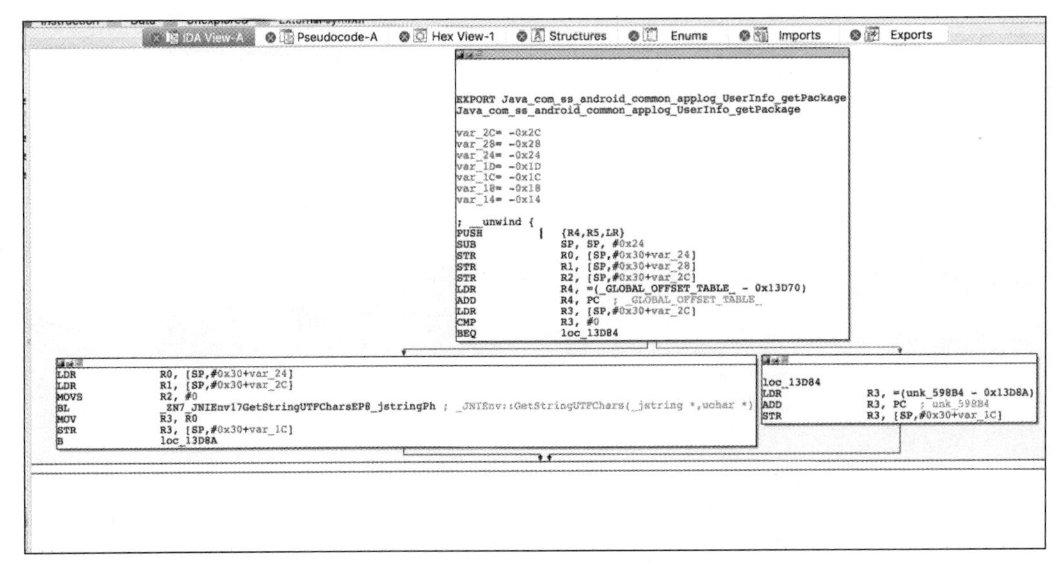

图 9-12

（4）按下快捷键 Shift+F12 可以跳转到 Strings window 窗口，其中显示了 so 文件的所有字符串，可以很方便地定位到关键代码，如图 9-13 所示。

Address	Length	Type	String
.text:00050...	00000031	C	AES for ARMv4, CRYPTOGAMS by <appro@openssl.org>
.ARM.extab:...	00000005	C	\b$Dn
.rodata:000...	00000011	C	its huoshanzhibo
.rodata:000...	00000011	C	its awemedouyin1
.rodata:000...	00000011	C	its jokeessay123
.rodata:000...	00000005	C	%08x
.rodata:000...	00000005	C	rstr
.rodata:000...	00000010	C	/proc/%d/status
.rodata:000...	0000000A	C	TracerPid
.rodata:000...	0000001C	C	vector::_M_emplace_back_aux
.rodata:000...	00000009	C	getBytes
.rodata:000...	00000017	C	(Ljava/lang/String;)[B
.rodata:000...	00000006	C	UTF-8
.rodata:000...	00000005	C	rstr
.rodata:000...	00000013	C	a13c4d98555d69eefe
.rodata:000...	00000012	C	getPackageManager
.rodata:000...	00000026	C	()Landroid/content/pm/PackageManager;
.rodata:000...	0000000F	C	getPackageName
.rodata:000...	00000015	C	()Ljava/lang/String;
.rodata:000...	0000000F	C	getPackageInfo
.rodata:000...	00000036	C	(Ljava/lang/String;I)Landroid/content/pm/PackageInfo;
.rodata:000...	0000000B	C	signatures
.rodata:000...	00000020	C	[Landroid/content/pm/Signature;
.rodata:000...	0000000E	C	toCharsString
.rodata:000...	0000002B	C	com/ss/android/common/applog/GlobalContext
.rodata:000...	0000000B	C	getContext
.rodata:000...	0000001C	C	()Landroid/content/Context;
.rodata:000...	00000021	C	0aa08095564a155b455ede748688ee5c
.rodata:000...	00000012	C	/proc/tty/drivers
.rodata:000...	00000009	C	goldfish

图 9-13

（5）单击上面的关键字符串，就可以跳到字符串的实际地址，然后按下 X 快捷键，可以查看字符串的交叉引用，接着可以定位到关键函数，这个操作使用频率很高，如图 9-14 所示。

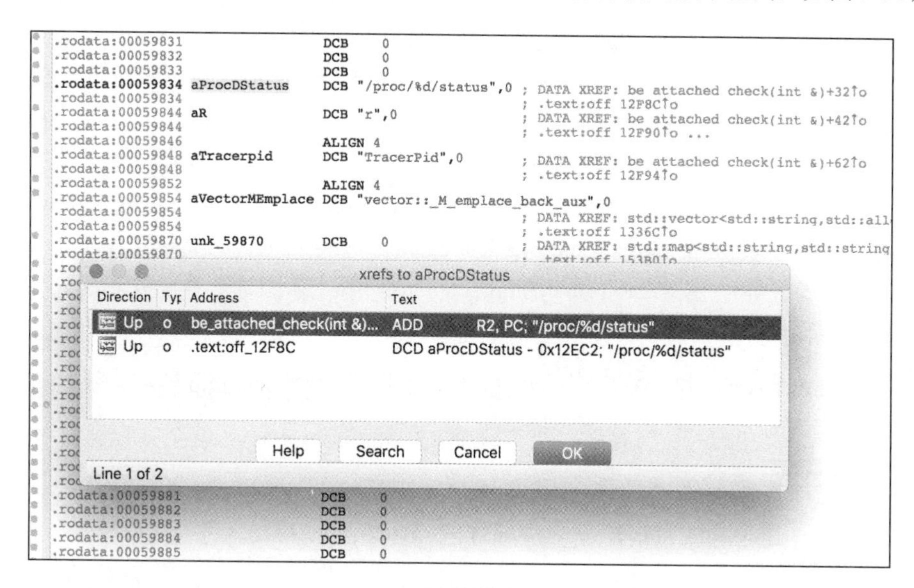

图 9-14

以上基本就是静态分析 so 文件的所有步骤了，定位到关键函数之后可以按 F5 键转换成对应的类 C/C++代码来分析函数的实现逻辑，而复杂的逻辑需要一定的 ARM 汇编编程能力并结合后面会介绍到的动态调试。静态分析+动态调试基本上就能还原所有的 Native 函数逻辑了。

9.2 动态分析 Android 应用

静态分析 APK 只能分析一些简单的逻辑，当面对复杂逻辑的时候，一般需要“动静结合”，即静态分析+动态调试或者 Hook。静态分析一般是为了定位关键函数，Hook 是为了打印函数的实参和返回结果，而动态调试可以单步确定实现逻辑。这样一步步执行下来，就可以以最快的速度还原原来的函数逻辑和算法。

9.2.1 使用 IDA Pro 动态调试 APK

具体如何动态调试 APK，下面就来进行详细的阐述说明。

1．环境准备

（1）使用 Root 过的手机或者重打包 APK 修改 AndroidManifest.xml 的 application 标签

android:debuggable="true"。

原理：IDA Pro 的远程调试都有一个服务端，比如 Android 的就是 android_server，这是一个可执行文件，运行在手机端。android_server 负责调试本地准备调试的 App，然后和 IDA PC 端进行交互，实现远程调试。android_server 的调试原理实际上就是 Linux 的 ptrace 原理。如果要用 ptrace 调试进程，则 ptrace 必须要与调试的进程权限一样或者拥有 Root 权限。ptrace 怎样才能与被调试的过程权限一样呢？Android 下有一个 run-as 程序，可以切换 shell 的进程环境，执行 run-as pkg 命令就可以切换到该包名的权限环境，之后再在该环境下运行 android_server，而执行 run-as pkg 命令需要 pkg 的 android:debuggable="true"配置才行，因此手机没被 Root 的时候，只能重打包 APK 修改 android:debuggable="true"后才能调试。手机被 Root 后，直接在 Root 权限下执行 android_server 就行了。

（2）把 android_server 这个 elf 文件 adb push 到手机的/data/local/tmp 里，执行 chmod 777。

android_server 被赋予读/写权限，执行这个文件./android_server 就会监听调试端口，等待被调试。

（3）开启一个命令行窗口执行 adb forward tcp:23946 tcp:23946，进行端口转发。

（4）手机安装准备调试的应用，这里演示的是 Android Stduio sample 中的 testJni 示例。

到此，环境已准备完毕，上面这些步骤其实都可以使用脚本实现。

2. IDA attach

启动 IDA Pro，打开 Debugger→Attach→Remote Armlinux/Andoid Debugger。

如图 9-15 所示，填写 Hostname 为 127.0.0.1 或 localhost（推荐），Port 为 23946 或自定义转发的端口，其他设置保持默认值，单击 OK 按钮。

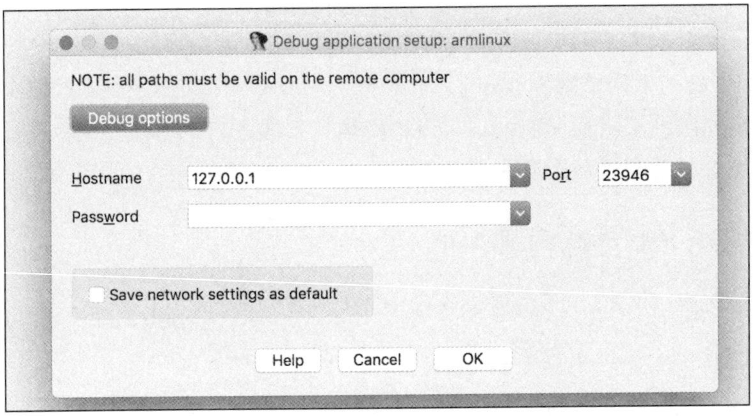

图 9-15

如图 9-16 所示，在弹出的 Choose process to attach to 窗口中找到 App 的进程名，单击 OK 按钮。

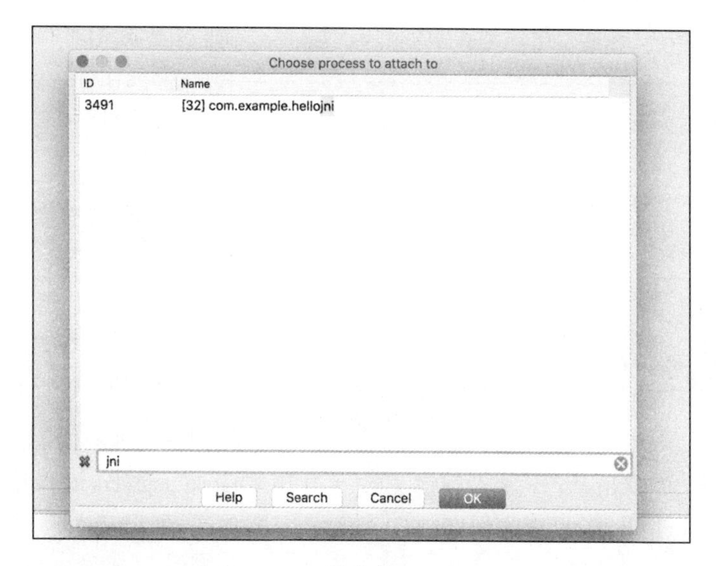

图 9-16

等待分析完成后即可进入调试界面，如图 9-17 所示。

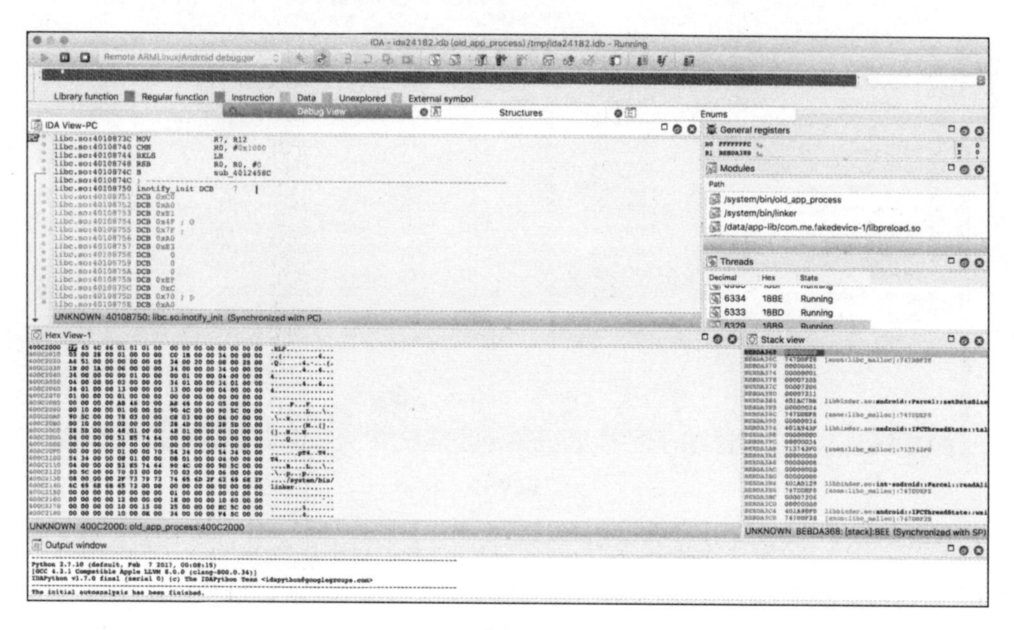

图 9-17

3．定位函数

方法一：如图 9-18 所示，在 Modules 窗口中找到要调试的 so 文件，双击该文件，这时就会出现 exported 的函数名字，再找到要调试的函数，双击即可定位到相应的汇编代码处。

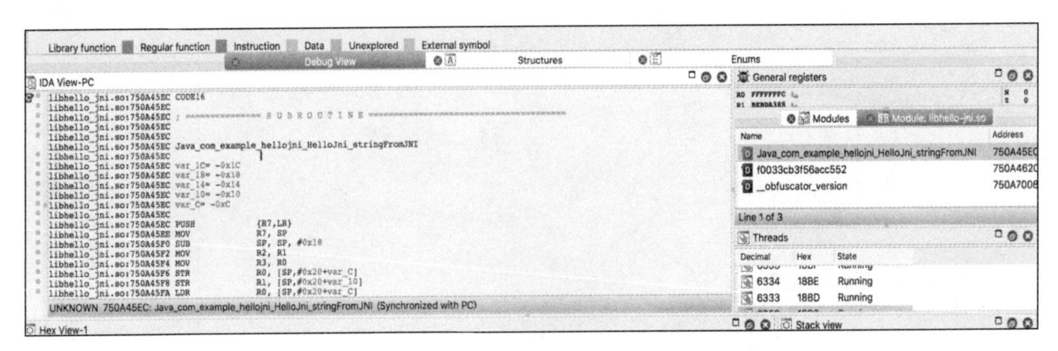

图 9-18

方法二：如图 9-19 所示，使用快捷键 Ctrl+S 打开 Choose segment to jump 窗口，选择 so 文件，这里可以使用快捷键 Ctrl+F 进行搜索，同时需要记下 so 文件的起始地址（750A4000）。

Choose segment to jump

Name	Start	End	R	W	X	D	L	Align	Base	Type	Class	AD	T	DS
com.example.hellojni_2...	7509C000	750A2000	R	.	.	D	.	byte	00	public	CONST	32	00	00
libhello_jni.so	750A4000	750A6000	R	.	X	D	.	byte	00	public	CODE	32	00	00
libhello_jni.so	750A6000	750A7000	R	.	.	D	.	byte	00	public	CONST	32	00	00
libhello_jni.so	750A7000	750A8000	R	W	.	D	.	byte	00	public	DATA	32	00	00
com.example.hellojni_2...	750AD000	750B3000	R	.	.	D	.	byte	00	public	CONST	32	00	00
data@app@com.exam...	750B7000	751B5000	R	.	.	D	.	byte	00	public	CONST	32	00	00
data@app@com.exam...	751B5000	751B6000	R	.	.	D	.	byte	00	public	CONST	32	00	00
data@app@com.exam...	751B6000	751B8000	R	.	.	D	.	byte	00	public	CONST	32	00	00
data@app@com.exam...	751B8000	751B9000	R	.	.	D	.	byte	00	public	CONST	32	00	00
data@app@com.exam...	751B9000	751C0000	R	.	.	D	.	byte	00	public	CONST	32	00	00
data@app@com.exam...	751C0000	751C1000	R	.	.	D	.	byte	00	public	CONST	32	00	00
data@app@com.exam...	751C1000	751C9000	R	.	.	D	.	byte	00	public	CONST	32	00	00
data@app@com.exam...	751C9000	751CB000	R	.	.	D	.	byte	00	public	CONST	32	00	00
data@app@com.exam...	751CB000	751D3000	R	.	.	D	.	byte	00	public	CONST	32	00	00
data@app@com.exam...	751D3000	751D4000	R	.	.	D	.	byte	00	public	CONST	32	00	00

hello

Help　Search　Cancel　OK

图 9-19

用另一个 IDA instance 打开 so 文件，找到对应函数的位置，在图 9-20 中可以看到偏移量为 000005EC。

```
.text:000005EC ; =============== S U B R O U T I N E =======================================
.text:000005EC
.text:000005EC
.text:000005EC                 EXPORT Java_com_example_hellojni_HelloJni_stringFromJNI
.text:000005EC Java_com_example_hellojni_HelloJni_stringFromJNI
.text:000005EC                                         ; DATA XREF: LOAD:00000220↑o
.text:000005EC
.text:000005EC var_1C          = -0x1C
.text:000005EC var_18          = -0x18
.text:000005EC var_14          = -0x14
.text:000005EC var_10          = -0x10
.text:000005EC var_C           = -0xC
.text:000005EC
.text:000005EC ; __unwind {
.text:000005EC                 PUSH            {R7,LR}
.text:000005EE                 MOV             R7, SP
.text:000005F0                 SUB             SP, SP, #0x18
.text:000005F2                 MOV             R2, R1
.text:000005F4                 MOV             R3, R0
.text:000005F6                 STR             R0, [SP,#0x20+var_C]
.text:000005F8                 STR             R1, [SP,#0x20+var_10]
.text:000005FA                 LDR             R0, [SP,#0x20+var_C]
.text:000005FC                 LDR             R1, [R0]
.text:000005FE                 LDR.W           R1, [R1,#0x29C]
.text:00000602                 LDR.W           R12, =(aHelloFromJniCo - 0x60A)
.text:00000606                 ADD             R12, PC ; "Hello from JNI !  Compiled with ABI arm"...
.text:00000608                 STR             R1, [SP,#0x20+var_14]
.text:0000060A                 MOV             R1, R12
.text:0000060C                 LDR.W           R12, [SP,#0x20+var_14]
.text:00000610                 STR             R2, [SP,#0x20+var_18]
.text:00000612                 STR             R3, [SP,#0x20+var_1C]
.text:00000614                 BLX             R12
.text:00000616                 ADD             SP, SP, #0x18
.text:00000618                 POP             {R7,PC}
.text:00000618 ; End of function Java_com_example_hellojni_HelloJni_stringFromJNI
.text:00000618
```

图 9-20

绝对地址=基址+偏移地址=750A4000+000005EC =0x750a45ec。

按下快捷键 G，输入 0x750a45ec 即可跳转到正确的函数。然后使用快捷键 F2 或者单击前面的小圆点会跳至下一个断点。

4．调试

使用如下快捷键可以进行调试。

- F7：单步进入。
- F8：单步跳过。
- F9：继续运行，直到断点位置。

9.2.2 使用 Xposed Hook Java 代码

Xposed 框架是一个可以在不修改 APK 的情况下影响程序运行（修改系统）的框架服务，基于它可以制作出许多功能强大的模块，且在功能不冲突的情况下同时运行。下面就来讲讲如何使用 Xposed Hook Java 代码。

1．什么是 Hook

Hook 是钩子的意思，那我们在什么时候使用这个钩子呢？在 Android 操作系统中，系统维护着自己的一套事件分发机制。应用程序（包括应用触发事件和后台逻辑处理）根据事件流程一步步地向下执行。如图 9-21 所示，钩子的意思就是在事件传送到终点前截获并监控事件的传输，像一个钩子钩上事件一样，并且能够在钩上事件时处理一些特定的事件。

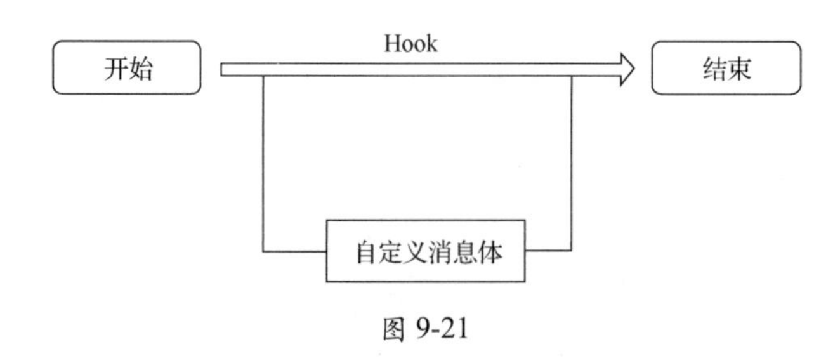

图 9-21

Hook 的这个本领使它能够将自身的代码融入被钩住（Hook）程序的进程中，成为目标进程的一部分。API Hook 技术是一种用于改变 API 执行结果的技术，能够使系统的 API 函数执行重定向。在 Android 系统中，使用了沙箱机制，普通用户程序的进程空间都是独立的，程序的运行互不干扰。这就使我们希望通过一个程序改变其他程序的某些行为的想法不能直接实现，但是 Hook 的出现给我们开拓了解决此类问题的道路。当然，根据 Hook 对象与 Hook 后处理事件的方式，Hook 还分为不同的种类，比如消息 Hook、API Hook 等。

2. Hook 权限要求

关于 Android 中的 Hook 机制，大致有如下两个方式。

- 要 Root 权限，直接 Hook 系统，可以干掉所有的 App。
- 免 Root 权限，但是只能 Hook 自身，对系统其他 App 无能为力。

配合多开技术，可以实现免 Root 权限 Hook 任意 App，若大家有兴趣，可以研究一下 Lody 开源的 VirtualApp。而本节主要介绍的是基于 Xposed 的 Hook 技术。

3. Xposed 框架实现 Hook 的原理介绍

Zygote 是 Android 的核心，每运行一个 App，Zygote 就会复刻一个虚拟机实例来运行 App，Xposed 框架深入 Android 核心机制，通过改造 Zygote 来实现一些很厉害的功能。Zygote 的启动配置位于/init.rc 脚本中，在系统启动的时候开启此进程，对应的执行文件是/system/bin/app_process，这个文件完成类库加载及一些函数调用工作。

在系统中安装了 Xposed 框架后，会对 app_process 进行扩展，也就是说，Xposed 框架会拿自己实现的 app_process 文件覆盖掉 Android 原生提供的 app_process 文件。当系统启动的时候，就会加载由 Xposed 框架替换过的进程文件，并且 Xposed 框架还定义了一个 jar 包，系统启动的时候也会加载这个包：

/data/data/de.robv.android.xposed.installer/bin/XposedBridge.jar

这个 jar 包负责对 Hook 模块内定义好的方法进行 Hook 操作，之后当我们启动所有 App 的时候都会产生一个 fork zygote 的过程，于是所有进程都会被 Hook，这是一个全局 Hook。

4. Xposed 框架运行的条件

（1）已 Root 的手机或者模拟器，建议最好使用的是 Android 4.x 的系统。

（2）Xposed Installer（Xposed 安装程序）

Xposed 框架就是一个 APK 文件，也就是上面下载的 Xposed 安装程序，下载后用下面的命令将其安装到手机上或者模拟器上：

```
1.   adb install de.robv.android.xposed.installer_v32_de4f0d.apk
```

5. 激活 Xposed 框架

安装完 Xposed 框架之后，单击框架，可看到需要激活 app_process 和 XposedBridge.jar，如图 9-22 所示。

选择安装/更新，会提示重启，确定即可。

重启后，会发现 app_process 和 XposedBridge.jar 已经被激活。

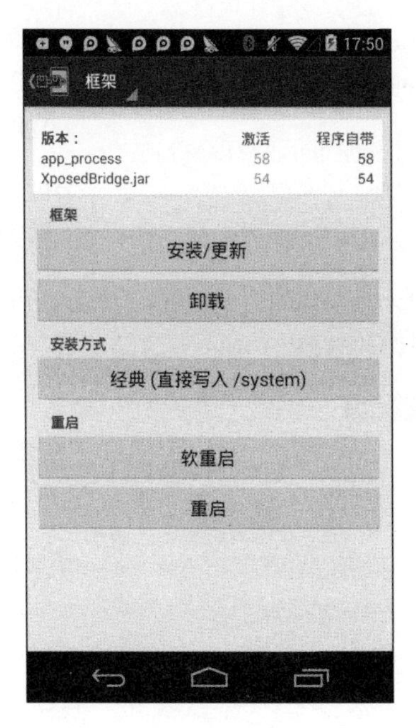

图 9-22

6．第一个 Xposed Module Hello world

（1）创建一个 Android 工程

一个 Xposed 模块本质上是一个正常的 APK，只是这个 APK 没有与用户交互的 Activity 界面，它仅包含一些 meta 数据和文件，并且安装该 APK 后桌面上没有相应的图标。所以你只需要创建一个空的 Android 工程，不需要添加任何 Activity。

（2）将 Android 工程变成 Xposed 模块

在工程中添加 Xposed Framework API。Xposed 模块为了使用 Xposed 框架的 API，需要下载相应的 XposedBridge.jar 包，直接在 GitHub 上下载即可。

另外，可以通过下面的网址查看 Xposed 框架 API：

https://bintray.com/rovo89/de.robv.android.xposed/api

在 Android Studio 工程的 app/build.gradle 文件中添加依赖项：

```
1.   rep}
```

注意：使用 provided 时不要使用 compile。compile 会将整个 API 类编译进你的 APK 中，导致出现问题。provided 只提供了 API 类的引用，API 类真正的实现代码则在 Xposed 框架中。

在大多数情况下，repositories 已经存在，并且已经有一些依赖，所以只需要将 provided 这一行添加到存在的 dependcies 模块中即可。

如果需要查看 API 资源，则添加下面两行命令：

```
1.   provided 'de.robv.android.xposed:api:53'
2.   provided 'de.robv.android.xposed:api:53:sources'
```

如图 9-23 所示，确保关闭 Instant Run 项，选择 File→Settings→Build, Execution, Deployment→Instant Run，否则你的 APK 中将不包含这些类。

AndroidManifest.xml 文件配置如下：

```
1.   <manifest xmlns:android="http://schemas.android.com/apk/res/android"
2.       package="test.xposedmoduletest">
3.
4.       <application
5.           android:allowBackup="true"
6.           android:icon="@mipmap/ic_launcher"
7.           android:label="@string/app_name"
8.           android:roundIcon="@mipmap/ic_launcher_round"
9.           android:supportsRtl="true"
```

```
10.             android:theme="@style/AppTheme">
11.             <activity android:name=".MainActivity">
12.                 <intent-filter>
13.                     <action android:name="android.intent.action.MAIN" />
14.
15.                     <category android:name="android.intent.category.LAUNCHER" />
16.                 </intent-filter>
17.             </activity>
18.             <meta-data
19.                 android:name="xposedmodule"
20.                 android:value="true" /><!--应用为模块-->
21.             <meta-data
22.                 android:name="xposeddescription"
23.                 android:value="测试" /><!--模块描述-->
24.             <meta-data
25.                 android:name="xposedminversion"
26.                 android:value="53" /> <!--版本信息-->
27.         </application>
28.
29.     </manifest>
```

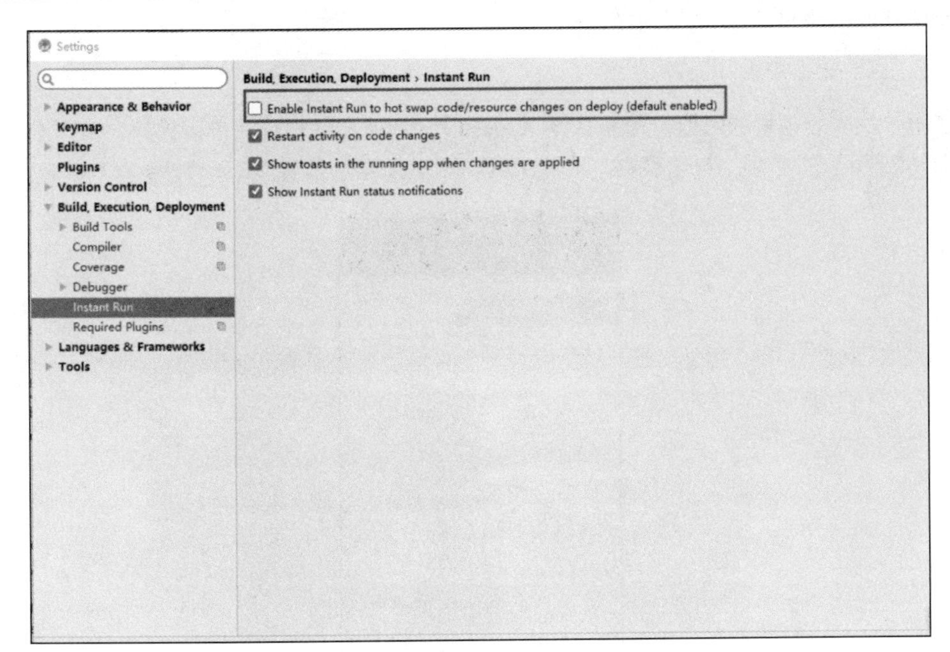

图 9-23

下面介绍 Hook Module Hello world 的实现。

如图 9-24 所示，创建一个类，比如 test.xposedmoduletest.TestModule。

```
1   package test.xposedmoduletest;
2   import android.util.Log;
3   import de.robv.android.xposed.IXposedHookLoadPackage;
4   import de.robv.android.xposed.callbacks.XC_LoadPackage;
5   public class TestModule implements IXposedHookLoadPackage{
6       private static final String TAG = "TestModule";
7
8       @Override
9       public void handleLoadPackage(XC_LoadPackage.LoadPackageParam lpparam) throws Throwable {
10          Log.e(TAG,  msg: "handleLoadPackage: "+lpparam.packageName);
11      }
12  }
13
```

图 9-24

可以让 Xposed 框架在下面几个位置调用你模块中的函数：Android 系统启动的时候（使用 IXposedHookZygoteInit 接口）、一个新 App 被加载的时候（使用 IXposedHookLoadPackage 接口）、一个资源被初始化的时候（使用 IXposedHookInitPackageResources 接口）。

所有的进入点都是 XposedMod 接口的子接口。在本示例中，进入点是“一个新 App 被加载的时候”，需要实现 IXposedHookLoadPackage 接口。

然后进行 assets/xposed_init 配置。新建 assets/xposed_init 文件，内容为 test.xposedmodule-test.TestModule，即我们定义的类路径。

（3）安装 APK 模块

在第一次安装模块的时候，需要打开 Xposed Installer 激活模块，单击模块，之后就可以看到如图 9-25 所示的界面，勾选模块，重启手机，这里推荐软重启（restart zygote）。

图 9-25

重启手机之后，可以看到 adb logcat 已经输出了很多日志，每个 App 启动都会打印包名，如图 9-26 所示。

```
18:15:51.515 26671-26671/? E/TestModule: handleLoadPackage: android
18:15:58.945 26671-26671/? E/TestModule: handleLoadPackage: com.android.providers.settings
18:15:59.595 26750-26750/? E/TestModule: handleLoadPackage: com.android.keyguard
18:15:59.645 26750-26750/? E/TestModule: handleLoadPackage: com.android.systemui
18:15:59.845 26823-26823/? E/TestModule: handleLoadPackage: com.android.settings
18:16:00.045 26862-26862/? E/TestModule: handleLoadPackage: com.google.android.keep
18:16:00.045 26850-26850/? E/TestModule: handleLoadPackage: com.android.providers.contacts
18:16:00.075 26850-26850/? E/TestModule: handleLoadPackage: com.android.providers.userdictionary
18:16:00.205 26904-26904/? E/TestModule: handleLoadPackage: com.google.android.inputmethod.pinyin
18:16:00.215 26894-26894/? E/TestModule: handleLoadPackage: com.google.android.gsf
18:16:00.275 26894-26894/? E/TestModule: handleLoadPackage: com.google.android.gms
18:16:00.355 26921-26921/? E/TestModule: handleLoadPackage: com.google.android.gms
18:16:00.475 26894-26894/? E/TestModule: handleLoadPackage: com.google.android.syncadapters.contacts
18:16:00.485 26949-26949/? E/TestModule: handleLoadPackage: com.redbend.vdmc
18:16:00.485 26967-26967/? E/TestModule: handleLoadPackage: com.android.nfc
18:16:00.485 26939-26939/? E/TestModule: handleLoadPackage: com.android.phone
18:16:00.525 26939-26939/? E/TestModule: handleLoadPackage: com.android.providers.telephony
18:16:00.535 26987-26987/? E/TestModule: handleLoadPackage: com.google.android.googlequicksearchbox
```

图 9-26

7. 编写一个简单的搜索框劫持 Hook 模块

（1）需求

劫持 taptap 的搜索入口，将搜索到的所有关键字都替换为球球大作战。

（2）编码

```
1.  public class TestModule implements IXposedHookLoadPackage {
2.      private static final String TAG = "TestModule";
3.
4.      @Override
5.          public void handleLoadPackage(XC_LoadPackage.LoadPackageParam
lpparam) throws Throwable {
6.          Log.e(TAG, "handleLoadPackage:"+lpparam.packageName);
7.          if (lpparam.packageName.equals("com.taptap")) {
// 过滤包名，只 hook taptap 的包名，
8.                  XposedHelpers.findAndHookMethod(EditText.class,
"getText", new XC_MethodHook
9.              () {
10.                 @Override
11.                     protected void beforeHookedMethod(MethodHookParam
param) throws Throwable {
12.                     super.beforeHookedMethod(param);
13.                 }
14.
15.                 @Override
16.                     protected void afterHookedMethod(MethodHookParam
param) throws Throwable {
```

```
    17.                     super.afterHookedMethod(param);
    18.                         if (!TextUtils.isEmpty(param.getResult().
toString())) {
    19.                             Log.e(TAG, "afterHookedMethod:"+param.
getResult());
    20.                             // 通过 setResult 方法替换 getText 的返回结果
    21.
param.setResult(Editable.Factory.getInstance().newEditable("球球大作战"));
    22.                     }
    23.                 }
    24.             });
    25.
    26.         }
    27.     }
    28. }
```

（3）效果

搜索《王者荣耀》和《绝地求生：大逃杀》的时候，返回的结果如图 9-27 所示。

图 9-27

8. Xposed 模块编写经验总结

Xposed 模块编写经验总结如下。

- 实现 IXposedHookLoadPackage 接口。

- 确定要 Hook 的 Android App 的包名。
- 判断要 Hook 的包名。
- 确定要 Hook 的 Android App 的方法。
- 具体实现 Android App 的函数 Hook 调用。

Xposed 模块编写代码如下：

```
1.   XposedHelpers.findAndHookMethod("包名+类名", lpparam.classLoader, "要Hook的函数名称", 第一个参数类型, 第二个参数类型……, new XC_MethodHook() {
2.
3.          protected void beforeHookedMethod(MethodHookParam param) {
4.          //函数执行之前要做的操作
5.          }
6.
7.          protected void afterHookedMethod(MethodHookParam param) {
8.          //函数执行之后要做的操作
9.          }
10.  });
```

9.2.3　使用 Cydia Substrate Hook Java 和 Native

Cydia Substrate 是 Apple 越狱大神 saurik 开发的一个 Hook 工具，以前只有 iOS 版本，但由于 iOS 和 Android 都使用的是 ARM 架构，因此 Native 层的 Hook 原理差不多，移植到 Android 上很方便，所以大神又写了 Android 版的 Cydia Substrate，同时支持 Hook Java 和 Native。Cydia Substrate 刚出来的时候十分强大，比 Xposed 还要强大，因为 Xposed 不支持 Native Hook，但可能由于 Android 的碎片化问题，适配非常浪费时间，所以其不对 Android 4.3 之后的版本进行适配了。其 Native Hook 部分的兼容性还是很好的，应该算是目前最稳定的 Native Hook 框架了；而其 Java Hook 部分只支持 Dalvik 虚拟机，支持到 Android 4.3 版本。所以现在一般都直接使用 Cydia Substrate 的 Native Hook 部分，再配合 Xposed 的 Java Hook，这就是比较常见的逆向手段。接下来简单介绍一下这个 Hook 框架的用法。

1．使用 Cydia Substrate Hook Java

下面参考官方的示例来详细讲解如何从 0 到 1 创建并且编写一个 Hook 模块。

（1）环境配置

- 系统：Android 4.3 或以下版本，已获得 Root 权限。
- 软件：安装 com.saurik.substrate.apk。
- 在 Cydia Substrate 官网下载 SDK。

- 安装 com.saurik.substrate.apk 之后打开 Cydia Substratc，要激活 Cydia Substrate 框架，单击 Link Substrate Files 即可，激活成功的界面如图 9-28 所示。

（2）导入 jar 和配置 manifest

具体操作步骤如下。

- 导入 jar。
- 解压 SDK，导入 substrate-api.jar 到 Android 工程中。
- 配置 manifest。

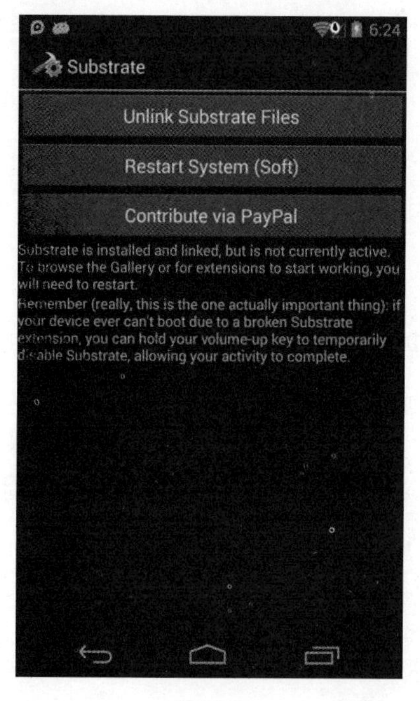

图 9-28

实现代码如下：

```
1.   <manifest xmlns:android="http://schemas.android.com/apk/res/android">
2.       <application>
3.           <meta-data android:name="com.saurik.substrate.main"
4.               android:value="test.substrate.Main"/>
5.       </application>
6.
7.       <uses-permission android:name="cydia.permission.SUBSTRATE"/>
8.   </manifest>
```

（3）Hook 模块编写

首先创建一个类，类名为上面 manifest 配置里面 meta 中的 Main，类中包含一个 static 方法 initialize。当插件被加载的时候，该方法中的代码就会执行，完成一些必要的初始化工作：

```
1.  public class Main {
2.      static void initialize() {
3.          // ... code to run when extension is loaded
4.      }
5.  }
```

然后等待被 Hook 的类加载：

```
1.  public class Main {
2.      static void initialize() {
3.          MS.hookClassLoad("android.content.res.Resources", new MS.
ClassLoadHook() {
4.              public void classLoaded(Class<?> resources) {
5.                  // ... code to modify the class when loaded
6.              }
7.          });
8.      }
9.  }
```

最后 Hook 对应的类方法：

```
1.  public void classLoaded(Class<?> resources) {
2.      Method getColor; try {
3.          getColor = resources.getMethod("getColor", Integer.TYPE);
4.      } catch (NoSuchMethodException e) {
5.          getColor = null;
6.      }
7.
8.      if (getColor != null) {
9.          final MS.MethodPointer old = new MS.MethodPointer();
10.
11.         MS.hookMethod(resources, getColor, new MS.MethodHook() {
12.             public Object invoked(Object resources, Object... args)
13.                 throws Throwable
14.             {
15.                 int color = (Integer) old.invoke(resources, args);
16.                 return color & ~0x0000ff00 | 0x00ff0000;
17.             }
18.         }, old);
19.     }
20. }
```

完整代码如下：

```
1.   public class Min{
2.       private static final String TAG = "Min";
3.
4.       static void initialize {
5.           Log.e(TAG, "initialize");
6.           MS.hookClassLoad("android.content.res.Resources", new MS.
ClassLoadHook() {
7.               public void classLoaded(Class<?> resources) {
8.                   Method getColor;
9.                   try {
10.                      getColor = resources.getMethod("getColor",
Integer.TYPE);
11.
12.                  }catch (NoSuchMethodException e) {
13.                      getColor = null;
14.                  }
15.
16.                  if (getColor != null) {
17.                     final MS.MethodPointer old = new MS.MethodPointer();
18.
19.                   MS.hookMethod (resources, getColor, new MS.MethodHook() {
20.                          public Object invoked(Object resources,
Object... args) throws Throwable{
21.                          int color = (Integer) old.invoke(resources, args);
22.                              return color &~0x0000ff00 | 0x00ff0000;
23.                          }
24.                      }, old);
25.                  }
26.              }
27.          }) ;
28.      }
29.  }
```

安装 APK 之后，进入 Cydia Substrate 应用中，单击 Restart System 软重启即可。重启后可以看到系统的文字颜色改变了，证明 Hook 已生效。

（4）关键 API 解析

- MS.hookClassLoad(String name, MS.ClassLoadHook hook)

函数解析：注册类钩子，当类加载的时候回调。

参数解析：

Name：包名+类名。

Hook：MS.ClassLoadHook 的一个实例，当这个类被加载的时候，它的 classLoaded 方法会被执行。

例子：

```
1.   MS.hookClassLoad("android.content.res.Resources", new MS.ClassLoadHook() {
2.               public void classLoaded(Class<?> resources) {
3.                   // ... code to modify the class when loaded
4.               }
5.           });
```

- MS. hookMethod(Class _class, Member member, MS.MethodHook hook, MS.MethodPointer old);

函数解析：注册方法钩子，Hook 的核心逻辑主要就是用这个函数实现的。

参数解析：

_class：加载的目标类，为 classLoaded 传下来的类参数。

member：通过反射得到的需要 Hook 的方法（或构造函数）。注意，不能 Hook 字段。

hook：MS.MethodHook 的一个实例，其包含的 invoked 方法会被调用，用以代替 member 中的代码。

例子：

```
1.   MS.hookMethod(resources, getColor, new MS.MethodHook() {
2.               public Object invoked(Object resources, Object... args)
3.                   throws Throwable
4.               {
5.                   int color = (Integer) old.invoke(resources, args);
6.                   return color & ~0x0000ff00 | 0x00ff0000;
7.               }
8.           }, old);
```

2. 使用 Cydia Substrate Hook Native

在前面关于 Cydia Substrate 的内容中，已经介绍过使用 Cydia Substrate Hook Java 代码，现在介绍一下怎么用它 Hook Native 代码。Hook Native 代码需要编写 Substrate extensions，它跟 Native 库一样被视作标准 Android 包的一部分，将作为一个共享库被编译（使用复合扩展名.cy.so）。

（1）manifest 配置

比 Hook Java 的还要简单，只需添加一个权限：

```
1.    <uses-permission android:name="cydia.permission.SUBSTRATE"/>
```

（2）JNI 工程配置

- 如图 9-29 所示，创建一个 jni 目录。

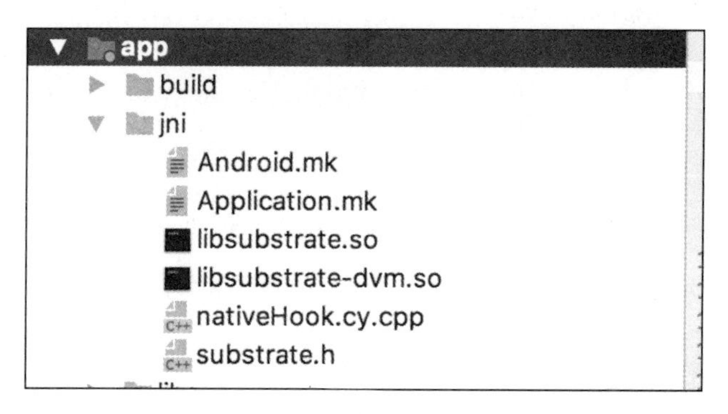

图 9-29

- 复制 Cydia 库文件和头文件

从 Cydia Substrate 的 SDK 中复制 substrate.h、libsubstrate-dvm.so 和 libsubstrate.so 到 jni 目录下。

- Android.mk 配置，注意库的名字一定要包含.cy：

```
1.    LOCAL_PATH := $(call my-dir)
2.    include $(CLEAR_VARS)
3.    LOCAL_MODULE     := nativeHook.cy
4.    LOCAL_SRC_FILES := nativeHook.cy.cpp
5.    LOCAL_LDLIBS := -L$(LOCAL_PATH) -lsubstrate -lsubstrate-dvm -llog
6.    LOCAL_C_INCLUDES := substrate.h
7.    include $(BUILD_SHARED_LIBRARY)
```

（3）编写 Hook Native 代码

下面的示例将 Hook libc.so 中的 open 函数，打印所有的文件打开路径。

- 新建 nativeHook.cy.cpp 文件

内容如下：

```
1.    #include <android/log.h>
```

```
2.    #include "substrate.h"
3.    #include <sys/stat.h>
4.    #include <fcntl.h>
5.    #define LOG_TAG "SUBhook"
6.
7.    #define LOGI(...) _android_log_print(ANDROID_LOG_INFO, LOG_TAG, _VA_ARGS_)
8.
9.    //MSConfig(MSFilterExecutable, "/system/bin/ap_process")
10.
11.   MSConfig(MSFilterLibrary, "libc.so");
12.   int (* oldopen) (const char * pathname, int flags, mode_t mode);
13.
14.   int myopen(const char * path, int flags, mode_t mode) {
15.       LOGI("myopen %s", path);
16.       return oldopen(path, flags, mode);
17.   }
18.
19.   MSInitialize {
20.       LOGI("MSInitialize");
21.       MSHookFunction((void *) open , (void*)&myopen,(void**)&oldopen);
22.   }
```

- 编译

如图 9-30 所示，输入 cd 命令进入 jni 目录，然后执行 nkd-build，可以看到 libs 目录下生成了 libnativeHook.cy.so。

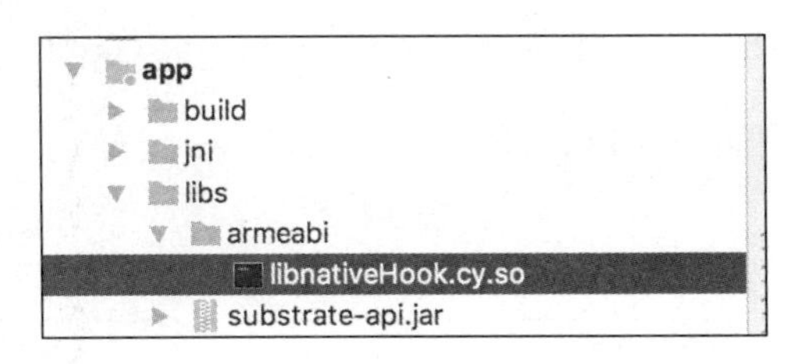

图 9-30

- 将 libs 打包到 APK 中

为 build.gradlet 添加如下配置：

```
1.    sourceSets {
2.        main {
3.            jniLibs.srcDirs = ['libs']
4.        }
```

```
5.    }
```

- 安装 APK 到手机后再软重启，即可看到 logcat 已经有内容输出了，如图 9-31 所示。

```
30922-30954/? I/SUBhook: myopen /sys/class/power_supply/battery/voltage_now
30922-30954/? I/SUBhook: myopen /sys/class/power_supply/battery/temp
30922-30954/? I/SUBhook: myopen /sys/class/power_supply/battery/status
30922-30954/? I/SUBhook: myopen /sys/class/power_supply/battery/health
30922-30954/? I/SUBhook: myopen /sys/class/power_supply/battery/technology
30922-30954/? I/SUBhook: myopen /sys/class/power_supply/usb/online
30922-30954/? I/SUBhook: myopen /sys/class/power_supply/usb/type
30922-30954/? I/SUBhook: myopen /sys/class/power_supply/wireless/online
30922-30954/? I/SUBhook: myopen /sys/class/power_supply/pm8921-dc/online
31433-31454/? I/SUBhook: myopen /proc/31433/cmdline
31433-31454/? I/SUBhook: myopen /data/data/com.pp.assistant/files/beanfile/cHJvY2Vzc19pbmZvX2xvZ19tYWlu
31433-31454/? I/SUBhook: myopen /proc/31433/stat
31433-31454/? I/SUBhook: myopen /data/data/com.pp.assistant/files/beanfile/cHJvY2Vzc19pbmZvX2xvZ19tYWlu
31433-31454/? I/SUBhook: myopen /proc/31433/cmdline
```

图 9-31

（4）关键 API 解析

- MSConfig（如表 9-5 所示）

表 9-5

参　　数	描　　述
Filter:Executable	开发者试图 Hook 的可执行文件的完整路径。一般为 zygote, "/system/bin/app_process"
Filter:Library	开发者试图 Hook 的 lib 库的名称

比如：

MSConfig(MSFilterExecutable, "/system/bin/app_process")

MSConfig(MSFilterLibrary, "liblog.so")

上面示例 Hook libc.so 的 open 函数就使用的是 MSConfig(MSFilterLibrary, "libc.so")。

- void MSHookFunction(void *symbol, void *hook, void **old);（如表 9-6 所示）

表 9-6

参　　数	描　　述
symbol	被 Hook 函数的地址
hook	要替换的函数的地址
old	指向函数指针的指针，用来调用原函数的实现。如果不需要对原函数进行处理，则值为 NULL

这是 Inline Hook 的核心实现，实现代码在 libsubstrate.so 中，当然我们也可以把这个 so 文件拿出来，单独使用 MSHookFunction 函数，通过 dlopen 和 dlsym 即可获取 MSHookFunction 的函数地址。

详细使用方法可以模仿上面的示例。

- MSImageRef MSGetImageByName(const char *file);（如表 9-7 所示）

表 9-7

参　　数	描　　述
file	根据 so 文件或者动态库的完整路径加载 image
return	可以被其他 API 使用的 image 引用，如果没有加载 image 则返回 NULL

该 API 用于根据 so 文件或者动态库的完整路径加载 image 信息。

比如，获取 libc.so 的 image，代码如下：

```
1.   MSImageRef image;
2.   image = MSGetImageByName("/system/lib/libc.so");
```

- void *MSFindSymbol(MSImageRef image, const char *name);（如表 9-8 所示）

表 9-8

参　　数	描　　述
image	指定一个有效的 image 引用（通过调用 MSGetImageByName 返回的结果）。如果值为 NULL，则会搜索所有 image
name	待查找的原始镜像符号的名称。它并非如 dlopen 所加载的高级符号，可能需要以下画线为前缀或其他特定平台的编码
return	符号的地址（调整为 ARM/Thumb 类型），如果不能定位符号则返回 NULL

该 API 用于查找函数符号地址。

比如：

```
1.   MSImageRef image;
2.   image = MSGetImageByName("/usr/lib/libSystem.B.dylib");
3.   void *(*palloc)(size_t);
4.   palloc = (void *(*)(size_t)) MSFindSymbol(image, "_malloc");
5.   void *data = (*palloc)(1024);
6.   free(data);
```

（5）使用经验总结

一般来说，Hook Native 函数的核心是 MSHookFunction，这个函数并不一定要绑定 Cydia Substrate 框架使用，更常见的用法是直接提取 libsubstrate.so，然后通过 dlopen 和 dlsym 获取 MSHookFunction 函数的地址，接着就可以 Hook 任意 so 文件的函数了。因为其原理是 Inline Hook，不管是导出的还是不导出的函数，只要函数足够长，理论上都可以 Hook，很多外挂工具都是直接提取 libsubstrate.so 来使用 MSHookFunction 的。一般做逆向时就经常会这样配合

Xposed 来分析 APK，Xposed 负责 Hook Java 和注入代码到进程，然后使用 MSHookFunction 实现来 Hook Native 函数。

9.2.4 使用 Frida Hook Java 和 Native 代码

Frida 是一个强大的动态 Hook 工具，在 Windows、macOS、GNU/Linux、iOS 和 Android 平台上都能使用，支持 C、Java 和 Objective-C 多语言的 Hook。其使用 JavaScript 编写脚本，更简单灵活，支持 Java 和 Native 层 Hook，而且修改代码后不用重启手机，甚至不用重启 App，因此更适合进行逆向分析。

Frida 利用 ptrace 这类系统调用，往目标进程里注入一个 JavaScript 引擎，所以可以在目标进程中执行任意的 JavaScript 代码。在旧版本中，使用的 JavaScript 引擎是 V8 引擎，现在引入并默认使用了更加轻量级的 duktape，但是可以通过修改编译选项继续使用 V8 引擎。

1. 环境搭建

Frida 的环境配置很简单，基本上几分钟就可以完成。

（1）PC 环境

通过 pip 安装 Frida，在 macOS 上直接执行 sudo pip3 install --user frida 即可，而在其他平台上的操作可以查看官网介绍，这里就不详细介绍了。

通过终端执行 frida-ps 命令，如果输出正常，说明 PC 环境配置成功。

（2）手机硬件

手机需要通过重打包注入 frida-gadget 的动态库。

（3）软件

主要在系统中启动 frida-server，先到 GitHub 上的相应的 Frida 仓库下载 frida-server，根据情况选择 android-arm 版本，然后 adb push 到手机上并启动。主要操作步骤如下：

```
1.   adb push frida-server-10.5.14-android-arm /data/local/tmp/frida-server
2.   adb shell "chmod 755 /data/local/tmp/frida-server"
3.   adb shell su -C "/data/local/tmp/frida-server &" &
```

（4）测试环境

在终端执行 frida-ps -U，如果能看到如图 9-32 所示的进程列表，就表示环境配置成功了。

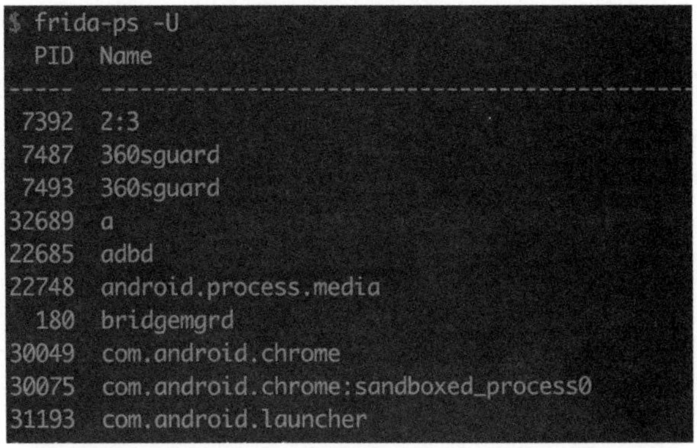

```
$ frida-ps -U
  PID  Name
-----  ------------------------------------------------
 7392  2:3
 7487  360sguard
 7493  360sguard
32689  a
22685  adbd
22748  android.process.media
  180  bridgemgrd
30049  com.android.chrome
30075  com.android.chrome:sandboxed_process0
31193  com.android.launcher
```

图 9-32

2．编写测试用例 App

为了方便，直接使用之前编写 Xposed 和 Cydia Substrate 的测试模块来做 Demo，主要目的是测试 Hook Java 代码和 Native 代码

MainActivity.java 的主要功能是启动一个线程，定时打印调用一个 Java 方法和一个 Native 方法。

代码如下：

```
1.   package test.xposedmoduletest;
2.
3.   import android.app.Activity;
4.   import android.media.AudioRecord;
5.   import android.os.Bundle;
6.   import android.util.Log;
7.
8.
9.   public class MainActivity extends Activity {
10.      private static final String TAG = "MainActivity";
11.      @Override
12.      protected void onCreate(Bundle savedInstanceState) {
13.          super.onCreate(savedInstanceState);
14.          new Thread(new Runnable() {
15.              @Override
16.              public void run() {
17.                  while (true){
18.                      test();
19.                      try {
20.                          Thread.sleep(5000);
21.                      } catch (InterruptedException e) {
```

```
22.                         e.printStackTrace();
23.                     }
24.                 }
25.             }
26.         }).start();
27.     }
28.     private void test(){
29.         Log.e(TAG, "testJavaFunc: "+testJavaFunc(100));
30.         Log.e(TAG, "getIntValueNative: "+getIntValueNative(100) );
31.     }
32.
33.     private int testJavaFunc(int i) {
34.         return i * i;
35.     }
36.
37.     public static native int getIntValueNative(int i);
38.     static {
39.         System.loadLibrary("nativeHook");
40.     }
41. }
```

Native 层主要为类 MainActivity 动态注册一个 Native 方法 int getIntValueNative(int i);。

主要代码如下：

```
1.  jint getIntValue(JNIEnv *env, jobject obj,int i) {
2.      return i * i;
3.  }
4.
5.  #define NELEM(x) ((int) (sizeof(x) / sizeof((x)[0])))
6.  JNIEXPORT jint JNI_OnLoad(JavaVM *vm, void *reserved) {
7.      JNIEnv *env;
8.      jint result = -1;
9.      JNINativeMethod methods[] =
10.     {
11.         {"getIntValueNative","(I)I",(void *) getIntValue},
12.     };
13.     jclass clz;
14.
15.     if (vm->GetEnv((void **) &env, JNI_VERSION_1_4) != JNI_OK) {
16.
17.         goto bail;
18.     }
19.     clz = env->FindClass("test/xposedmoduletest/MainActivity");
20.     if(clz == NULL)
```

```
21.        {
22.            goto bail;
23.        }
24.        if (env->RegisterNatives(clz, methods, NELEM(methods)) < 0) {
25.            LOGI("ERROR: registerNatives failed");
26.            goto bail;
27.        }
28.        result = JNI_VERSION_1_6;
29.        bail:
30.        return result;
31.    }
```

编译之后安装并启动测试用例，可以看到 logcat 每隔 5 秒打印如图 9-33 所示的内容。

```
15966-15979/? E/MainActivity: getIntValueNative: 10000
15966-15979/? E/MainActivity: testJavaFunc: 10000
15966-15979/? E/MainActivity: getIntValueNative: 10000
15966-15979/? E/MainActivity: testJavaFunc: 10000
15966-15979/? E/MainActivity: getIntValueNative: 10000
15966-15979/? E/MainActivity: testJavaFunc: 10000
```

图 9-33

3. 编写 Hook 模块

Frida 编写 Hook 模块的核心代码是用 JavaScript 语言实现的，但 PC 控制端是通过 Python 语言编写的，因此可以直接用 Python 语言编写和加载 JavaScript 模块代码，也可以直接编写 JavaScript 代码，然后通过 Frida CLI 工具直接加载 JavaScript 文件。

（1）用 Python 加载 JavaScript Hook 模块

先 Hook MainActivity 的 onResume 方法，进行最简单的入门介绍，代码如下：

```
1.   frida_demo.py
2.   import frida, sys
3.   package_name = "test.xposedmoduletest"
4.   def get_messages_from_js(message, data):
5.       print(message)
6.
7.
8.   def hook_log_on_resume():
9.       hook_code = """
10.      Java.perform(function () {
11.          var Activity = Java.use("android.app.Activity");
12.          Activity.onResume.implementation = function () {
13.              send("onResume() " + this);
14.              this.onResume();
```

```
15.            };
16.        });
17.        """
18.        return hook_code
19.
20.    def main():
21.        #附加调试进程
22.        process = frida.get_usb_device().attach(package_name)
23.        #注入 Hook 代码
24.        script = process.create_script(hook_log_on_resume())
25.        script.on('message', get_messages_from_js)
26.        script.load()
27.        sys.stdin.read()
28.    if __name__ == '__main__':
29.    main()
```

（2）运行

启动 test.xposedmoduletest 测试用例并且执行以下代码注入 Hook：

```
python3 frida_demo.py
```

按下 Home 键使测试用例切换到后台，再次启动后即可看到如图 9-34 所示的效果。

```
$ python3 frida_demo.py

{'type': 'send', 'payload': 'onResume() test.xposedmoduletest.MainActivity@420acb50'}
```

图 9-34

（3）用 Frida CLI 加载 JavaScript Hook 模块

由上面的示例可以看出，关键的代码就是 JavaScript 部分的代码，Python 代码主要负责附加调试进程和注入 JavaScript 代码。因此，直接编写 JavaScript 代码不就行了吗？这样就不用每次都编写 Python 代码了。可以直接编写 JavaScript 代码，Frida 提供了一些 CLI 工具，以方便我们调试。

比如，将上面示例中的 JavaScript 代码抽取出来，直接编写 log_on_resume.js：

```
1.   Java.perform(function () {
2.       var Activity = Java.use("android.app.Activity");
3.       Activity.onResume.implementation = function () {
4.           send("onResume() called " + this);
5.           this.onResume();
6.       };
7.   });
```

（4）运行

执行 frida -U test.xposedmoduletest -l log_on_resume.js 即可，效果如图 9-35 所示。

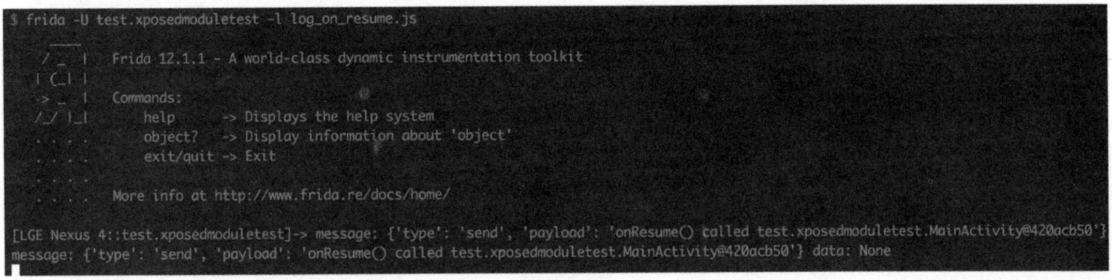

```
$ frida -U test.xposedmoduletest -l log_on_resume.js
     ____
    / _  |   Frida 12.1.1 - A world-class dynamic instrumentation toolkit
   | (_| |
    > _  |   Commands:
   /_/ |_|       help      -> Displays the help system
   . . . .       object?   -> Display information about 'object'
   . . . .       exit/quit -> Exit
   . . . .
   . . . .   More info at http://www.frida.re/docs/home/

[LGE Nexus 4::test.xposedmoduletest]-> message: {'type': 'send', 'payload': 'onResume() called test.xposedmoduletest.MainActivity@420acb50'}
message: {'type': 'send', 'payload': 'onResume() called test.xposedmoduletest.MainActivity@420acb50'} data: None
```

图 9-35

（5）其他常用的 Frida CLI 工具

- **frida-ps：**打印正在运行的进程。
- **frida-trace：**很方便地打印、跟踪一些导出的系统函数，比如 frida-trace -U -i fopen com.pp.assistant。

frida-trace 会生成一个 JavaScript 文件（在第 2 行输出），然后 Frida 将其注入进程中，并 Hook 特定调用（libc.so 中的 fopen 函数），如图 9-36 所示。

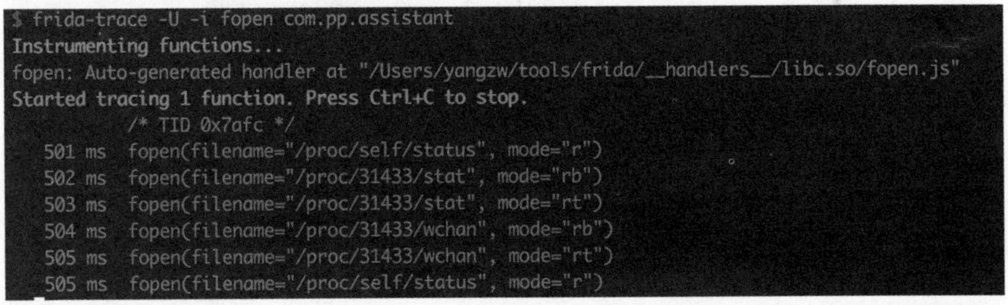

```
$ frida-trace -U -i fopen com.pp.assistant
Instrumenting functions...
fopen: Auto-generated handler at "/Users/yangzw/tools/frida/__handlers__/libc.so/fopen.js"
Started tracing 1 function. Press Ctrl+C to stop.
           /* TID 0x7afc */
   501 ms  fopen(filename="/proc/self/status", mode="r")
   502 ms  fopen(filename="/proc/31433/stat", mode="rb")
   503 ms  fopen(filename="/proc/31433/stat", mode="rt")
   504 ms  fopen(filename="/proc/31433/wchan", mode="rb")
   505 ms  fopen(filename="/proc/31433/wchan", mode="rt")
   505 ms  fopen(filename="/proc/self/status", mode="r")
```

图 9-36

（6）如何 Hook Java

若要 Hook 上面测试用例 MainActivity 的 testJavaFunc 方法，首先创建 hookjava.js：

```
1.   Java.perform(function () {
2.       //获取 MainActivity 的类实例
3.       var MainActivity = Java.use("test.xposedmoduletest.MainActivity");
4.       //如果方法有重载形式就用 overload 进行区分
5.      MainActivity.testJavaFunc.overload("int").implementation = function (i) {
6.          //回调原方法
```

```
7.          var ret = this.testJavaFunc(i);
8.          //发送到 PC 端打印消息
9.          send("testJavaFunc(int) " +i+ " ret: "+ret);
10.         //替换返回值
11.         return -1;
12.     };
13. });
```

（7）运行

运行命令如下：

```
1.  frida -U test.xposedmoduletest -l hookjava.js
```

（8）运行结果

终端拦截了函数的参数和结果，如图 9-37 所示。

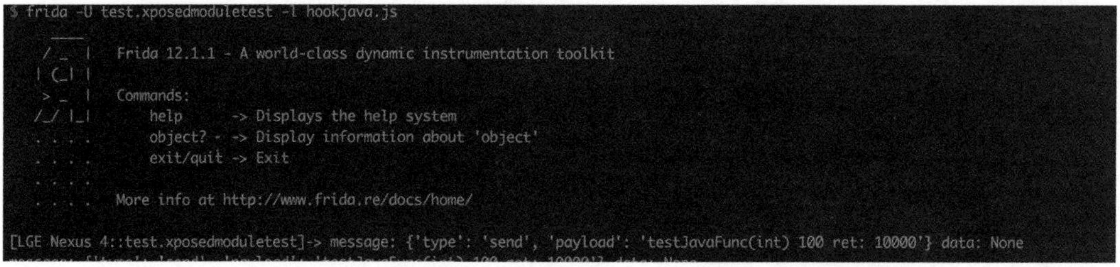

```
$ frida -U test.xposedmoduletest -l hookjava.js
     ____
    / _  |   Frida 12.1.1 - A world-class dynamic instrumentation toolkit
   | (_| |
    > _  |   Commands:
   /_/ |_|       help      -> Displays the help system
   . . . .       object?   -> Display information about 'object'
   . . . .       exit/quit -> Exit
   . . . .
   . . . .   More info at http://www.frida.re/docs/home/

[LGE Nexus 4::test.xposedmoduletest]-> message: {'type': 'send', 'payload': 'testJavaFunc(int) 100 ret: 10000'} data: None
```

图 9-37

返回的结果已经变为-1 了，如图 9-38 所示。

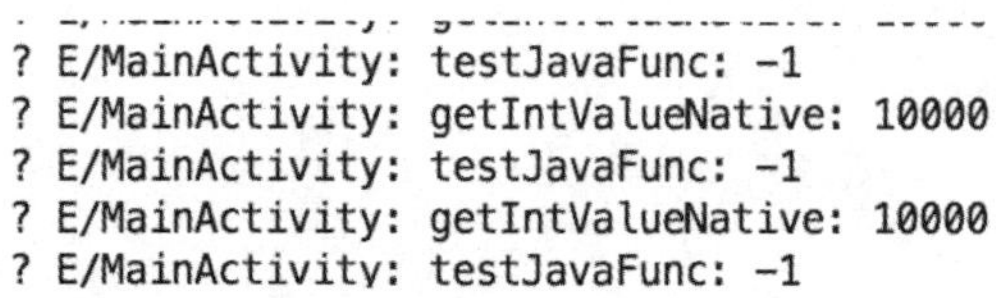

```
? E/MainActivity: testJavaFunc: -1
? E/MainActivity: getIntValueNative: 10000
? E/MainActivity: testJavaFunc: -1
? E/MainActivity: getIntValueNative: 10000
? E/MainActivity: testJavaFunc: -1
```

图 9-38

（9）如何 Hook Native

要 Hook 上面测试用例 MainActivity 的 getIntValueNative 方法，可以先用 IDA 打开 libnativeHook.so，确定 getIntValueNative 的导出符号是什么，因为是动态注册的函数，所以导出符号不是由 java_类名开头的。可以发现导出符号为_Z11getIntValueP7_JNIEnvP8_jobjecti（或者用 nm 工具也可以查看导出符号），如图 9-39 所示。

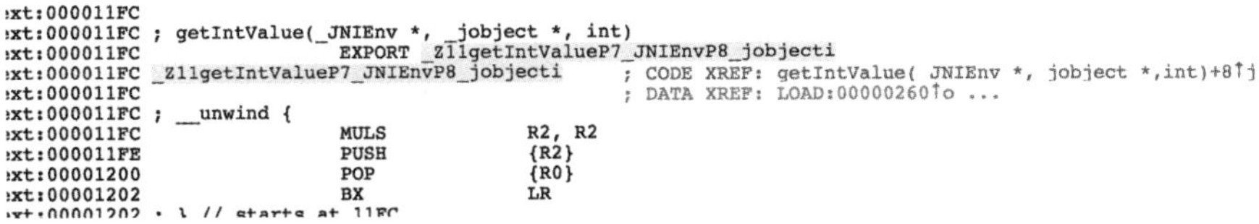

```
:xt:000011FC
:xt:000011FC ; getIntValue(_JNIEnv *, _jobject *, int)
:xt:000011FC                 EXPORT _Z11getIntValueP7_JNIEnvP8_jobjecti
:xt:000011FC _Z11getIntValueP7_JNIEnvP8_jobjecti      ; CODE XREF: getIntValue( JNIEnv *, jobject *,int)+8↑j
:xt:000011FC                                          ; DATA XREF: LOAD:00000260↑o ...
:xt:000011FC ; __unwind {
:xt:000011FC                 MULS            R2, R2
:xt:000011FE                 PUSH            {R2}
:xt:00001200                 POP             {R0}
:xt:00001202                 BX              LR
:xt:00001202 ; } // starts at 11FC
```

图 9-39

确定导出符号之后，就可以开始编写 Hook 模块了，新建一个 hooknative.js 文件，内容如下：

```
1.   // 通过 Module.findExportByName 查找导出函数
2.   Interceptor.attach(Module.findExportByName(null, "_Z11getIntValueP7_
JNIEnvP8_jobjecti"), {
3.       //进入函数调用，在原函数调用之前
4.       onEnter: function(args) {
5.           //因为第一个和第二个参数默认是 JNIEnv *env、jobject obj，所以第三个
             //参数用 args[2]
6.           send("getIntValueNative args "+args[2].toInt32());
7.
8.       }
9.       //在原函数调用之后，retval 为原函数调用的返回值
10.       onLeave: function(retval) {
11.          send("getIntValueNative retval "+retval.toInt32());
12.          //通过 retval.replace 替换返回值
13.          retval.replace(-1);
14.      }
15.  });
```

（10）运行

运行命令如下：

```
1.   frida -U test.xposedmoduletest -l hooknative.js
```

（11）运行结果

可以看到 getIntValueNative 的参数和返回结果都被拦截了，如图 9-40 所示。

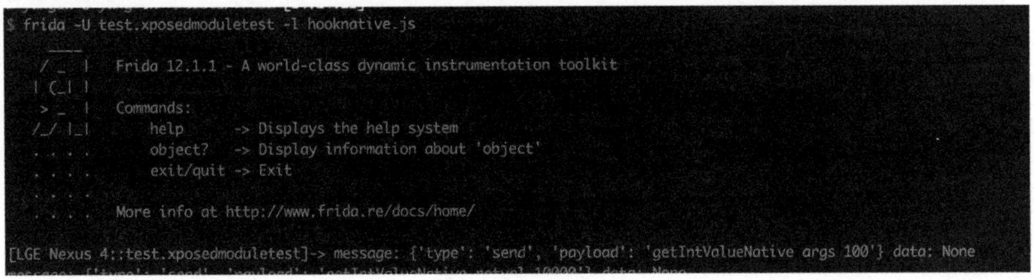

```
$ frida -U test.xposedmoduletest -l hooknative.js
     ____
    / _  |   Frida 12.1.1 - A world-class dynamic instrumentation toolkit
   | (_| |
    > _  |   Commands:
   /_/ |_|       help      -> Displays the help system
   . . . .       object?   -> Display information about 'object'
   . . . .       exit/quit -> Exit
   . . . .
   . . . .   More info at http://www.frida.re/docs/home/

[LGE Nexus 4::test.xposedmoduletest]-> message: {'type': 'send', 'payload': 'getIntValueNative args 100'} data: None
```

图 9-40

logcat 中 getIntValueNative 的打印结果也变为-1 了，如图 9-41 所示。

```
E/MainActivity: testJavaFunc: 10000
E/MainActivity: getIntValueNative: -1
E/MainActivity: testJavaFunc: 10000
```

图 9-41

4. Frida 使用经验总结

（1）类的构造方法

$init 表示类的构造方法，比如新建并且抛出一个异常：

```
1.   var Exception = Java.use("java.lang.Exception");
2.   throw Exception.$new("Oh noes!");
```

（2）重载方法

需要重载的方法使用 overload(…)形式即可，后面跟上参数的数据类型。

（3）通过 arguments 获取参数

如果没有自定义参数名，可以用一个隐含的变量 arguments 获取参数，其保存了方法的参数信息，是系统自带的变量。

（4）Hook Native 未导出函数

先用 IDA 获取函数地址，如果使用的是 thumb 指令，地址记得要+1。

（5）通过 frida-gadget 可以实现免 Root 使用 Frida，一共有如下 3 个方法。

- run-as+virtualapp+frida-gadget。
- 重打包注入 smali 代码加载 frida-gadget。
- 不修改 smali 代码，通过修改 APK 内任意 so 文件的 DT_NEED 添加 frida-gadget，实现注入代码。

第 10 章 Android 平台下的设计模式进阶

设计模式（Design Pattern）代表了最佳实践，通常被有经验的面向对象的软件开发人员所使用。设计模式是软件开发人员在软件开发过程中面临的一般问题的解决方案。这些解决方案是众多软件开发人员经过相当长的一段时间的试验和错误积累总结出来的。本章主要讲解 Android 平台下的设计模式进阶与应用实践。

10.1 SOLID 设计原则

现在软件开发基本上都是 OOD（Object-Oriented Design，面向对象设计）和 OOP（Object-Oriented Programming，面向对象编程）的了，而 SOLID 原则则是 OOD、OOP 以及 23 种设计模式的灵魂。SOLID 由软件开发人员最喜欢的 Robert C. Martin（Bob 大叔）提出，它其实是 5 个缩略词 SRP、OCP、LSP、ISP、DIP 的组合，下面就来详细介绍。

10.1.1 单一职责原则

单一职责原则（Single Responsibility Principle，SRP）让系统更容易管理和维护，因为所有问题没有混在一起。

内聚 Cohesion 其实是 SRP 原则的另一个名字。如果说你写了高内聚的软件，其实就是说你很好地应用了 SRP 原则。

怎么判断一个职责是不是一个对象的呢？可以试着让这个对象自己来完成这个职责，比如“书自己阅读内容”，阅读的职责显然不是书自己的。

仅当变化发生时，变化的轴线才具有实际意义，如果没有征兆，那么应用 SRP 原则或者任何其他原则都是不明智的。

SRP 的定义是一个类，应该只有一个引起它变化的原因。说得直白一些，就是让一个类只负责一件事，将关联性强的内容聚合到一个类中。

1. 代码示例

首先我们有一个用户信息类（接口）（IUser.java）：

```
1.   public interface IUser {
2.       void getId();
3.       void setId(int id);
4.       void getName();
5.       void setName(String name);
6.       void getPassword();
7.       void setPassword(String password);
8.
9.       void addUser(int id, String name, String password);
10.      void deleteUser(int id);
11.  }
```

看到上面的代码，可能有人会说，代码有问题啊，怎么可以将业务对象和业务逻辑的内容放到一个类中？业务对象和业务逻辑都会引起 IUser 类变化，上面的代码违反了 SRP 原则。

那么按照 SRP 原则的要求，要怎么修改代码呢？这就是让一个类只做一件事，我们对上面的代码做如下的修改：

```
1.   public interface IUserInfo {
2.       void getId();
3.       void setId(int id);
4.       void getName();
5.       void setName(String name);
6.       void getPassword();
7.       void setPassword(String password);
8.   }
```

```
1.   public interface IUserProcess {
2.       void addUser(int id, String name, String password);
3.       void deleteUser(int id);
4.   }
```

上面的代码将 IUser 拆分为了 IUserInfo 和 IUserProcess，然后让 IUserProcess 在适当的时候操作 IUserInfo。

经过修改，我们实现了两个类各自履行单一职责，并且让相关性强的内容聚合在一个类内部。

2. 优点

下面总结一下 SRP 原则的优点。

- 类的复杂性降低了，由于我们让每个类的职责单一，因此每个类职责清楚、定义明确。
- 可读性增强了，复杂性降低了，类更易于维护了。
- 变更的风险降低了，需求一直处于变化，使用 SRP 原则只需要修改一个接口及其实现类，对其他类和接口没有影响。

看了上面的示例，可能有人觉得很简单，而且貌似只是接口职责单一，类的职责并不是单一的。对，确实是这样的。

首先，职责的划分包含很多人为因素，可能每个人都有不同的看法，这种划分没有标准答案，因项目和环境而异。而我们只需要尽量让一个类的职责清楚，让引起这个类变化的原因只有一个即可。但其实总是很难做到，随着项目经验的丰富，我们设计的类才可能越来越完善。我们保证接口职责单一，类的职责尽量单一即可。

10.1.2　开闭原则

开闭原则（Open-Close Principle，OCP）关注的是灵活性，修改是通过增加代码进行的，而不是修改已有的代码。

OCP 原则传递了一个思想：一旦你写出了可以工作的代码，就要努力保证这段代码一直可以工作。这可以说是一条底线。稍微提高一点要求，即一旦我们的代码质量达到了一定的水平，我们就要尽最大的努力保证代码质量不回退。这样的要求使我们面对一个问题的时候不会使用凑合的方式或者放任自由的方式解决。比如，添加了无数对特定数据的处理代码，特化的代码越来越多，代码意图开始含混不清，开始退化。

怎样在不改变源码（关闭修改）的情况下改变它的行为呢？答案就是抽象，OCP 原则背后的机制就是抽象和多态。

对程序中的每一个部分都肆意地抽象不是一个好主意，正确的做法是开发人员仅对频繁变化的部分做出抽象。拒绝不成熟的抽象和抽象本身一样重要。

OCP 原则要求我们尽可能地通过保持原有代码不变并添加新代码而不是通过修改已有的代码来实现软件产品的变化。下面通过一个示例体验一下 OCP 原则。

一个工厂原本只有生产 A 产品的生产线 1，现因业务拓展，需要生产 B 产品。

1. 设计一

只有生产 A 产品的生产线的时候，工厂是这样的：

```
1.   public class MyFactory {
2.       public String product(){
3.           return "A 产品";
4.       }
5.   }
```

客户是这样的：

```
1.   public class Client01 {
2.       public static void main(String args[]) {
3.           System.out.println("订购并收到产品："+order());
4.       }
5.
6.       private static String order(){
7.           MyFactory factory = new MyFactory();
8.           return factory.product();
9.       }
10.  }
```

运行之后，可以满足客户 01（Client01）的需求：订购并收到产品——A 产品。

现因业务拓展，需要增加一条生产 B 产品的生产线。对于工厂，我们可以这么修改代码：

```
1.   public class MyFactory {
2.       public String product(int type) {
3.           if(type == 0){
4.               return "A 产品";
5.           }else{
6.               return "B 产品";
7.           }
8.       }
9.   }
```

修改完代码之后，生产线方法 product 增加了一个参数 int type，所以客户 01 不能像原来那样下订单，因为现在是混合型生产线，再下订单时需要指明所需的产品类型，否则生产不了。

这种让客户调整自己适应公司的改变，公司只会增加客户的负担而不能给其带来额外利润的做法，在奉行客户第一理念的今天，无疑是十分愚蠢的。

客户 01 看在与公司合作多年、友谊深厚的份上，委屈了一下自己，勉强做出了改变，以后再下订单的时候指明所需的产品类型，实现代码如下：

```
1.   public class Client01 {
2.       public static void main(String args[]) {
3.           System.out.println("订购并收到产品："+order());
4.       }
5.
6.       private static String order(){
7.           MyFactory factory = new MyFactory();
8.           return factory.product(0);
9.       }
10.  }
```

客户 01 又可以正常地向工厂订购并收到 A 产品了。然后针对客户 02（Client02），工厂经过调整，已经可以生产其所需的 B 产品，客户 02 可以向工厂下单了：

```
1.   public class Client02 {
2.       public static void main(String args[]) {
3.           System.out.println("订购并收到产品："+order());
4.       }
5.
6.       private static String order(){
7.           MyFactory factory = new MyFactory();
8.           return factory.product(1);
9.       }
10.  }
```

客户 02 也可以正常地向工厂订购并收到 B 产品了。若以后再有新的需求，可以改造原有的生产线 product 方法，只需根据 type 的不同多加几个 if…else…语句即可。

但是这样做增加了生产线方法调用的复杂性，不仅需要改变原有客户类 Client01，而且对于之后新加进来的客户类，在调用生产线方法时，都需要适应这种复杂性。一旦参数传错，就会收不到自己所需的产品。随着新客户需求的不断增加，生产线方法中的代码量也会暴增，最后就会变得极难维护。

2. 设计二

在工厂类 MyFactory 中保持原生产线 product 方法不变，新增加一个生产线 product1 方法生产 B 产品，代码如下：

```
1.   public class MyFactory {
2.       public String product(){
3.           return "A 产品";
4.       }
5.       public String product1(){
```

```
6.            return "B 产品";
7.        }
8.    }
```

这样修改完代码之后，客户 01 的代码可以不做任何更改，依然可以正常运行，只需添加客户 02 的代码即可：

```
1.    public class Client02 {
2.        public static void main(String args[]) {
3.            System.out.println("订购并收到产品："+order());
4.        }
5.
6.        private static String order(){
7.            MyFactory factory = new MyFactory();
8.            return factory.product1();
9.        }
10.   }
```

客户 02 也可以正常向工厂订购并收到 B 产品了。这样做可以保证客户 01 不做任何改变，不需要因工厂的改变而改变自己，同时也可以满足客户 02 的需求。

但这就是 OCP 原则了吗？其实还差得远着呢。

这样做依然是有问题的，如果再有新的客户需求，我们依然需要在工厂类中添加生产线，这会使生产线方法过多，从而引起工厂类的爆炸式增长，新的客户类在调用生产线方法的时候，需要在一大堆的生产线方法中选择自己需要的那个。而且，新增的生产线方法对原有的客户类也是可见的，如果哪天客户犯晕了，一不留神就有可能下错单、收错货。

3．设计三

下面到了 OCP 原则展示自己魅力的时候了。先写一个工厂接口，预知未来可能的变化，需要生产线方法，代码如下：

```
1.    public interface IMyFactory {
2.        String product();
3.    }
```

满足客户 01 的工厂 MyFactoryA 实现了 IMyFactory 接口，生产 A 产品，代码如下：

```
1.    public class MyFactoryA implements IMyFactory{
2.        @Override
3.        public String product() {
4.            return "A 产品";
5.        }
6.    }
```

客户 01 中的代码如下：

```
1.   public class Client01 {
2.       public static void main(String args[]) {
3.           System.out.println("订购并收到产品："+order());
4.       }
5.
6.       private static String order(){
7.           IMyFactory factory = new MyFactoryA();
8.           return factory.product();
9.       }
10.  }
```

客户 01 中持有工厂接口 IFactory 的引用，指向其实现类，运行之后，可以满足客户 01 的需求：订购并收到产品——A 产品。

现在公司需要拓展业务满足客户 02 的需求，只需添加一个工厂接口 IMyFactory 的实现类，生产 B 产品，代码如下：

```
1.   public class MyFactoryB implements IMyFactory {
2.
3.       @Override
4.       public String product() {
5.           return "B 产品";
6.       }
7.   }
```

客户 02 中的代码如下：

```
1.   public class Client02 {
2.       public static void main(String args[]) {
3.           System.out.println("订购并收到产品："+order());
4.       }
5.
6.       private static String order(){
7.           IMyFactory factory = new MyFactoryB();
8.           return factory.product();
9.       }
10.  }
```

运行后，可以满足客户 02 的需求：订购并收到产品——B 产品。

这样相当于公司为每一位客户定制了一个工厂，专门生产其所需的产品，丝毫不受生产其他产品的影响，而且是保密生产，客户 02 所需的 B 产品对于客户 01 是不可见的，实现了绝对的客户第一。

以后再有新需求，只需要增加工厂接口 IMyFactory 的实现类即可，而不需要改变原有的客户类中的代码，也不需要改变原有工厂类中的代码，不会导致工厂类中因生产线方法过多而爆炸式增长变得难以维护和使用。新增的生产线方法对于新客户类都是定制的，可以有效避免新增客户类时面对一大堆生产线方法眼花缭乱的情况发生，而新的生产线方法对于已有的客户类都是不可见的，这又可以避免已有的客户类更改代码时调错方法的情况发生。

从上面的案例中可以发现 OCP 原则有很多优点，总结如下。

1. 保持软件产品的稳定性

OCP 原则要求我们通过保持原有代码不变而添加新代码来实现软件的变化，因为不涉及原有代码的改动，可以避免为实现新功能而改坏线上功能的情况发生，避免老用户流失。

2. 不影响原有测试代码的运行

软件开发规范性好的团队都会写单元测试，如果某条单元测试所测试的功能单元发生了变化，则单元测试代码也应做相应的断言变更，否则就会导致单元测试运行红条。如果每次修改软件代码时，除了变更功能代码外，还得变更测试代码（书写测试代码同样需要消耗工时），那么在项目中引入单元测试就成了累赘。OCP 原则可以让单元测试充分发挥作用而又不会成为后期软件开发的累赘。

3. 使代码更具模块化，易于维护

OCP 原则可以让代码中的各功能，以及新旧功能独立存在于不同的单元模块中，一旦某个功能出现问题，可以很快地锁定代码位置并做出修改。由于模块间的代码相互独立且相互不调用，更改一个功能的代码不会引发其他功能崩溃。

4. 提高开发效率

在编写代码时，有时候阅读前人编写的代码是一件很头疼的事，尤其是当项目开发周期比较长（有时候可能长达三五年），公司人员流动性大，原有代码的开发人员早就离开，而其代码写得一团糟的时候。而现在需要在原有功能的基础上开发新功能，如果 OCP 原则使用得当的话，我们不需要看懂原有代码的实现细节便可以添加新代码实现新功能（例如，在上面的示例中，我们不需要知道 A 产品是怎么生产的便可以开发生产 B 产品的功能），毕竟有时候阅读一个功能的代码比自己重新实现这个功能用的时间还要长。

10.1.3 里氏替换原则

里氏替换原则（The Liskov Substitution Principle，LSP）关注的是怎样良好地使用继承。Liskov 于 1987 年提出了一个关于继承的原则“Inheritance should ensure that any property proved about supertype objects also holds for subtype objects.（继承必须确保父类所拥有的性质在子类中仍然成立。）”。也就是说，当一个子类的实例应该能够替换其父类的任何实例时，它们之间才具有 is-A 关系。该原则被称为 The Liskov Substitution Principle——里氏替换原则。

下面将用一个经典案例来做解释说明。

在我们的认知范围内，长方形的长度不等于宽度，正方形是长度等于宽度的长方形，正方形是一种特殊的长方形。但在实际编码过程中遇到的情况是怎样的呢？下面通过代码分析：

```
1.   public class Rectangle
2.       {
3.           public virtual  int Width { get; set; }
4.           public virtual  int Height{ get; set; }
5.           public int Area()
6.           {
7.               return Width * Height;
8.           }
9.       }
10.      public class Square : Rectangle
11.      {
12.          public override int Width
13.          {
14.              get
15.              {
16.                  return base.Width;
17.              }
18.              set
19.              {
20.                  base.Width = value;
21.                  base.Height = value;
22.              }
23.          }
24.          public override int Height
25.          {
26.              get
27.              {
28.                  return base.Height;
29.              }
30.              set
31.              {
32.                  base.Height = value;
33.                  base.Width = value;
34.              }
35.          }
36.      }
```

Square 继承 Rectangle。按照 LSP 原则，只要是父类出现的地方都可以用子类进行替换：

```
1.   public static void TestMethod(Rectangle rec)
2.   {
3.       rec.Width = 10;
4.       rec.Height = 15;
5.       var area = rec.Area();
6.       Assert.AreEqual(150, area);
7.   }
```

那么可以将该方法中的 Rectangle rec 替换成 Square。下面试试：

```
1.   public static void Main(string[] args)
2.   {
3.       Rectangle r = new Rectangle();
4.       TestMethod(r);
5.       Square s = new Square();
6.       TestMethod(s);
7.   }
```

运行后会出现异常“NUnit.Framework.AssertionException”，这说明正方形是特殊的长方形违背了 LSP 原则。

所谓的对象是一组状态和一系列行为的组合。状态是对象的内在特性，行为是对象的外在特性。LSP 原则所表述的是，同一个继承体系中的对象应该有共同的行为特征。我们在设计对象时是按照行为进行分类的，只有行为一致的对象才能抽象出一个类。在设置长方形的长度的时候，它的宽度保持不变；而设置宽度的时候，长度保持不变。正方形的行为是：设置正方形的长度的时候，宽度随之改变；设置宽度的时候，长度随之改变。所以，如果把这种行为加到基类长方形上的时候，就导致了正方形无法继承这种行为。若我们“强行”从长方形继承正方形，就会得到无法达到预期的结果。

10.1.4 接口隔离原则

接口隔离原则（Interface Segregation Principle，ISP），即不应该强迫客户程序依赖它们不需要使用的方法。

若一个接口不是高内聚的，可以分成 N 组方法，那么这个接口就需要使用 ISP 原则处理一下。接口的划分是由使用它们的客户程序决定的。

当一个接口中包含太多行为的时候，这会导致它的客户程序之间产生不正常的依赖关系，我们要做的就是分离接口、实现解耦。在应用了 ISP 原则之后，客户程序看到的是多个内聚的接口。

下面就以一个案例来对 ISP 原则做解释说明。

1. 问题引出

类 A 通过接口 I 依赖类 B，类 C 通过接口 I 依赖类 D，如果接口 I 对于类 A 和类 C 来说不是最小接口，那么类 B 和类 D 必须实现它们不需要的方法。

如图 10-1 所示通过一个 UML 图来说明了这种现象。

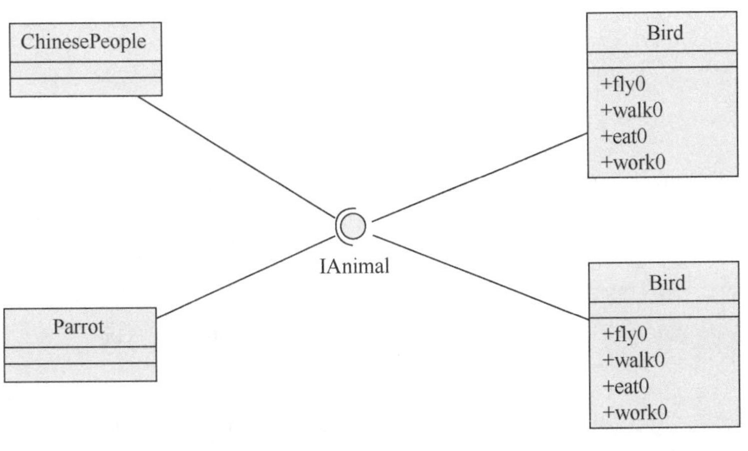

图 10-1

如图 10-1 所示，定义了一个动物活动的接口 IAnimal，里面有 4 个方法：飞行 fly、行走 walk、吃 eat 和工作 work，然后分别用类 People 和类 Bird 实现了这个接口。中国人类 ChinesePeople 和鹦鹉类 Parrot 通过接口 IAnimal 分别依赖类 People 和类 Bird。很明显，对于 ChinesePeople 来说，fly 方法是多余的，因为人不会飞；对于 Parrot 类来说，work 方法是多余的，因为鹦鹉不需要工作。接口 IAnimal 对于类 ChinesePeople 和类 Parrot 来说都不是最小接口。

2. 解决方案

将臃肿的接口 IAnimal 拆分成独立的几个接口，类 ChinesePeople 和类 Parrot 分别与它们需要的接口建立依赖关系，也就是采用了 ISP 原则。修改后的 UML 图如图 10-2 所示。

从图 10-2 可以看到，遵守 ISP 原则会使代码量增加不少，源码中也是这样的。实际中我们可以设置 work 方法和 fly 方法为可选实现的方法，这样在类 People 和类 Bird 中这两个方法可以根据需要来决定是否实现。采用这种方式，功能上的实现是没有问题的，对于简单的接口来说，也便于维护和管理。但是，当方法随着业务需求的增加而不断增加时，如果我们不使用

ISP 原则，那么就可能形成一个庞大、臃肿的接口，这样接口的可维护性和重用性是很差的。因此，我们还是应该尽量细化接口，这个案例将 1 个接口变更为 3 个专用接口所采用的就是 ISP 原则。在项目开发中，依赖几个专用接口要比依赖一个综合接口更加灵活。通过分散定义多个接口，可以预防外来变更的扩散，提高系统的灵活性和可维护性。

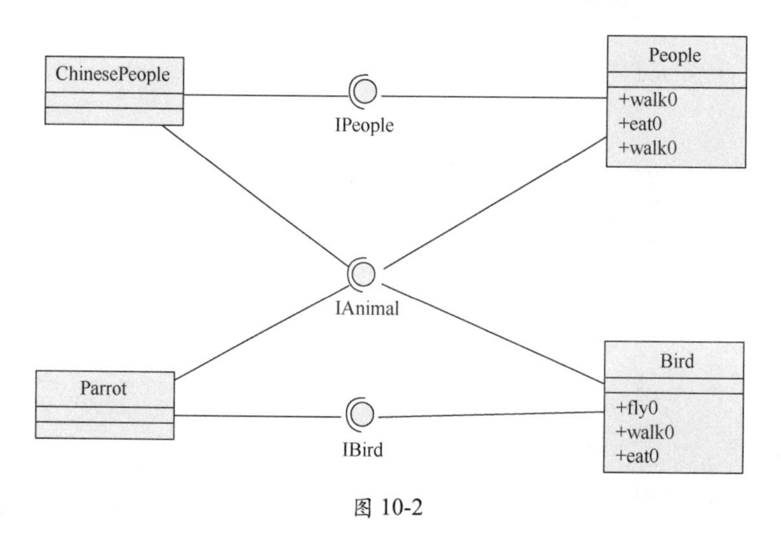

图 10-2

虽然 ISP 原则很有意义，但在实际项目中，应该注意度的把握，接口设计得过大或过小都不好，应该根据实际情况多思考再进行设计。

10.1.5 依赖倒置原则

依赖倒置原则（Dependency Inversion Principle，DIP），即高层模块不应该依赖于底层模块，二者都应该依赖于抽象，而抽象不应该依赖于细节，细节应该依赖于抽象。

这就是著名的 Hollywood 原则“Don't call us we'll call you.”，底层模块实现了在高层模块中声明并被高层模块调用的接口。

DIP 原则是许多面向对象技术的基本底层机制，是面向对象的标志。

通常符合 DIP 原则的第一步就是针对抽象编程，类之间的依赖关系尽量使用高层抽象而不使用底层的实现细节。从软件工程的角度来说，高层抽象是比较稳定的，也就是说抽象具有一定的稳定性，而实现细节较不稳定，也就是说实现细节具有易变性。我们期望软件具有更好的稳定性，显而易见在开发的时候自然而然要走稳定路线（依赖抽象编程）。这个原则也是对软件工程中要求“高聚低耦”实践的保障和指导。

下面来看一个案例，假设我们开发的软件产品需要日志系统，将系统产生的一些重要事情记录在记事本上。通常的实现如下：

```
1.  public class Logger
2.  {
3.      public void Info(string infoText)
4.      {
5.          Console.WriteLine($"[{DateTime.Now}][Info]:{infoText}");
6.      }
7.
8.      public void Debug(string debugText)
9.      {
10.         Console.WriteLine($"[{DateTime.Now}][Debug]:{debugText}");
11.     }
12.
13.     public void Warn(string warmText)
14.     {
15.         Console.WriteLine($"[{DateTime.Now}][Warm]:{warmText}");
16.     }
17.
18.     public void Error(string errorText,Exception exception)
19.     {
20.         Console.WriteLine($"[{DateTime.Now}][Error]:{errorText} -
Exception:{exception.Message}");
21.     }
22. }
```

客户调用如下：

```
1.  public static void Main(string[] args)
2.  {
3.       Logger logger = new Logger();
4.       logger.Info("This is a info text.");
5.       logger.Debug("This is a debug text.");
6.       logger.Warn("This is a warn text.");
7.       logger.Error("This is a error text", new Exception("This is a
exception."));
8.
9.       Console.ReadKey();
10. }
```

看起来还不错，一切都是那么自然。但是随着时间的推移，由于产品做得好，拥有了很多客户，产品变得越来越大，使用 Logger 类的地方非常多，可怕的事情终于发生了：

（1）A 客户提出想把日志存放在数据库中便于做统计分析。

（2）B 客户说想把日志打印到一个控制台上，便于时时监测系统运行情况。

（3）C 客户说想把日志存放到 Windows Azure Storage 上。

……

客户不断提出需求，我们的产品变得很难修改和维护，很难适应所有的客户。这时候该怎么办呢？回过头来看看这个日志系统的设计，这才恍然大悟：没有遵守面向对象设计的 DIP 原则和 OCP 原则。找到问题后，我们将日志系统的设计重构一下，让其符合 DIP 原则和 OCP 原则。那么首先抽象写日志的接口 ILog，让实际调用的地方调用高层抽象（ILog），具体的实现类 TextLogger、ConsoleLogger、DatabaseLogger、AzureStorageLogger 都继承自 ILog 接口，然后利用反射加配置（不同的用户配置不同的具体实现类），这样问题就迎任而解了：

```
1.   public interface ILog
2.   {
3.       void Info(string infoText);
4.       void Debug(string debugText);
5.       void Warn(string warmText);
6.       void Error(string errorText, Exception exception);
7.   }
8.   public class TextLogger:ILog
9.   {
10.      public void Info(string infoText)
11.      {
12.          Console.WriteLine($"[{DateTime.Now}][Info]:{infoText}");
13.      }
14.
15.      public void Debug(string debugText)
16.      {
17.          Console.WriteLine($"[{DateTime.Now}][Debug]:{debugText}");
18.      }
19.
20.      public void Warn(string warmText)
21.      {
22.          Console.WriteLine($"[{DateTime.Now}][Warm]:{warmText}");
23.      }
24.
25.      public void Error(string errorText,Exception exception)
26.      {
27.          Console.WriteLine($"[{DateTime.Now}][Error]:{errorText} -
Exception:{exception.Message}");
28.      }
29.  }
30.
31.  public class DatabaseLogger:ILog
32.  {
```

```
  33.       public void Info(string infoText)
  34.       {
  35.           Console.WriteLine($"[{DateTime.Now}][Info]:{infoText}");
  36.       }
  37.
  38.       public void Debug(string debugText)
  39.       {
  40.           Console.WriteLine($"[{DateTime.Now}][Debug]:{debugText}");
  41.       }
  42.
  43.       public void Warn(string warmText)
  44.       {
  45.           Console.WriteLine($"[{DateTime.Now}][Warm]:{warmText}");
  46.       }
  47.
  48.       public void Error(string errorText,Exception exception)
  49.       {
  50.           Console.WriteLine($"[{DateTime.Now}][Error]:{errorText} -
Exception:{exception.Message}");
  51.       }
  52.   }
  53.   public class ConsoleLogger:ILog
  54.   {
  55.       public void Info(string infoText)
  56.       {
  57.           Console.WriteLine($"[{DateTime.Now}][Info]:{infoText}");
  58.       }
  59.
  60.       public void Debug(string debugText)
  61.       {
  62.           Console.WriteLine($"[{DateTime.Now}][Debug]:{debugText}");
  63.       }
  64.
  65.       public void Warn(string warmText)
  66.       {
  67.           Console.WriteLine($"[{DateTime.Now}][Warm]:{warmText}");
  68.       }
  69.
  70.       public void Error(string errorText,Exception exception)
  71.       {
  72.           Console.WriteLine($"[{DateTime.Now}][Error]:{errorText} -
Exception:{exception.Message}");
  73.       }
  74.   }
  75.
  76.   public class AzureStorageLogger:ILog
```

```
77. {
78.     public void Info(string infoText)
79.     {
80.         Console.WriteLine($"[{DateTime.Now}][Info]:{infoText}");
81.     }
82.
83.     public void Debug(string debugText)
84.     {
85.         Console.WriteLine($"[{DateTime.Now}][Debug]:{debugText}");
86.     }
87.
88.     public void Warn(string warmText)
89.     {
90.         Console.WriteLine($"[{DateTime.Now}][Warm]:{warmText}");
91.     }
92.
93.     public void Error(string errorText,Exception exception)
94.     {
95.         Console.WriteLine($"[{DateTime.Now}][Error]:{errorText} -
Exception:{exception.Message}");
96.     }
97. }
98. /**在 Config 中添加一个配置*/
99.
100. <appSettings>
101.     <add key="Logger" value="ConsoleApp1.TextLogger"/>
102. </appSettings>
103.
104. /**将客户端的调用改成调用 ILog*/
105. public static void Main(string[] args)
106. {
107.     string key = ConfigurationManager.AppSettings["Logger"];
108.     ILog logger = ObjectBuildFactory<ILog>.Instance(key);
109.     logger.Info("This is a info text.");
110.     logger.Debug("This is a debug text.");
111.     logger.Warn("This is a warn text.");
112.     logger.Error("This is a error text", new Exception("This is a
exception."));
113.
114.     Console.ReadKey();
115. }
```

A 客户想把日志存放在数据库中，这时只需要将配置改成下面这样就可以：

```
1.  <appSettings>
2.      <add key="Logger" value="ConsoleApp1.DatabaseLogger"/>
3.  </appSettings>
```

根据不同的客户需求只需要修改配置的 value 值就可以了。要使上面的代码顺利运行，我们需要添加一个辅助类用于反射：

```
1.  public class ObjectBuildFactory<T>
2.  {
3.      public static T Instance(string key)
4.      {
5.          Type obj = Type.GetType(key);
6.          if (obj == null) return default(T);
7.
8.          T factory = (T)obj.Assembly.CreateInstance(obj.FullName);
9.
10.         return factory;
11.     }
12. }
```

有一天，B 客户说他们公司有自己的日志系统并开发了一套日志分析工具，他们可以开放 API 让我们把日志直接存放到他们的日志系统中。这很好办，只需要定义一个具体类继承自 ILog 接口并实现所有的方法，在每一个实现方法中调用客户的 API，最后将实现的类配置到配置文件中。这样就很好地满足了客户的需求，是不是很完美呢？我们完全遵守了 DIP 和 OCP 原则，也很好地使用了 LSP 原则，这使我们的软件变得更稳定，能更方便地应对需求的变化，也易于升级和维护。

在使用 DIP 原则时需要注意以下几点。

（1）继承自高层接口的类要实现接口中的所有方法。

（2）尽量不要覆盖继承的抽象类的方法，由于我们依赖的是抽象，有可能逻辑中已经对这些方法产生了依赖，因此如果覆盖这些方法则有可能出现问题。

（3）DIP 原则是实现 OCP 原则的重要保障，一般违背了 DIP 原则很难不违背 OCP 原则。

（4）LSP 原则是实现 DIP 原则的基础，多态为实现 DIP 原则提供了可能。

10.2　并行程序设计模式

对于多核 CPU，传统的串行程序已经无法很好地发挥 CPU 的性能，此时需要通过使用多线程并行的方式挖掘 CPU 的潜能（Amdahl 定律）。

并行程序设计模式属于设计优化的一部分，它们是对一些常用多线程结构的总结和抽象，本节主要介绍一些常用的并行程序设计模式。

10.2.1　Amdahl 定律

Amdahl（阿姆达尔）定律是计算机系统设计的重要定量原理之一，于 1967 年由 IBM 360

系列机的主要设计者阿姆达尔首先提出。该定律是指，系统中对某一部件采用更快的执行方式所能获得的系统性能改进程度，取决于这种执行方式被使用的频率，或其占总执行时间的比例。Amdahl 定律实际上定义了采取增强（加速）某部分功能处理的措施后可获得的性能改进或执行时间的加速比。阿姆达尔曾致力于并行处理系统的研究，对于固定负载情况下描述并行处理效果的加速比 s，他经过深入研究给出了公式 $s=1/(a+(1-a)/n)$。其中，a 为串行计算部分所占比例，n 为并行处理节点的个数。这样，当 $a=0$ 时，最大加速比 $s=n$；当 $a=1$ 时，最小加速比 $s=1$；当 $n\to\infty$时，极限加速比 $s\to 1/a$，这也是加速比的上限。例如，若串行代码占整体代码的 25%，则并行处理的总体性能不可能超过 4。这一公式已被学术界所接受，并被称作“Amdahl（阿姆达尔）定律”（Amdahl Law）。

Amdahl 定律定义了串行系统并行化后加速比的计算公式和理论上限：

加速比 = 优化前系统耗时 / 优化后系统耗时

Amdahl 定律给出了加速比与系统并行度和 CPU 处理器数量的关系。设加速比为 speedup，系统内必须串行化的程序比重为 F，CPU 处理器数量为 N，则有：

$$\text{speedup} \leqslant 1 / (F+((1-F)/N))$$

根据这个公式，若 CPU 处理器数量趋近于无穷，那么加速比与系统的串行化率成反比；若系统中必须有 50%的代码串行执行，那么系统的最大加速比为 2。

如图 10-3 所示，speedup = 1。

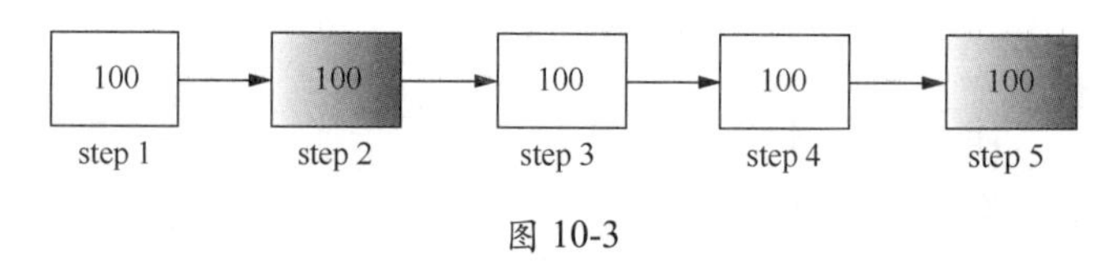

图 10-3

如图 10-4 所示，speedup = 1 / (0.6 + ((1−0.6)/2)) = 1.25。

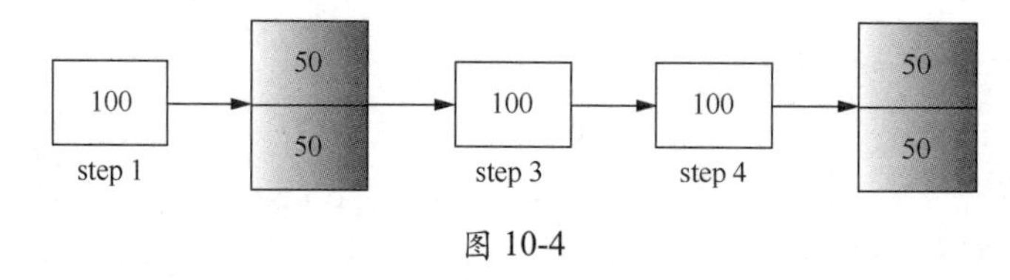

图 10-4

如图 10-5 所示，speedup = 1 / 0.6 = 1.67。

由此可见，为了加快系统的速度，仅增加 CPU 处理器数量并不一定能起到有效的作用，需要从根本上修改程序的串行行为，提高系统内并行化的模块比重。在此基础上，合理增加并行处理器数量，才能以最小的投入得到最大的加速比。

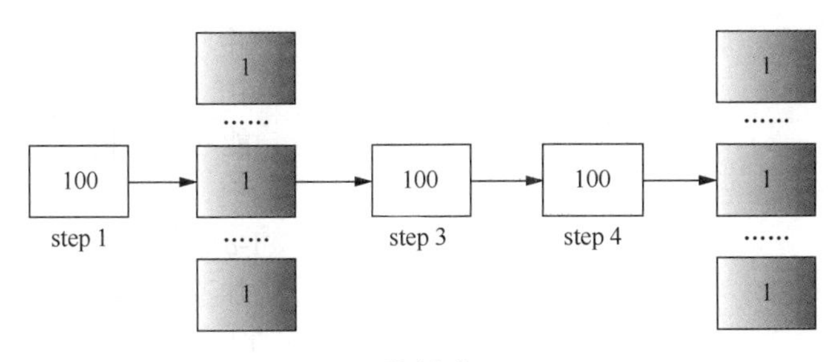

图 10-5

反观我们的开发工作，也不是并发数越多越好，合理的并发数加上硬件的支持，才能使我们的程序发挥最大效用。

10.2.2　Future 模式

Future 模式有点类似于网上购物，在你购买商品、订单生效之后，你可以做自己的事情，等待商家通过快递为你送货上门。Future 模式就是，某一程序提交请求期望得到一个答复，但是可能服务器程序对这个请求的处理比较慢，因此程序不能马上收到答复。在传统的单线程环境下，调用函数是同步的，它必须等服务器程序返回结果才能继续处理其他任务。而在 Future 模式下，调用函数是异步的，在原本等待返回结果的时间段内，在主函数中可以处理其他任务。

1. 类图设计

如图 10-6 所示，它的核心在于去除了主函数中的等待时间，并使得原本需要等待的时间段可以用于处理其他的业务逻辑，从而充分利用计算机资源。

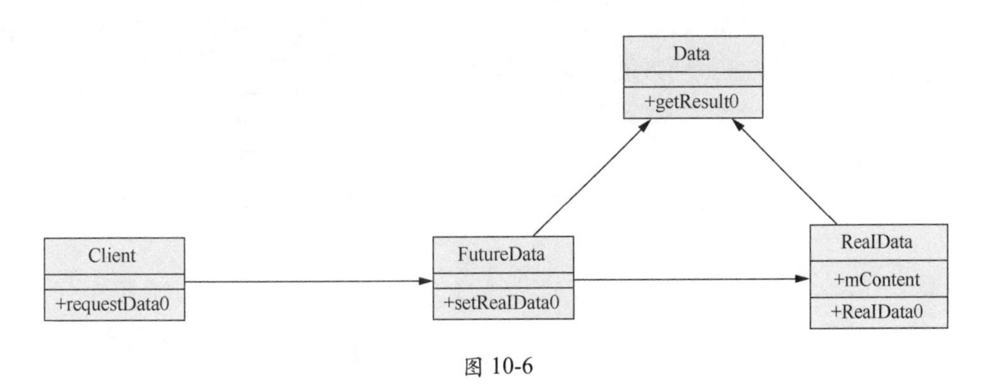

图 10-6

2．源码实现（java.util.concurrent.*）

如图 10-7 所示，JDK 内置的 Future 模式功能强大，除了基本功能外，它还可以取消 Future 任务，或者设定 Future 任务的超时时间。

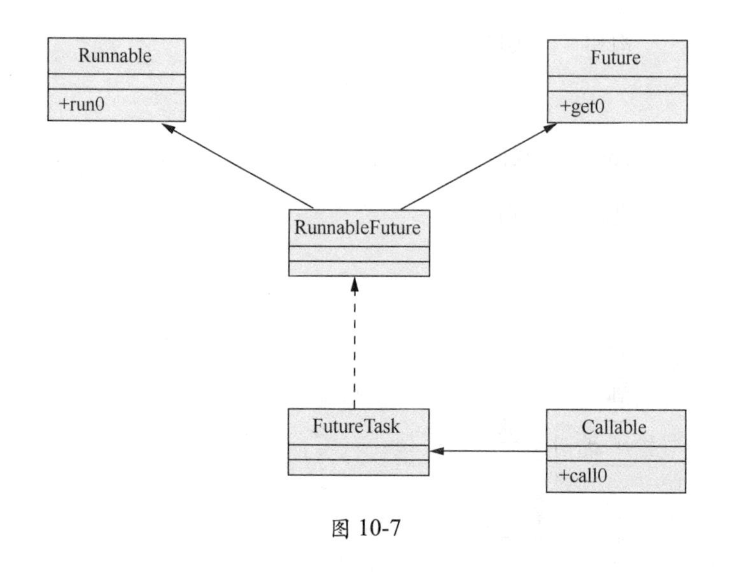

图 10-7

10.2.3　Master-Worker 模式

Master-Worker 模式是常用的并行程序设计模式之一。它的核心思想是系统由两类进程协同工作：Master 进程和 Worker 进程，Master 进程负责接收和分配任务，Worker 进程负责处理子任务。在各个 Worker 进程处理完子任务后，将结果返回给 Master 进程，由 Master 进程做归纳和汇总，从而得到系统的最终结果。其处理过程如图 10-8 所示。

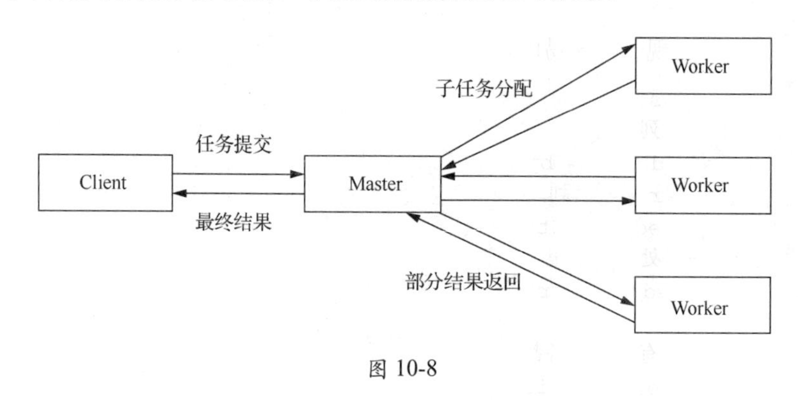

图 10-8

Master-Worker 模式的好处是，它能够将一个大任务分解成若干个小任务并执行，从而提高系统的吞吐量。而对于系统请求者 Client 来说，一旦提交任务，Master 进程就会分配任务并立即返回，并不会等待系统全部处理完毕后再返回，其处理过程是异步的，因此 Client 不会出现等待现象。

下面详解其模式结构和代码实现。

1. 模式结构

图 10-9 为 Master-Worker 模式的模式结构图。

Master 进程为主要进程，它维护一个 Worker 进程队列、任务队列和结果集。

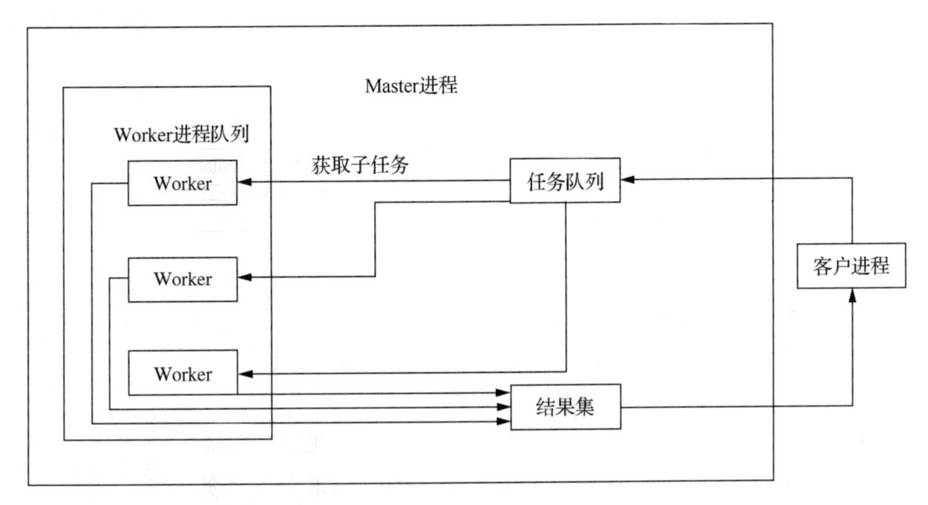

图 10-9

2. 代码实现

基于上面的分析实现一个简易的 Master-Worker 框架。其中 Master 部分的核心代码如下：

```
1.   public class Master {
2.       //任务队列
3.       protected Queue<Object> workQuery = new ConcurrentLinkedQueue<Object>();
4.       //Worker 进程队列
5.       protected Map<String, Thread> threadMap = new HashMap<>();
6.       //子任务处理结果集
7.       protected Map<String, Object> resultMap = new ConcurrentHashMap<>();
8.
9.       //是否所有的子任务都结束了
10.      public boolean isComplete() {
```

```
11.         for (Map.Entry<String, Thread> entry : threadMap.entrySet()) {
12.             if (entry.getValue().getState()!=Thread.State.TERMINATED){
13.                 return false;
14.             }
15.         }
16.         return true;
17.     }
18.
19.     //Master 的构造函数，需要一个 Worker 进程逻辑，以及所需的 Worker 进程数量
20.     public Master(Worker worker,int countWorker){
21.         worker.setWorkQueue(workQuery);
22.         worker.setResultMap(resultMap);
23.         for (int i = 0; i < countWorker; i++) {
24.             threadMap.put(Integer.toString(i),new Thread(worker));
25.         }
26.     }
27.
28.     //提交一个任务
29.     public void submit(Object job){
30.         workQuery.add(job);
31.     }
32.
33.     //返回子任务结果集
34.     public Map<String,Object> getResultMap(){
35.         return resultMap;
36.     }
37.
38.     //开始运行所有的 Worker 进程，进行处理
39.     public void  execute(){
40.         for (Map.Entry<String,Thread> entry : threadMap.entrySet()){
41.             entry.getValue().start();
42.         }
43.     }
44.
45. }
```

对应的 Worker 进程的代码实现如下：

```
1.  public class Worker implements Runnable {
2.      //任务队列，用于取得子任务
3.      protected Queue<Object> workQueue;
4.      //子任务处理结果集
5.      protected Map<String, Object> resultMap;
6.
```

```
7.         public void setWorkQueue(Queue<Object> workQueue) {
8.             this.workQueue = workQueue;
9.         }
10.
11.        public void setResultMap(Map<String, Object> resultMap) {
12.            this.resultMap = resultMap;
13.        }
14.
15.        //子任务的处理逻辑，在子类中实现具体逻辑
16.        public Object handle(Object input) {
17.            return input;
18.        }
19.
20.        @Override
21.        public void run() {
22.            while (true) {
23.                //获取子任务，通过 poll 方法取出（并删除）队首的对象
24.                Object input = workQueue.poll();
25.                if (input == null) {
26.                    break;
27.                }
28.                //处理子任务
29.                Object re = handle(input);
30.                //将处理结果写入结果集
31.                resultMap.put(Integer.toString(input.hashCode()), re);
32.            }
33.        }
34.    }
```

以上两段代码已经展示了 Master-Worker 模式的全貌。应用程序通过重载 Worker.handle 方法实现应用层逻辑。

Master-Worker 模式是一种将串行任务并行化的方法，被分解的子任务在系统中可以并行处理。同时，如果有需要，Master 进程不需要等待所有子任务都完成计算，就可以根据已有的部分结果集计算最终结果。

10.2.4　Guarded Suspension 模式

Guarded Suspension 模式的核心思想是，仅当服务进程准备好时才提供服务。设想一种场景，服务器可能会在很短的时间内承受大量的客户端请求，客户端请求的数量可能超出服务器本身的即时处理能力，而服务端程序又不能丢弃任何一个客户请求。此时，最佳的处理方案莫过于让客户端请求排队，然后由服务端程序一个接一个地处理。这样，既保证了所有的客户端

请求均不丢失，也避免了服务器由于同时处理太多的请求而崩溃。

Guarded Suspension 模式的工作流程图如图 10-10 所示。

从图 10-10 可以看出，客户端请求数量超出了服务线程的处理能力。在频繁发生的客户端请求中，RequestQueue 充当了中间缓存，存放未被处理的请求，保证了客户端请求不丢失，同时也使服务线程不会收到大量的并发请求，避免了计算机资源不足的情况发生。

Guarded Suspension 模式可以在一定程度上缓解系统压力，它可以将系统负载在时间轴上均匀分配，使用该模式后，可以有效降低系统的瞬时负载，对提高系统的抗压能力和稳定性有一定的帮助。

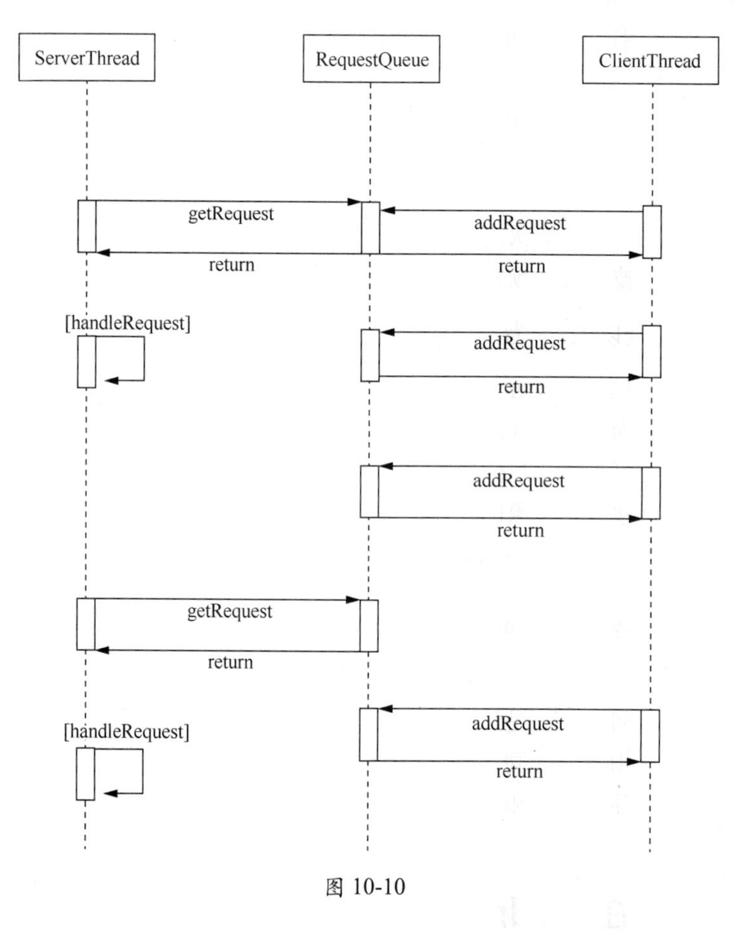

图 10-10

10.2.5 不变模式

一个对象的状态在对象被创建之后就不再发生变化了，这就是不变模式。

在并行软件开发过程中，同步操作似乎是必不可少的，而同步操作对系统的性能有所损耗。为了尽可能地去除这些同步操作，提高并行程序性能，可以使用一种不可改变的对象，依靠对象的不可变性来确保其在没有同步操作的多线程环境中依然始终保持内部状态的一致性和正确性。

1．不变模式天生对多线程友好

其核心思想是，一个对象一旦被创建，它的内部状态将永远不会发生变化。因此，没有一个线程可以修改其内部状态和数据，同时其内部状态也绝不会自行发生变化。

2．不变模式≠只读属性

对于只读属性而言，对象本身不能被其他线程修改，但是对象的状态却可能自行发生变化，比如，一个对象的存活时间（创建时间和当前时间的时间差）是只读的，因为任何一个第三方线程都不能修改这个属性，但是这是一个可变属性，随着时间的推移存活时间时刻都在发生变化。而不变模式则要求无论出于什么原因，对象自创建后，其内部状态和数据保持绝对的稳定。

3．使用场景

（1）对象被创建后，其内部状态和数据不再发生变化。
（2）需要被共享，被多线程频繁访问。

4．实现方式（此处以 Java 为例）

（1）在 Java Bean 中去除 setter 方法及所有修改自身属性的方法。
（2）将所有属性设为私有，并用 final 标记。
（3）确保没有子类可以重载、修改它的行为。
（4）有一个可以创建完整对象的构造函数。

5．源码中的应用

String、Boolean、Byte、Character、Double、Float、Integer、Long、Short 等都是不变模式的应用案例。

不变模式通过回避问题而不是解决问题的方式来处理多线程并发访问控制，不变对象是不需要进行同步操作的。由于并发同步会对性能产生不良的影响，因此在需求允许的情况下，不变模式可以提高系统的并发性能和并发量。

10.3　设计模式在 Android 源码中的应用

深入学习 Java 到一定程度，就不可避免地会接触到设计模式的概念。了解设计模式，将使自己对 Java 中的接口或抽象类应用有更深的理解。设计模式在 Android 的源码中应用广泛，遵循一定的设计模式才能使自己的代码便于理解、易于交流。

下面就以策略模式、享元模式和状态模式等来讲解设计模式在 Android 源码中的应用。

10.3.1 策略模式

策略模式，又叫算法簇模式，就是定义了不同的算法，并且这些算法之间可以互相替换，此模式使算法的变化独立于使用算法的客户。

好处：可以动态地改变对象的行为。

原则：抽取代码中变化的部分来实现一个接口，并提供多种实现类，即算法。当客户想使用这个接口的时候，可以动态地选择这些实现类。此模式让算法的变化独立于使用算法的客户，从而可以轻易地扩展与改变策略，实现动态改变对象的行为。

策略模式对应的类图设计如图 10-11 所示。

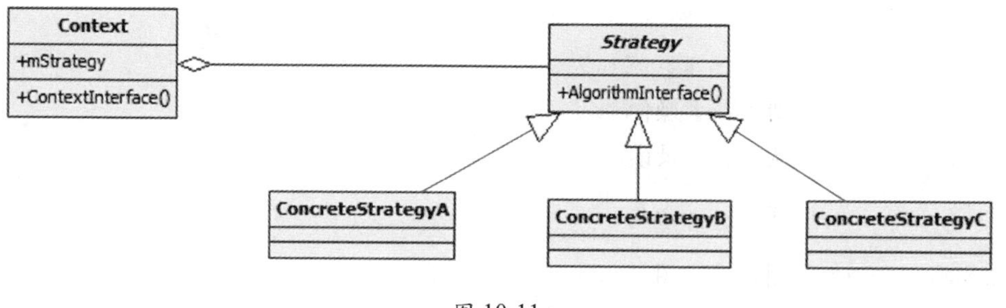

图 10-11

在面向对象领域，有一个很著名的原则 OCP（Open-Closed Principle，开闭原则），它的核心含意是：一个好的设计应该能够容纳新增的功能需求，但是增加功能需求的方式不是通过修改已有的模块（类），而是通过增加新的模块（类）来完成的，也就是在设计的时候，所有软件组成实体（包括接口和函数等）必须是可扩展但不可修改的。

Android 中策略模式的应用有：WebView 设计、Animation 中 Interpolator 的设计、AbsListView 中的 ListAdapter、Java 中的集合等。

10.3.2 适配器模式

适配器模式是把一个类的接口转换成所期待的另一种接口，从而使原本因接口不匹配而无法一起工作的两个类能够一起工作。

好处：增加了类的透明性和复用性。将具体的实现封装在适配者类中，对于使用者来说是透明的，而且增加了适配者的复用性。

适配器模式对应的类图设计如图 10-12 所示。

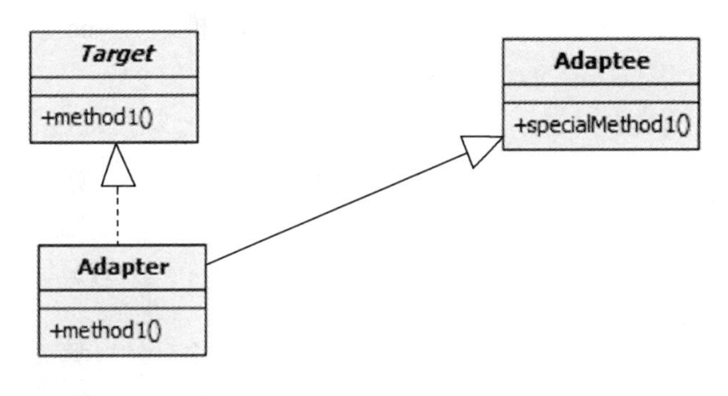

图 10-12

Android 中适配器模式的应用有：ListView 中的 Adapter（如 CursorAdapter 将 Cursor 类型接口转换成目标角色 ListAdapter 的目标接口，让 ListView 调用）和 GridView 等。

10.3.3 命令模式

命令模式是把一个请求或者操作封装在命令对象中。命令模式允许系统使用不同的请求参数化客户端，为请求排队或者记录请求日志，可以提供命令的撤销和恢复功能。

好处：把发出的责任和执行命令的责任分割开。

命令模式对应的类图设计如图 10-13 所示。

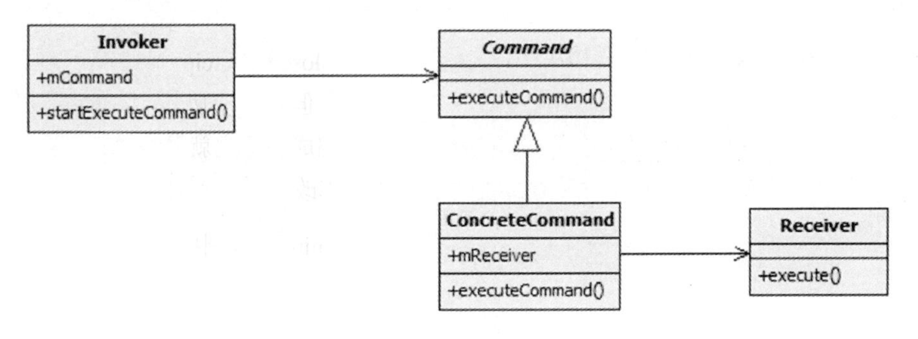

图 10-13

Android 中命令模式的应用有：Runable（Handler 中的 post 方法）。

10.3.4 建造者模式

建造者模式是将一个复杂对象的构建与它的表示分离，使得同样的构建过程可以创建不同的表示。

使用场景：当创建复杂对象的算法应该独立于该对象的组成部分以及它们的装配方式时，以及当构建过程必须允许被构建的对象有不同的表示时。

建造者模式对应的类图设计如图 10-14 所示。

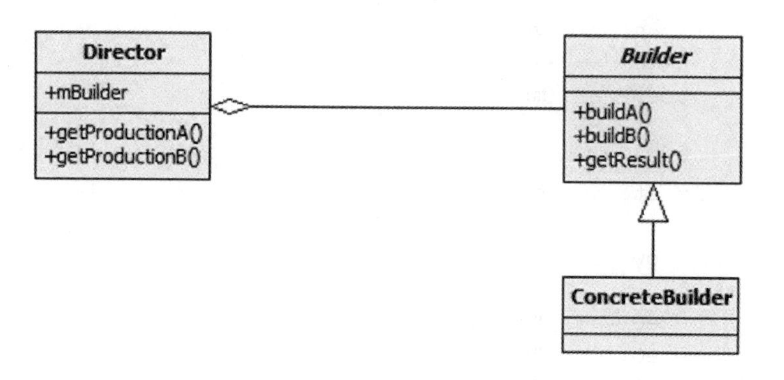

图 10-14

Android 中建造者模式的应用有：AlertDialog 可以有不同的样式和呈现方式，这样就可以通过 Builder 有效实现构建和表示的分离。

10.3.5 享元模式

享元模式是运用共享技术有效地支持大量细粒度的对象。它的本质是分离与共享。

享元模式对应的类图设计如图 10-15 所示。

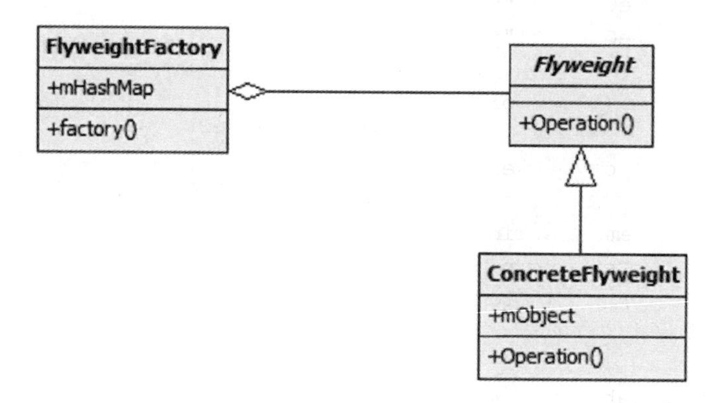

图 10-15

下面是具体的代码实现：

```
1.   public class TestFlyweight
2.   {
3.       private static List<Order> orders = new ArrayList<Order>();
4.       private static FlowerFactory mFlowerFactory;
5.
6.       private static void takeOrders(String flavor)
7.       {
8.           orders.add(mFlowerFactory.getOrder(flavor));
9.       }
10.
11.      public static void main(String[] args)
12.      {
13.          mFlowerFactory = FlowerFactory.getInstance();
14.
15.          takeOrders("red");
16.          takeOrders("blue");
17.          takeOrders("green");
18.          takeOrders("green");
19.          takeOrders("yellow");
20.          takeOrders("blue");
21.          takeOrders("yellow");
22.          takeOrders("blue");
23.          takeOrders("red");
24.          takeOrders("green");
25.          takeOrders("blue");
26.          takeOrders("red");
27.          takeOrders("green");
28.          takeOrders("yellow");
29.          takeOrders("yellow");
30.
31.          for (Order order : orders)
32.          {
33.              order.sell();
34.          }
35.         System.out.println("\n total buy " + orders.size() + " flowers! ");
36.          System.out.println("total generate " + mFlowerFactory.
getTotalFlowerMade() + "  FlowerOrder java object! ");
37.      }
38.
39.      public abstract class Order
40.      {
41.          public abstract void sell();
42.      }
```

```
43.
44.     public class FlowerOrder extends Order
45.     {
46.         public String mFlower;
47.
48.         public FlowerOrder(String flower)
49.         {
50.             this.mFlower = flower;
51.         }
52.
53.         @Override
54.         public void sell()
55.         {
56.            System.out.println("sold one " + mFlower + " color flower");
57.         }
58.     }
59.
60.     public static class FlowerFactory
61.     {
62.         private Map<String, Order> mFlowerPool = new HashMap<String,
Order>();
63.
64.         private FlowerFactory()
65.         {
66.         };
67.
68.         private static class FlowerFactoryHolder
69.         {
70.            private static FlowerFactory instance = new FlowerFactory();
71.         }
72.
73.         public static FlowerFactory getInstance()
74.         {
75.             return FlowerFactoryHolder.instance;
76.         }
77.
78.         public Order getOrder(String flower)
79.         {
80.             Order order = null;
81.             if (mFlowerPool.containsKey(flower))
82.             {
83.                 order = mFlowerPool.get(flower);
84.             }
85.             else
```

```
86.                 {
87.                     order = new TestFlyweight().new FlowerOrder(flower);
88.                     mFlowerPool.put(flower, order);
89.                 }
90.                 return order;
91.             }
92. 
93.             public int getTotalFlowerMade()
94.             {
95.                 return mFlowerPool.size();
96.             }
97.         }
98.     }
```

Android 中享元模式的应用有：String、Message 和 ServiceManager 等。

10.3.6　备忘录模式

备忘录对象是一个用来存储另一个对象内部状态快照的对象。备忘录模式的用意是，在不破坏封装的前提下，捕捉（Capture）一个对象的状态并外部化，存储起来，从而可以在将来合适的时候把这个对象还原到存储起来的状态。

好处：有时一些发起人对象的内部信息必须保存在发起人对象以外的地方，但是必须由发起人对象自己读取，这时使用备忘录模式可以把复杂的发起人内部信息相对于其他对象隔离开，从而可以恰当地保持封装的边界。

备忘录模式对应的类图设计如图 10-16 所示。

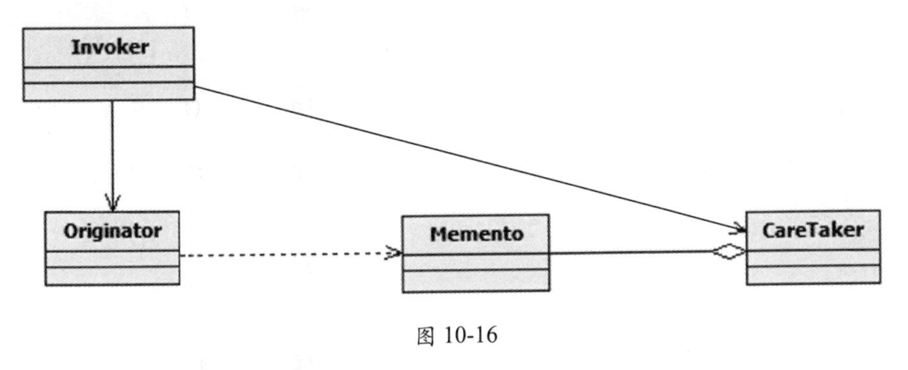

图 10-16

在图 10-16 中，Invoker 表示用户，Originator 表示网站，Memento 表示 Cookie，CareTaker 表示浏览器。

在 J2EE 框架中有一个典型的备忘录模式的应用。Java 引擎提供 Session 对象，可以弥补

HTTP 协议的无状态缺点，存储用户的状态。当一个新网络用户调用一个 JSP 网页或者 Servlet 时，Servlet 引擎会创建一个对应于这个用户的 Session 对象，具体的技术细节可能是向客户端浏览器发送一个含有 Session ID 的 Cookie，或者使用 URL 改写技术将 Session ID 包含在 URL 中等。在一段有效时间内，同一个浏览器可以反复访问服务器，而 Servlet 引擎可以使用这个 Session ID 来判断来访者应当与哪一个 Session 对象对应。Session 和 Cookie 使用的都是备忘录模式。

网站可以通过浏览器读取 Cookie 中的信息，而浏览器仅保存传递过来的 Cookie。对应的实现如下：

```
1.  public class TestMemento
2.  {
3.
4.      public static void main(String args[])
5.      {
6.          Originator o = new TestMemento().new Originator();
7.          Caretaker c = new TestMemento().new Caretaker();
8.
9.          o.setState("On");
10.         c.saveMemento(o.createMemento());
11.         o.setState("Off");
12.         o.restoreMemento(c.retrieveMemento());
13.
14.         System.out.println(o.getState());
15.     }
16.
17.     public class Memento
18.     {
19.         private String mState;
20.
21.         public Memento(String state)
22.         {
23.             this.mState = state;
24.         }
25.
26.         public String getState()
27.         {
28.             return mState;
29.         }
30.
31.         public void setState(String state)
32.         {
33.             this.mState = state;
34.         }
35.     }
36.
```

```
37.         public class Originator {
38.
39.             private String mState;
40.
41.             public Memento createMemento(){
42.                 return new Memento(mState);
43.             }
44.
45.             public void restoreMemento(Memento memento){
46.                 this.mState = memento.getState();
47.             }
48.
49.             public String getState() {
50.                 return mState;
51.             }
52.
53.             public void setState(String state) {
54.                 this.mState = state;
55.                 System.out.println("current state: " + this.mState);
56.             }
57.         }
58.
59.         public class Caretaker {
60.
61.             private Memento mMemento;
62.
63.             public Memento retrieveMemento(){
64.                 return this.mMemento;
65.             }
66.
67.             public void saveMemento(Memento memento){
68.                 this.mMemento = memento;
69.             }
70.         }
71.     }
```

Android中备忘录模式的应用有：Canvas和Activity。

10.3.7　观察者模式

观察者模式定义了一种一对多的依赖关系，让多个观察者对象同时监听某一个主题对象。当这个主题对象在状态上发生变化时，会通知所有观察者对象，使它们能够自动更新自己。它又叫发布-订阅（Publish-Subscribe）模式、模型-视图（Model-View）模式、源-监听器（Source-Listener）模式或从属者（Dependents）模式。

观察者模式对应的类图设计如图 10-17 所示。

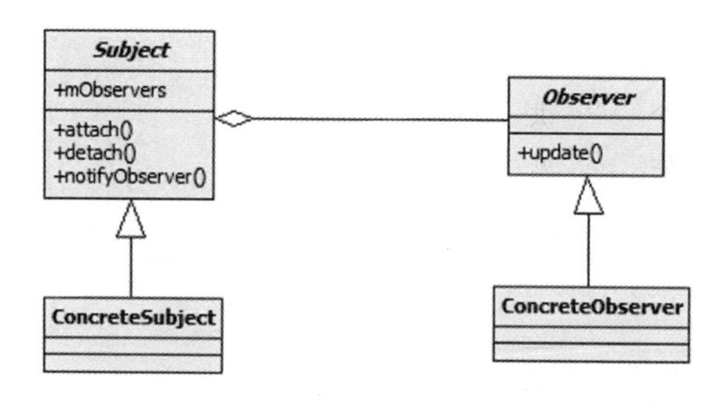

图 10-17

Android 中观察者模式的应用有：BaseAdapter。

10.3.8 原型模式

原型模式是通过复制一个已存在的实例来返回新实例的，而不是新建实例。被复制的实例就是所谓的原型，这个原型是可定制的。

原型模式是一种创建型的设计模式，主要用来创建复杂对象和构建耗时的实例。通过克隆已有的对象来创建新对象，从而节省时间和内存。通过克隆一个已经存在的实例，可以使我们的程序运行得更高效。

原型模式对应的类图设计如图 10-18 所示。

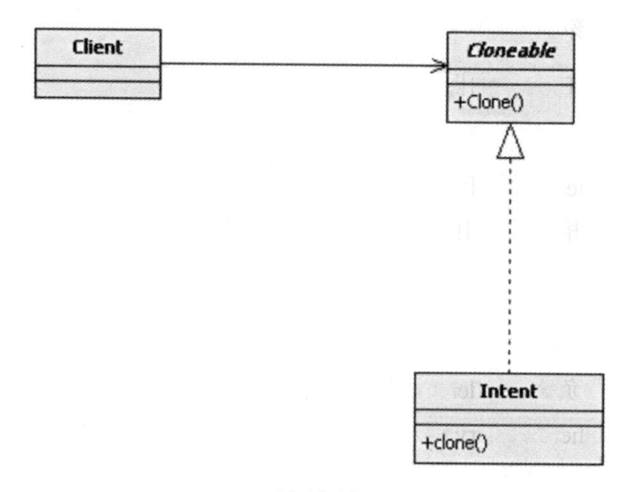

图 10-18

Android 中原型模式的应用有：Bitmap 中的 copy 方法、Java 中的 clone 方法和 Animator 等。

10.3.9　代理模式

代理模式是给某一个对象提供一个代理对象，并由代理对象控制对原对象的应用。通俗地讲，代理模式就是我们生活中常见的中介。代理模式类型图如图 10-19 所示。

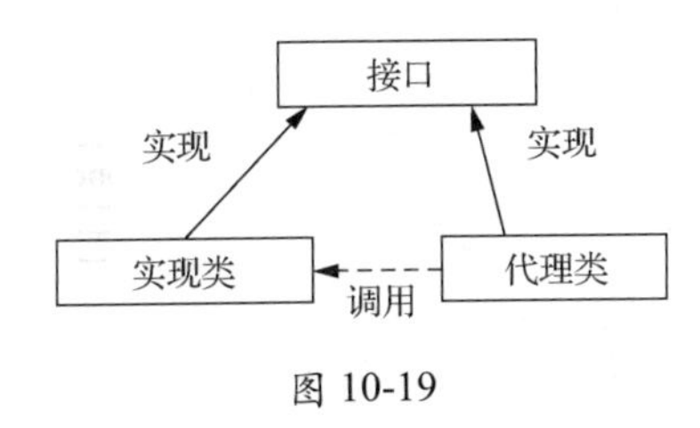

图 10-19

Android 中的 Binder 机制就是对代理模式的经典实现。

1．Binder 概述

在计算机中，为使两个不同进程中的对象能够互相访问，需要使用跨进程通信技术。传统的跨进程通信机制有：Socket、内存共享、消息队列等。

由于传统的跨进程通信机制开销大、安全性低，Android 系统自己设计了一个新的通信机制 Binder。

Binder 基于 Client-Server 通信模式，为发送方添加 UID/PID 身份，在确保传输性能的同时又增强了安全性。

2．Binder 的四大核心模块

如图 10-20 所示，Binder 的四大核心模块有 Client、Server、Service Manager 和 Binder Driver。

在图 10-20 中，Client 相当于客户端，Server 相当于服务器，Server Manager 相当于 DNS 服务器，Binder Driver 相当于路由器。其中，Binder Driver 在内核空间中实现，其他三者在用户空间中实现。

（1）Binder Driver

Binder Driver 主要负责 Binder 通信的建立，以及其在进程间的传递和 Binder 引用计数管理/数据包的传输等。Client 和 Server 之间的跨进程通信统一通过 Binder Driver 处理和转发。

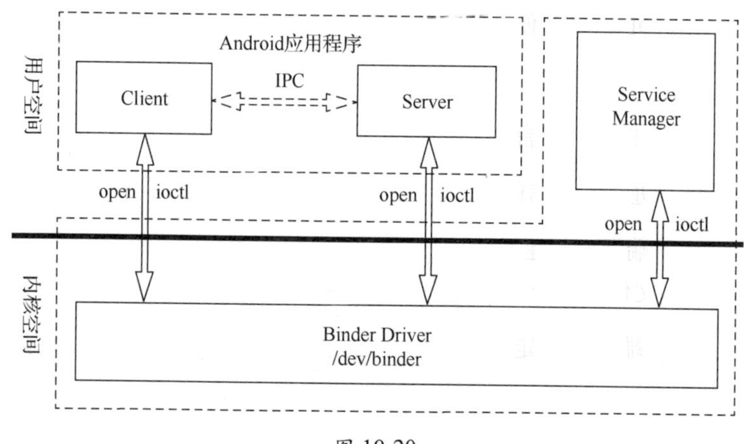

图 10-20

（2）Client

Client 只需要知道自己要使用的 Binder 的名字及其在 Server Manager 中的引用即可获取该 Binder 的引用，得到引用后就可以像调用普通方法一样调用 Binder 实体的方法。

（3）Server

Server 在生成一个 Binder 实体时会为其绑定一个名字并传递给 Binder Driver，Binder Driver 会在内核空间中创建相应的 Binder 实体节点和节点引用，并将引用传递给 Server Manager。

Server Manager 会将该 Binder 的名字和其引用插入一张数据表中，这样 Client 就能够获取该 Binder 实体的引用并调用上面的方法。

（4）Server Manager

Server Manager 相当于 DNS 服务器，负责映射 Binder 的名字及其引用。其本质同样是一个标准的 Server。

Server Manager 和 Client 端的 ServiceManagerNative、ServiceManagerProxy 都实现了 IServiceManager 接口，该接口定义了 Server Manager 对外公布的方法，这样 Client 就能通过这些方法获得 Binder 引用。

从 Binder 的四大核心模块可以看出，其与 Java RMI 有许多相似之处，但其实 Android 的 Binder 机制是一个庞大的体系模块，实现要复杂得多。

当我们想使用 Binder 进行进程间通信时，Android 已将 Binder Driver 和 Server Manager 封装得很完美了，我们只需实现自己的 Client 和 Server 即可。

Android 提供了 AIDL 这种简便的方式来快速实现 Binder。

3. AIDL

AIDL 是 Android 接口定义语言，使用它能够快速地实现 Binder 来进行进程间通信。

使用 AIDL 来进行进程间通信的流程分为服务端和客户端两个方面，下面分别进行介绍。

（1）服务端：服务端需要创建 Service 来监听客户端的请求，创建一个 aidl 文件声明公开的方法。在这里，aidl 文件相当于“远程接口”，Service 相当于“服务对象”。

（2）客户端：客户端需要绑定服务端的 Service，并将服务端返回的 Binder 引用转换成 AIDL 接口所属的类型。

AIDL 的具体实现如下。

（1）创建 AIDL 接口

```
1.  // IMyManager.aidl
2.  package com.alv.aidl;
3.
4.  interface IMyManager {
5.    String sayHello();
6.  }
```

注意：AIDL 的包结构在服务端和客户端要保持一致，因为客户端需要反序列化服务端中与 AIDL 接口相关的所有类。

在创建项目后，系统会根据 IMyManager.aidl 生成一个 Binder 类。Binder 类内部包含一个 Stub 类和 Proxy 类。

值得注意的是，在这里生成的 Stub 类相当于“远程接口实现类的抽象类”，在 Service 中将实现 Stub 中的抽象方法，而 Proxy 类是提供给客户对象的代理类。

（2）实现远程服务端 Service

先创建一个 Service，然后创建一个 Binder 对象实现 Stub 中的内部方法并在 onBind 方法中返回它：

```
1.  private Binder mBinder = new IMyManager.Stub() {
2.    @override
3.    public String sayHello() throws RemoteException {
4.      return "server says hello";
5.    }
```

可以看到，服务端 Service 内的 mBinder 才是真正提供服务、执行方法的对象。

（3）实现客户端

客户端只要绑定连接 Service，将服务端返回的 Binder 对象转换为 AIDL 接口，就能够调用服务端的方法。关键代码如下：

```
1.   IMyManager myManager = IManager.Stub.asInterface(service);
2.   String hello = MyManager.sayHello();
```

可以看到，连接成功后，asInterface 会返回 Proxy 代理对象，之后再将 Proxy 代理对象转换成 IHelloManager 接口。

这样我们在客户端就能够远程调用不同进程里的方法了。

10.3.10 状态模式

状态模式是把所研究对象的行为包装在不同的状态对象里，每一个状态对象都属于一个抽象状态类的子类。状态模式的意图是让一个对象在其内部状态改变的时候行为也随之改变。

好处：每个状态会被封装到独立的类中，这些类可以独立变化，而主对象中没有烦琐的 swich-case 语句，并且非常容易添加新状态，只需要从 State 派生一个新类即可。

状态模式对应的类图设计如图 10-21 所示。

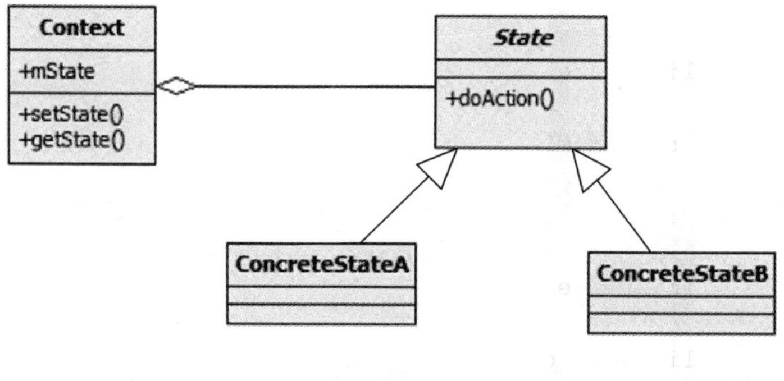

图 10-21

下面是具体的代码实现：

```
1.   public class TestState
2.   {
3.
4.       public static void main(String args[])
5.       {
6.           Context context = new TestState().new Context();
```

```
7.
8.          StartState startState = new TestState().new StartState();
9.          startState.doAction(context);
10.
11.         System.out.println(context.getState().toString());
12.
13.         StopState stopState = new TestState().new StopState();
14.         stopState.doAction(context);
15.
16.         System.out.println(context.getState().toString());
17.     }
18.
19.     public class Context
20.     {
21.         private State mState;
22.
23.         public Context()
24.         {
25.             mState = null;
26.         }
27.
28.         public void setState(State state)
29.         {
30.             this.mState = state;
31.         }
32.
33.         public State getState()
34.         {
35.             return mState;
36.         }
37.     }
38.
39.     public interface State
40.     {
41.         public void doAction(Context context);
42.     }
43.
44.     public class StartState implements State
45.     {
46.
47.         @Override
48.         public void doAction(Context context)
49.         {
50.             System.out.println("Player is in start state");
```

```
51.                 context.setState(this);
52.             }
53.
54.             public String toString()
55.             {
56.                 return "Start State";
57.             }
58.         }
59.
60.         public class StopState implements State
61.         {
62.
63.             @Override
64.             public void doAction(Context context)
65.             {
66.                 System.out.println("Player is in stop state");
67.                 context.setState(this);
68.             }
69.
70.             public String toString()
71.             {
72.                 return "Stop State";
73.             }
74.
75.         }
76.     }
```

Android 中状态模式的应用有：StateMachine。

设计模式是一套被反复使用、多数人知晓、经过分类编目的代码设计经验的总结。使用设计模式是为了更好地重用代码、让代码更容易被他人理解和保证代码可靠性。

毫无疑问，设计模式使代码编制真正工程化，设计模式是软件工程的基石，如同大厦的一块块砖石一样。在项目中合理地运用设计模式可以完美地解决很多问题，每一个设计模式都描述了一个我们周围不断重复发生的问题，以及该问题的核心解决方案，这也是它们能被广泛应用的原因。

本章只是以部分设计模式为引来说明设计模式在 Android 源码中的应用，要想真正理解和用好设计模式，还需要开发者不断实践，在实践中不断地领悟设计模式的精髓。